高等院校 CAD/CAM/CAE 规划教材

AutoCAD 2012 中文版机械绘图实例教程

张永茂　王继荣　等编著

机械工业出版社

本书通过大量典型实例详细地介绍了 AutoCAD 2012 中文版各种命令的操作方法，以及利用 AutoCAD 2012 中文版进行机械设计绘制零件图、装配图、轴测图和三维造型的方法。其中在绘图过程还介绍了很多作者在教学过程和实际操作中摸索出来的绘图技巧，这些技巧独到而且实用，可以帮助读者全面提高绘图技能。书中每个实例均附有二维平面图和相应的三维实体图形，为读者看图提供了方便。复杂的实例中还附有操作流程，便于读者对照操作。

本书可供在校大中专学生和职业学校学生使用，也可供工程技术人员参考。

图书在版编目（CIP）数据

AutoCAD 2012 中文版机械绘图实例教程/张永茂等编著. —北京：机械工业出版社，2012.2（2018.9 重印）

高等院校 CAD/CAM/CAE 规划教材

ISBN 978-7-111- 37182-3

Ⅰ.①A… Ⅱ.①张… Ⅲ.①机械制图—AutoCAD 软件—高等学校—教材 Ⅳ.①TH126

中国版本图书馆 CIP 数据核字（2012）第 010343 号

机械工业出版社（北京市百万庄大街22 号 邮政编码100037）

责任编辑：张宝珠

责任印制：孙 炜

北京中兴印刷有限公司印刷

2018 年 9 月·第 1 版第 4 次印刷

184mm×260mm · 22.75 印张 · 558 千字

6 301—7 500 册

标准书号：ISBN 978-7-111-37182-3

定价：59.00 元

凡购本书，如有缺页、倒页、脱页，由本社发行部调换

电话服务

社服务中心：(010)88361066

销售一部：(010)68326294

销售二部：(010)88379649

读者购书热线：(010)88379203

网络服务

门户网：http://www.cmpbook.com

教材网：http://www.cmpedu.com

封面无防伪标均为盗版

前　言

AutoCAD 2012 中文版是美国 Autodesk 公司于 2011 年推出的 AutoCAD 系列软件的最新中文版本，该版本较以前的版本又做了许多改进和提高，如增加了参数化绘图功能和 3D 打印功能，增强了动态块、填充、快速访问和多引线等方面的功能。

AutoCAD 是计算机绘图领域中最流行也是最权威的软件，它的每个版本的推出无不引起业界人士的极大关注。他们会在第一时间更新自己使用的绘图软件，享受 Autodesk 公司技术更新所带来的方便，提高自己的工作效率。

另一方面，随着计算机技术的普及，计算机绘图技术已在机械、建筑、电子、纺织、船舶、航空航天、石油化工、家居、广告等工程设计，制造领域得到广泛的应用。计算机绘图已成为工程技术人员的基本技能，在校的大中专和职业学校相关专业的学生无不渴望掌握这一技能，以适应将来工作的需要。

本书是为满足工程技术人员、在校的大中专和职业学校相关专业的学生学习最新版本 AutoCAD 软件的需要精心编写而成。书中通过大量典型实例详细地介绍了 AutoCAD 2012 中文版各种命令的操作方法，以及利用 AutoCAD 2012 中文版进行机械设计绘制零件图、装配图、轴测图和三维造型的方法。其中在绘图过程中还介绍了很多作者在教学过程和实际操作中摸索出来的绘图技巧，这些技巧独到而且实用，可以帮助读者全面提高绘图技能。

全书分为 17 章，主要内容包括：AutoCAD 2012 中文版入门，设置工作空间和图层，确定点的位置，缩放显示图形，绘制及编辑二维图形，输入文字和绘制表格，创建块和编辑块的属性，标注尺寸，创建样板图形，绘制零件图、装配图、轴测图，创建基本和复杂三维实体及三维造型综合实例，打印出图等。

本书实例丰富、语言简明扼要，二维图形和三维图形并重。每个实例均附有二维平面图和相应的三维实体图形，为读者看图提供了方便。复杂的实例中还附有操作流程，便于读者对照操作。每章配有习题，方便读者巩固所学的知识，并做到及时应用。

参加本书编写工作的除了封面署名的编者外，张少朋、王学菊、谢强、张桂平、王青侠、谢水丽、冯金龙、张鹏德、曲健等人在校对和整理材料方面做了许多工作，在此表示衷心感谢。

由于时间和水平所限，书中不足之处在所难免，欢迎读者批评指正。

编　者

目　　录

第1章 AutoCAD 2012 中文版入门

AutoCAD 2012 中文版是美国 Autodesk 公司 AutoCAD 系列软件的最新中文版本，它比以前的版本功能更加强大，用户使用起来更加方便。

本章将介绍 AutoCAD 2012 中文版的入门知识，为后面的学习和操作打下基础，主要包括以下内容。

- AutoCAD 2012 中文版的界面
- AutoCAD 2012 中文版图形管理
- 退出 AutoCAD 2012 中文版

1.1 AutoCAD 2012 中文版的界面

启动 AutoCAD 2012 中文版后，首先出现启动画面，如图 1-1 所示。

图 1-1 AutoCAD 2012 中文版启动画面

稍后系统完成配置，便直接进入到 AutoCAD 2012 中文版的"草图与注释"界面，如图 1-2 所示。

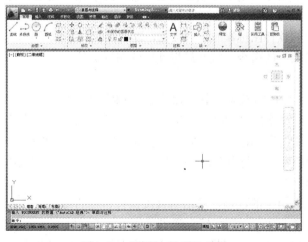

图 1-2 "草图与注释"界面

在界面最上方的"工作空间"下拉菜单中选择"AutoCAD 经典"选项，便进入 AutoCAD 经典界面。进入经典界面后需要单击状态栏中的"栅格"按钮▦，将"栅格"模式关闭。还要将"平滑网络"工具栏、"绘图次序"工具栏和"工具选项板"面板关闭，如图 1-3 所示。该界面是用户进行设计和绘图的环境。

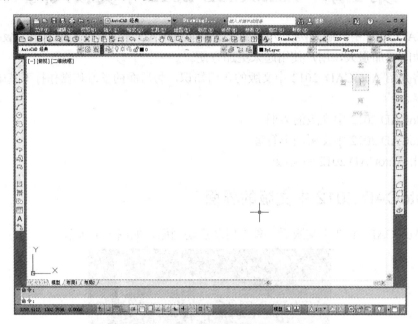

图 1-3　AutoCAD 2012 中文版经典界面

AutoCAD 2012 中文版经典界面包括以下几部分。

1．标题栏

标题栏位于 AutoCAD 2012 中文版界面的最上方，它显示软件的名称和当前图形文件的名称，AutoCAD 2012 默认的图形文件名称为"DrawingN.dwg"。在标题栏的左侧的"菜单浏览器"、"新建"、"打开"、"保存"、"放弃"和"打印"命令按钮用于管理和打印图形文件。标题栏的右侧的三个按钮分别用于控制窗口的状态：最小化、还原和关闭。

2．菜单浏览器

单击界面左上角的软件图标▲的下拉按钮，即可弹出菜单浏览器，如图 1-4 所示。利用菜单浏览器可以启动相应的命令、打开最近使用的图形文件。

3．菜单栏

菜单栏位于标题栏的下方，菜单栏中有 12 个主菜单即"文件"、"编辑"、"视图"、"插入"、"格式"、"工具"、"绘图"、"标注"、"修改"、"参数"、"窗口"和"帮助"。每个主菜单都有下拉菜单。

AutoCAD 2012 中文版所使用的大部分命令都可以从下拉菜单中找到，例如打开菜单"文件"的下拉菜单有"新建"、"打开"、"关闭"、"保存"、"打印"等菜单选项。下拉菜单中的选项有以下三种类型：

（1）右边没有任何符号的选项，单击后直接执行相应的命令。

（2）右边有小三角的选项，选择后会弹出子菜单，子菜单中是命令选项，如图 1-5 所示。

（3）右边有省略号的选项，选择后会弹出一个对话框，用户要进一步选择设置。

图 1-4　菜单浏览器

图 1-5　下拉菜单和子菜单

4．工具栏

工具栏由一些代表命令的图标按钮组成，是执行命令的简便工具，用户利用它们可以完成大部分绘图工作。

5．绘图区

绘图区是用户的工作区域，用户绘制图形、编辑图形、标注尺寸、输入文字等工作都反映在绘图区中。绘图区没有边界，利用视窗功能可使绘图区域任意放大或缩小。不管零件有多大，都能在绘图区内按照实际尺寸绘制图样。绘图区的下面和右面有两个滚动条，用鼠标拖动它们可以使视窗左右或上下移动。

在默认情况下，绘图区的颜色是黑色的，要改变绘图区的颜色，可以这样操作：

在绘图区单击鼠标右键，弹出的绘图区快捷菜单如图 1-6 所示。

在绘图区快捷菜单中选择"选项"，或选择菜单"工具"→"选项"选项，或打开菜单浏览器并单击"选项"按钮，即可弹出"选项"对话框，并打开"显示"选项卡，如图 1-7 所示。

图 1-6　绘图区快捷菜单

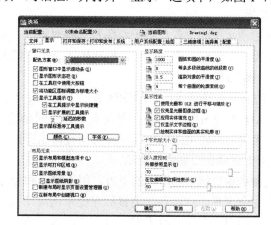

图 1-7　"选项"对话框

在"显示"选项卡的"窗口元素"选项栏中，单击"颜色"按钮，弹出如图 1-8 所示的"图形窗口颜色"对话框。

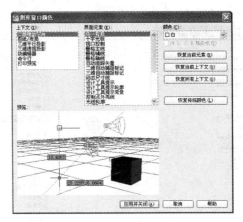

图 1-8 "图形窗口颜色"对话框

在"颜色"下拉列表中选择"白色"选项，单击"应用并关闭"按钮。回到"选项"对话框，单击"确定"按钮，即可将绘图区的颜色改变为白色。

在"显示"选项卡中的"显示精度"选项栏中，"圆弧和圆的平滑度"文本框的数值越大，则绘图区中显示的圆弧和圆越平滑，其数值最大可以设置为 20000。"渲染对象的平滑度"文本框的数值越大，则渲染对象越平滑，其数值最大可以设置为 10，一般设置为 2 即可。

6. 坐标系图标

坐标系图标是在绘图区的左下角有由两个互相垂直的箭头和一个小方框组成的图标，它用于显示当前坐标系的设置，即坐标原点和 X、Y、Z 轴的方向，这就是世界坐标系。

世界坐标系由三个垂直相交的坐标轴组成，坐标原点位于绘图区的左下角，屏幕的横向为 X 轴的正向，屏幕的纵向为 Y 轴的正向，垂直于屏幕平面指向用户的方向为 Z 轴的正向。默认状态下，Z 坐标为 0，这就是看到的世界坐标系只有 X 轴和 Y 轴的原因。因此，绘制平面图形时，只需输入 X 坐标和 Y 坐标即可，系统自动将 Z 坐标设置为 0。用户绘图时，世界坐标系固定不变。

7. 光标

光标指示工作的位置，用于绘图及选择对象、菜单和工具栏按钮。当光标位于绘图区域内时，变为十字光标，中心的小方框即靶区，十字线的交点是光标的当前位置。

8. "模型/布局"选项卡

"模型/布局"选项卡位于绘图区域的下方，用于切换模型空间和图纸（布局）空间。启动 AutoCAD 2012 中文版之后，系统默认的空间是模型空间，用户一般都在模型空间绘制图形，结束绘图后再转至图纸空间安排布局打印出图，当然也可以在模型空间打印出图。

9. 历史命令窗口和命令窗口

历史命令窗口位于绘图区的下方，用于显示和保存用户自启动 AutoCAD 2012 中文版以后所使用的命令和提示信息，用鼠标左键单击滚动按钮不放，可使其中的内容上下滚动。命令窗口位于历史命令窗口的下方，用于显示输入的命令和相关的提示信息，即命令选项。

10. 状态栏

状态栏位于界面的最下方，用于显示或设置当前的工作状态。位于状态栏左面的一组数字显示的是当前光标的坐标。状态栏中间的 14 个功能按钮用于打开/关闭相应的绘图模式。其中"推断约束"按钮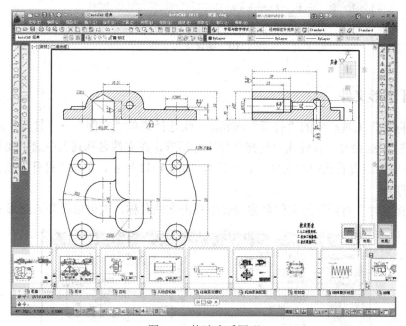用于打开/关闭推断约束;"捕捉"按钮用于打开/关闭捕捉模式;"栅格"按钮用于打开/关闭栅格显示;"正交"按钮用于打开/关闭正交模式;"极轴"按钮用于打开/关闭极轴追踪模式;"对象捕捉"按钮用于打开/关闭自动对象捕捉模式;"三维对象捕捉"按钮用于打开/关闭三维对象捕捉模式;"对象捕捉追踪"按钮用于打开/关闭对象捕捉追踪模式;"动态坐标"按钮用于允许/禁止动态坐标模式;"动态输入"按钮用于打开/关闭动态输入模式;"线宽"按钮用于控制显示/隐藏线型;"透明度"按钮用于控制显示/隐藏透明度;"快捷特性"按钮用于控制启用/禁用快捷特性面板;"选择循环"按钮用于打开/关闭选择循环模式。功能按钮为蓝色时表示打开相应的模式,灰色时表示关闭相应的模式。

状态栏右面的"模型"按钮用于切换模型空间和图纸空间;"快速查看布局"按钮用于快速查看布局;"快速查看图形"按钮用于快速查看已打开的所有图形,单击该按钮后已打开图形会在绘图区下方呈胶片状排列,如图 1-9 所示。将光标移到图形胶片左面或右面的箭头处,图形胶片便快速滑动,单击任意胶片中的图形,该图形便在绘图区显示出来。状态栏右面的"切换工作空间"按钮用于切换工作空间;"锁定/解锁"按钮用于锁定或解锁工作空间,第 2 章将介绍它们的使用方法。"全屏显示"按钮用于控制打开/关闭全屏显示,打开"全屏显示"按钮,界面将全屏显示,并将所有工具栏全部隐藏,此时绘图区显示为最大,关闭"全屏显示"按钮,界面回到全屏显示前的状态。

图 1-9　快速查看图形

1.2　AutoCAD 2012 中文版图形管理

用户对 AutoCAD 2012 中文版的界面和操作方法基本了解后,还要进一步了解管理图形文件的方法,即如何新建图形文件、打开已经保存的图形文件和保存图形文件,本节将介绍这些内容。

5

1.2.1 新建图形文件

单击"标准"工具栏中的"新建"按钮🗋，或选择菜单"文件"→"新建"选项，即可启动"新建"Qnew 命令，并弹出"选择样板"对话框。在"样板"Template 名称显示表中选中一个样板，单击"打开"按钮，即可打开该样板图形，开始绘制零件图。或在"打开"下拉列表中选择"无样板打开－公制（M）"选项，如图 1-10 所示，即可新建一个空白的、未做任何设置的图形文件。

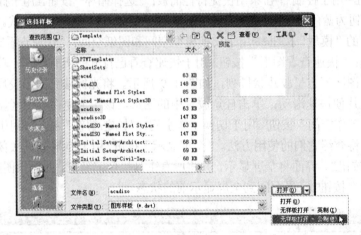

图 1-10　新建图形文件

1.2.2 打开图形文件

单击"标准"工具栏中的"打开"按钮👝，或选择菜单"文件"→"打开"选项，即可启动"打开"Open 命令，并弹出"选择文件"对话框，在文件名称列表中选中要打开的文件（可以通过预览窗口查看选中的文件是否正确），如图 1-11 所示，单击"打开"按钮，即可将该图形文件打开。

在"选择文件"对话框的文件名称列表中双击文件名称，也可以打开该图形文件。

图 1-11　打开图形文件

1.2.3 保存图形文件

单击"标准"工具栏中的"保存"按钮 ，或选择菜单"文件"→"保存"选项，即可启动"保存"Save 命令。如果当前图形已经命名，则启动"保存"命令后，将直接以此名称保存文件。如果当前图形尚未命名，则启动"保存"命令后，将弹出如图 1-12 所示"图形另存为"对话框，在"保存于"下拉列表中选中合适的保存目录，在"文件名"文本框中输入文件的名称，单击"保存"按钮，即可保存当前图形文件。

图 1-12　保存图形文件

1.3　退出 AutoCAD 2012 中文版

用户完成绘图或者暂时不使用 AutoCAD 2012 中文版时则应退出系统，而且要正常退出，否则会造成文件丢失。

单击 AutoCAD 2012 中文版标题栏右侧的"关闭"按钮 ，或选择菜单"文件"→"退出"选项，或打开菜单浏览器并单击"退出 AutoCAD 2012"按钮，AutoCAD 会弹出提示存盘对话框，如图 1-13 所示。

选择"是"，将对当前的图形文件进行存盘，具体操作可参照上节内容，保存后，退出系统。选择"否"，即不保存当前的图形文件，直接退出。选择"取消"，则取消退出操作。

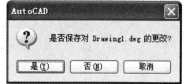

图 1-13　提示存盘对话框

1.4　小结

本章是学习 AutoCAD 2012 中文版的基础，主要介绍了 AutoCAD 2012 中文版的新增功能及其界面构成，以及管理图形即新建图形、打开图形、保存图形的方法和退出 AutoCAD 2012

中文版的方法，希望读者熟悉 AutoCAD 2012 中文版的界面，掌握管理图形的方法，为以后的学习和操作打下基础。

1.5 习题

1. 简答题

简述 AutoCAD 2012 中文版界面的构成。

2. 操作题

（1）试新建一个空白图形文件，并将其保存为"操作实例 1.dwg"。

（2）试打开多个图形文件并进行快速查看。

（3）使用本章学过的打开图形的方法，打开 AutoCAD 2012 中文版安装盘符下的"→Program File"→"AutoCAD 2012 中文版"→"Sample"→"DesignCenter"→"Fasteners-Metric"文件。

（4）将系统界面的背景颜色设置为白色。

第 2 章　设置工作空间和图层

启动 AutoCAD 2012 中文版后，即打开了一个未做任何设置的图形文件。在开始绘图之前，需要对绘图环境进行设置，包括设置工作空间和图层。

设置工作空间就是根据各自的绘图需要设置 AutoCAD 2012 中文版的界面，包括设置二维工作空间和三维工作空间，并对各自空间的设置进行锁定和保存。

设置图层是为了便于绘制、编辑和管理图形，图层在 AutoCAD 中是看不到的，但处在图层上的对象是可见的，通过无形的图层结构来实现有形的图形管理。

不同的图层可以有不同的特性和状态，这些特性和状态可以保存起来并加以恢复。利用图层的恢复功能可以使不同的图形文件具有统一的设置，提高用户的绘图效率，这对于绘制机械图样显得尤为重要。

本章包括以下主要内容：
- 设置工作空间
- 设置图层
- 保存和恢复图层

2.1　设置工作空间

工作空间就是菜单、工具栏和固定窗口的集合，它们的组成方式使用户可以在一个自定义的、面向任务的绘图环境中工作。

AutoCAD 经典界面是二维工作空间，用于绘制平面图形。该界面只显示了 8 个工具栏，即"标准"工具栏、"对象特性"工具栏、"工作空间"工具栏、"绘图"工具栏、"绘图次序"工具栏、"图层"工具栏、"修改"工具栏、"样式"工具栏。在绘制二维图形和三维图形时，经常用到其他工具栏，显示其他工具栏的方法是：将光标移到任意工具栏上后，单击鼠标右键，弹出如图 2-1 所示的工具栏快捷菜单。在该快捷菜单中选择"标注"选项，即可显示出"标注"工具栏，如图 2-2 所示。

将光标移到工具栏上，按住鼠标左键后移动鼠标，可以移动工具栏。工具栏被移到绘图区上方时将自动横放，工具栏被移到绘图区左方或右方时将自动竖放。

根据绘图的需要，可以分别设置二维工作空间和三维工作空间，以便节省绘图的准备时间。

图 2-1　工具栏快捷菜单

图 2-2　"标注"工具栏

2.1.1　设置二维工作空间

AutoCAD 经典界面中所显示出的 8 个工具栏中，"绘图次序"工具栏不常用，可以将该工具栏移到绘图区内，单击工具栏右上角的"关闭"按钮，将其隐藏起来。绘制二维图形时还经常用到"标注"工具栏、"对象捕捉"工具栏，按照前面介绍的显示工具栏的方法，将这两个工具栏显示出来，并分别放置在绘图区的两侧，如图 2-3 所示。

此外"文字"工具栏、"实体编辑"工具栏和"缩放"工具栏在绘制二维图形时也会用到，用户可以根据需要随时调用或隐藏。

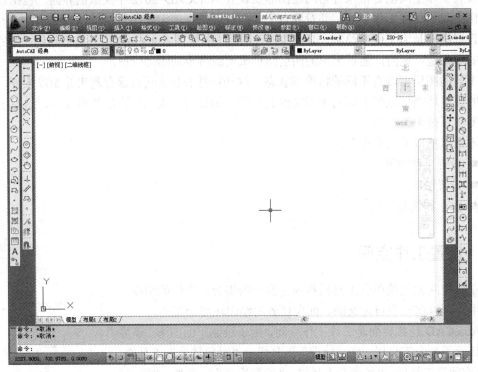

图 2-3　设置二维工作空间

2.1.2　二维工作空间常用工具栏的功能

工具栏是启动命令最常用的方式，用户对常用工具栏的功能应了如指掌，才能熟练地进行绘图工作。

下面介绍二维工作空间常用工具栏的功能。

1. "标准"工具栏

"标准"工具栏如图 2-4 所示，该工具栏用于图形管理、图形打印、对象剪切/复制/粘贴、命令撤销/重做及控制图形显示等操作。

图 2-4　"标准"工具栏

"标准"工具栏中各按钮的功能和对应的下拉菜单选项参见表2-1。

表 2-1 "标准"工具栏的功能

按　钮	命　令	功　　能	下拉菜单选项
📄	New	创建新的图形文件	"文件"→"新建"
📂	Open	打开已有的图形文件	"文件"→"打开"
💾	Qsave	保存当前图形文件	"文件"→"保存"
🖨	Plot	打印输出图形	"文件"→"打印"
🔍	Preview	预览打印效果	"文件"→"打印预览"
📰	Publish	将图形发布到 DWF 文件或绘图仪	"文件"→"发布"
🌐	3DDWF	输出三维 DWF 文件	"文件"→"输出"
📝	Impression	输出至 Impression	"文件"→"输出至 Impression"
✂	Cutclip	复制到剪贴板并删除源对象	"编辑"→"剪切"
📋	Copyclip	复制到剪贴板	"编辑"→"复制"
📋	Pasteclip	从剪贴板粘贴	"编辑"→"粘贴"
🖌	Matchprop	将对象的特性应用于其他对象	"修改"→"特性匹配"
🔧	Bedit	打开"编辑块定义"对话框，对块进行动态编辑。	"工具"→"块编辑器"
↺	Undo	放弃上一次操作	"编辑"→"放弃"
↻	Redo	恢复放弃的操作	"编辑"→"恢复"
✋	Pan	在当前视口中移动图形	"视图"→"平移"
🔍	Zoom	实时缩放图形	"视图"→"缩放"→"实时"
🔍	Zoom	按指定的矩形区域缩放显示图形	"视图"→"缩放"→"窗口"
🔍	Zoom	显示上一个视图	"视图"→"缩放"→"上一个"
📑	Properties	控制现有对象的特性	"修改"→"特性"
📖	Adcenter	打开设计中心，管理块、外部参照等资源	"工具"→"设计中心"
📋	ToolPalettes	打开"工具选项板"窗口	"工具"→"工具选项板"
🗂	SheetSet	打开"图纸集管理器"窗口	"工具"→"图纸集管理器"
📋	Markup	打开"标记集管理器"窗口	"工具"→"标记集管理器"
🖩	Quickcalc	打开"快速计算器"窗口	"工具"→"快速计算器"
❓	Help	显示联机帮助	"帮助"→"帮助"

2．"样式"工具栏

"样式"工具栏如图2-5所示，该工具栏用于设置文字样式、标注样式和表格样式，切换不同的文字样式、标注样式和表格样式。

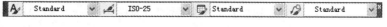

图 2-5　"样式"工具栏

"样式"工具栏中各按钮的功能和对应的下拉菜单选项参见表2-2。

表2-2 "样式"工具栏的功能

按　钮	命　令	功　能	下拉菜单选项
A	Style	设置文字样式	"格式"→"文字样式"
Standard		切换文字样式	
	Dimstyle	设置标注样式	"格式"→"标注样式"
ISO-25		切换标注样式	
	Tablestyle	设置表格样式	"格式"→"表格样式"
Standard		切换表格样式	
	Mleaderstyle	设置多重引线样式	"格式"→"多重引线样式"
Standard		切换多重引线样式	

3．"图层"工具栏

"图层"工具栏如图2-6所示，该工具栏用于创建和管理图层，为图形对象设置不同的图层是AutoCAD组织图形的有效手段。

图2-6 "图层"工具栏

"图层"工具栏中各按钮的功能和对应的下拉菜单选项参见表2-3。

表2-3 "图层"工具栏的功能

按　钮	命　令	功　能	下拉菜单选项
	Layer	打开"图层特性管理器"对话框，用于创建和管理图层	"格式"→"图层"
		将图层设置为当前，打开/关闭、解冻/冻结、锁定/解锁图层	
	Laymcur	将对象的图层置为当前层	"格式"→"图层工具"→"将对象的图层置为当前层"
	LayerP	将上一个图层置为当前层	"格式"→"图层工具"→"上一个图层"
		打开"图层状态管理器"	"格式"→"图层状态管理器"

4．"对象特性"工具栏

"对象特性"工具栏如图2-7所示，该工具栏用于控制和显示当前层中所有对象的颜色、线型和线宽。一般情况下不要在"对象特性"工具栏中改变对象的特性，以免引起混乱。

图2-7 "对象特性"工具栏

"对象特性"工具栏中各按钮的功能参见表2-4。

表 2-4 "对象特性"工具栏的功能

按　钮	功　能
■ ByLayer ▼	控制和显示当前图层中对象的颜色
——— ByLayer ▼	控制和显示当前图层中对象的线型
——— ByLayer ▼	控制和显示当前图层中对象的线宽

5. "绘图"工具栏

"绘图"工具栏如图 2-8 所示,该工具栏用于绘制平面图形、创建和插入图块、创建面域以及输入多行文字。

图 2-8　"绘图"工具栏

"绘图"工具栏中各按钮的功能和对应的下拉菜单选项参见表 2-5。

表 2-5 "绘图"工具栏的功能

按　钮	命　令	功　能	下拉菜单选项
／	Line	绘制直线	"绘图" → "直线"
↗	Xline	绘制构造线	"绘图" → "构造线"
⌐⊃	Pline	绘制多段线	"绘图" → "多段线"
⬠	Polygon	绘制正多边形	"绘图" → "正多边形"
▭	Rectangle	绘制矩形	"绘图" → "矩形"
⌒	Arc	绘制圆弧	"绘图" → "圆弧"
⊘	Circle	绘制圆	"绘图" → "圆"
☁	Revcloud	绘制云线	"绘图" → "修订云线"
∿	Spline	绘制样条曲线	"绘图" → "样条曲线"
⬭	Ellipse	绘制椭圆	"绘图" → "椭圆"
⌒	Ellipse	绘制椭圆弧	"绘图" → "椭圆" → "圆弧"
⬀	Insert	插入块或特性文件	"插入" → "块"
⬚	Block	创建块	"绘图" → "块"
·	Point	绘制点	"绘图" → "点"
⊠	Bhatch	创建图案填充	"绘图" → "图案填充"
⊠	Gradient	创建渐变色填充	"绘图" → "渐变色"
⊙	Region	创建面域	"绘图" → "面域"
⊞	Table	绘制表格	"绘图" → "表格"
A	Mtext	输入多行文字	"绘图" → "文字" → "多行文字"
⚬	Addselected	添加选定对象	

6. "修改"工具栏

"修改"工具栏如图 2-9 所示，该工具栏用于对已经绘制的图形进行编辑和修改，从而生成更加复杂的图形。

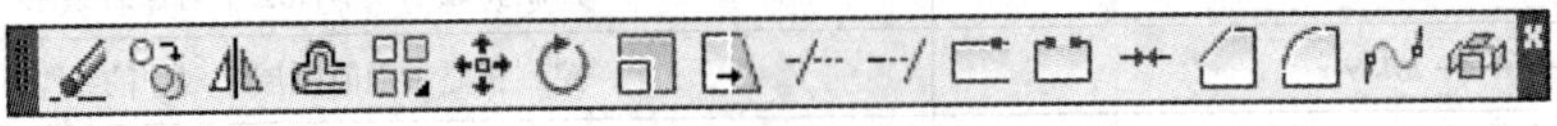

图 2-9 "修改"工具栏

"修改"工具栏中各按钮的功能和对应的下拉菜单选项参见表 2-6。

表 2-6 "修改"工具栏的功能

按　钮	命　令	功　能	下拉菜单选项
✍	Erase	删除对象	"修改"→"删除"
⚆	Copy	复制对象	"修改"→"复制"
⚖	Mirror	对称复制对象	"修改"→"镜像"
⚏	Offset	创建同心圆、平行线等对象	"修改"→"偏移"
▦	Array	矩形或环形复制对象	"修改"→"阵列"
✛	Move	移动对象	"修改"→"移动"
⟳	Rotate	绕指定点旋转对象	"修改"→"旋转"
▤	Scale	按比例缩放对象	"修改"→"缩放"
▨	Stretch	拉伸对象	"修改"→"拉伸"
-/·	Trim	以指定对象为边界修剪对象	"修改"→"修剪"
--/	Extend	以指定对象为边界延伸对象	"修改"→"延伸"
⊏	Break	用指定点将对象分为两对象	
⊡	Break	在两点之间打断选定对象	"修改"→"打断"
-₊-	Joint	将对象合并以形成一个对象	"修改"→"合并"
◹	Chamfer	给对象加倒角	"修改"→"倒角"
◠	Fillet	给对象加圆角	"修改"→"圆角"
∿	Blend	用光滑的样条曲线连接两条曲线的端点	"修改"→"光顺曲线"
⛫	Explode	将组合对象分解	"修改"→"分解"
	Lengthen	拉长或缩短对象	"修改"→"拉长"

7. "对象捕捉"工具栏

"对象捕捉"工具栏如图 2-10 所示，该工具栏用于在无法或没有必要确定点的坐标的情况下精确地指定点的位置。

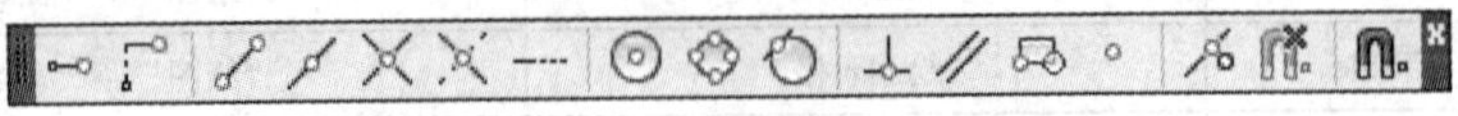

图 2-10 "对象捕捉"工具栏

"对象捕捉"工具栏中各按钮的功能参见表 2-7。

表 2-7 "对象捕捉"工具栏的功能

表 2-7 "对象捕捉"工具栏的功能

按 钮	关 键 词	功 能
⊸	tt	从临时捕捉的点出发进行横向或纵向追踪
⸽	from	以捕捉到的基点为参照,确定点的位置
⟋	end	捕捉对象的端点
⟋	mid	捕捉对象的中点
⤬	int	捕捉对象的交点
⤬	appint	捕捉对象的外观交点
----	ext	捕捉对象延长线上的点
◉	cen	捕捉圆或圆弧的圆心、椭圆或椭圆弧的中心
◈	qua	捕捉圆、圆弧、椭圆、椭圆弧的象限点
◌	tan	捕捉对象的切点
⊥	per	捕捉对象的垂足
∥	par	在对象的平行线上捕捉点
⊠	ins	捕捉块、文字对象的插入点
▫	nod	捕捉对象的节点
⤢	nea	捕捉对象上的最近点
𝄃𝄃	non	取消对象捕捉模式
𝄃.	Osnap(命令)	设置对象捕捉模式

8. "缩放"工具栏

"缩放"工具栏如图 2-11 所示,该工具栏用于控制图形的显示,即通过改变图形在屏幕上显示的大小,以便于图形的绘制或编辑。

图 2-11 "缩放"工具栏

"缩放"工具栏中各按钮的功能对应的是启动 Zoom 命令后的选项,它们的功能参见表 2-8。

表 2-8 "缩放"工具栏的功能

按 钮	命 令	功 能
▣	Zoom → Window (W)	以矩形窗口缩放显示
▦	Zoom → Dynamic (D)	动态显示图形
▦	Zoom → Scale (S)	按比例缩放显示图形
▦	Zoom → Center (C)	以指定点为中心,按比例或高度缩放图形
▣	Zoom → Objects (O)	将选中的对象全屏显示
⁺▣	Zoom → 2x	放大两倍显示视图
⁻▣	Zoom → 0.5x	缩小一半显示视图
▣	Zoom → All (A)	全屏显示绘图界限内的所有对象
⤢	Zoom → Extent (E)	显示图形的范围(即将图形全屏显示)

9. "文字"工具栏

"文字"工具栏如图 2-12 所示,该工具栏用于设置文字的样式、输入单行文字和多行文字、对文字进行编辑等操作。

图 2-12 "文字"工具栏

"文字"工具栏中各按钮的功能和对应的下拉菜单选项参见表 2-9。

表 2-9 "文字"工具栏的功能

按　钮	命　令	功　能	下拉菜单选项
A	Mtext	输入多行文字	"绘图"→"文字"→"多行文字"
AI	Dtext	输入单行文字	"绘图"→"文字"→"单行文字"
A₂	Ddedit	编辑文字	"修改"→"对象"→"文字"→"编辑"
ABC	Find	查找和替换文字	
ABC	Spell	拼写检查	
A	Style	设置文字样式	"格式"→"文字样式"
A	Scaletext	按高度或比例缩放文字	"修改"→"对象"→"文字"→"比例"
A	Justifytext	改变选定文字对象的对齐点而不改变其位置	"修改"→"对象"→"文字"→"对正"
品	Spacetrans	在模型空间和图纸空间之间转换长度值	

10. "标注"工具栏

"标注"工具栏如图 2-13 所示，该工具栏用于设置和管理尺寸样式、标注各种尺寸及对尺寸进行编辑。

图 2-13 "标注"工具栏

"标注"工具栏中各按钮的功能和对应的下拉菜单选项参见表 2-10。

表 2-10 "标注"工具栏的功能

按　钮	命　令	功　能	下拉菜单选项
⊢⊣	Dimlinear	创建线性标注	"标注"→"线性"
⤡	Dimaligned	创建对齐标注	"标注"→"对齐"
⌒	Dimarc	创建弧长标注	"标注"→"弧长"
⌖	Dimordinate	创建坐标标注	"标注"→"坐标"
⊘	Dimradius	创建半径标注	"标注"→"半径"
⤵	Dimjogged	创建折弯半径标注	"标注"→"折弯"
⊘	Dimdiameter	创建直径标注	"标注"→"直径"
△	Dimangular	创建角度标注	"标注"→"角度"
⊠	Qdim	创建快速标注	"标注"→"快速标注"

按　钮	命　　令	功　　能	下拉菜单选项
⊓	Dimbaseline	创建基线标注	"标注"→"基线"
⊢⊣	Dimcontinue	创建连续标注	"标注"→"连续"
工	Dimspace	设置标注间距	"标注"→"标注间距"
亠	Dimbreak	创建打断标注	"标注"→"标注打断"
⊞	Tolerance	创建公差标注	"标注"→"公差"
⊕	Dimcenter	标注圆心标记	"标注"→"圆心标记"
⋈	Diminspect	检验标注	"标注"→"检验"
⩘	Dimjogline	创建折弯线性标注	"标注"→"折弯线性"
⤸	Dimedit	编辑标注	"标注"→"倾斜"
⤷A	Dimtedit	编辑标注文字	"标注"→"对齐文字"
⊢ㅣ	Dimstyle	更新标注样式	"标注"→"更新"
ISO-25 ▾		切换当前标注样式	
⤸	Dimstyle	设置标注样式	"格式"→"标注样式"

11. "工作空间"工具栏

"工作空间"工具栏如图 2-14 所示，该工具栏用于保存和切换工作空间。

图 2-14　"工作空间"工具栏

"工作空间"工具栏中各按钮的功能参见表 2-11。

表 2-11　"工作空间"工具栏的功能

按　钮	命　令	功　　能
AutoCAD 经典 ▾		保存和切换工作空间
⚙	Wssettings	控制工作空间的显示、菜单顺序和保存设置
🏠	Wscurrent	切换到 AutoCAD 默认的工作空间

2.1.3　设置三维工作空间

绘制二维图形时常用的 9 个工具栏中，"样式"工具栏和"标注"工具栏在绘制三维图形时基本用不到，其余 7 个工具栏则经常使用。绘制三维图形时还经常用到"用户坐标系"工具栏、"动态观察"工具栏、"三维导航"工具栏、"建模"工具栏、"实体编辑"工具栏、"渲染"工具栏、"视觉样式"工具栏。按照前面介绍的显示工具栏的方法，将这几个工具栏显示出来，并分别放置在绘图区的上方或两侧，将不用的工具栏关闭隐藏起来，如图 2-15 所示。

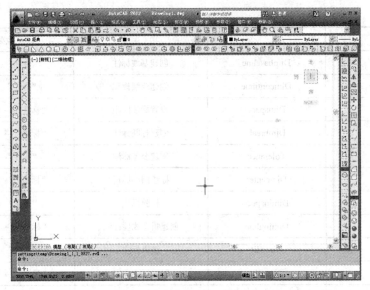

图 2-15　设置三维工作空间

2.1.4　三维工作空间常用工具栏的功能

下面介绍三维工作空间常用工具栏的功能。

1. "动态观察"工具栏

"动态观察"工具栏如图 2-16 所示,该工具栏用于控制在三维空间中交互式查看对象。

图 2-16　"动态观察"工具栏

"动态观察"工具栏中各按钮的功能和对应的下拉菜单选项参见表 2-12。

表 2-12　"动态观察"工具栏的功能

按　　钮	命　　令	功　　能	下拉菜单选项
⬦	3dorbit	沿 XY 平面或 Z 轴约束三维动态观察	"视图"→"动态观察"→"受约束的动态观察"
⬮	3dforbit	在任意方向上进行动态观察	"视图"→"动态观察"→"自由动态观察"
⬮	3dorbit	连续地进行动态观察	"视图"→"动态观察"→"连续动态观察"

2. "三维导航"工具栏

"三维导航"工具栏如图 2-17 所示,该工具栏用于从不同的角度、高度和距离查看对象。

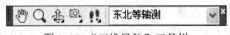

图 2-17　"三维导航"工具栏

"三维导航"工具栏中各按钮的功能和对应的下拉菜单选项参见表 2-13。

表 2-13 "三维导航"工具栏的功能

按　　钮	命　令	功　　能	下拉菜单选项
🖐	3dpan	在三维空间平移视图	"视图"→"平移"→"实时"
🔍	3dzoom	在三维空间缩放视图	"视图"→"缩放"→"实时"
⚓	3dorbit	沿 XY 平面或 Z 轴约束三维动态观察	"视图"→"动态观察"→"受约束的动态观察"
📷	3dswivel	在三维空间旋转实体	"视图"→"相机"→"回旋"
📷	3ddistance	在三维空间调整实体与视点的距离	"视图"→"相机"→"调整视距"
👣	3dwalk	在三维空间漫游	"视图"→"漫游和飞行"→"漫游"
东北等轴测 ▼		切换三维视图	"视图"→"三维视图"

3．"建模"工具栏

"建模"工具栏如图 2-18 所示，该工具栏用于创建和编辑三维实体，各按钮代表了三维造型时最基本的操作命令。

图 2-18　"建模"工具栏

"建模"工具栏中各按钮的功能和对应的下拉菜单选项参见表 2-14。

表 2-14　"建模"工具栏的功能

按钮	命　令	功　　能	下拉菜单选项
🔩	Polysolid	创建多段体	"绘图"→"建模"→"多段体"
▱	Box	创建长方体	"绘图"→"建模"→"长方体"
◺	Wedge	创建楔体	"绘图"→"建模"→"楔体"
△	Cone	创建圆锥体	"绘图"→"建模"→"圆锥体"
◯	Sphere	创建球体	"绘图"→"建模"→"球体"
▯	Cylinder	创建圆柱体	"绘图"→"建模"→"圆柱体"
◎	Torus	创建圆环体	"绘图"→"建模"→"圆环体"
△	Pyramid	创建棱锥体	"绘图"→"建模"→"棱锥体"
▤	Helix	创建螺旋	
◿	Planesurf	创建平面曲面	"绘图"→"建模"→"平面曲面"
🗋	Extrude	拉伸二维对象创建实体	"绘图"→"建模"→"拉伸"
🏛	Presspull	按住并拖动有限区域	
🗲	Sweep	沿路径扫掠二维曲线来创建三维实体	"绘图"→"建模"→"扫掠"
🗳	Revolve	旋转二维对象创建实体	"绘图"→"建模"→"旋转"
🗳	Loft	通过两个或多个曲线之间放样来创建三维实体	"绘图"→"建模"→"放样"
◍	Union	求面域或实体的并集	"修改"→"实体编辑"→"并集"
◍	Subtract	求面域或实体的差集	"修改"→"实体编辑"→"差集"
◍	Intersect	求面域或实体的交集	"修改"→"实体编辑"→"交集"
⊕	3dmove	移动三维实体	"修改"→"三维操作"→"三维移动"
⊕	3drotate	旋转三维实体	"修改"→"三维操作"→"三维旋转"
🗗	3dalign	将三维实体对齐	"修改"→"三维操作"→"三维对齐"
▦	3darray	创建实体的三维阵列	"修改"→"三维操作"→" 三维阵列"

4. "实体编辑"工具栏

"实体编辑"工具栏如图 2-19 所示，该工具栏用于编辑三维实体对象的面和边。

图 2-19 "实体编辑"工具栏

"实体编辑"工具栏中各按钮的功能和对应的下拉菜单选项参见表 2-15。

表 2-15 "实体编辑"工具栏的功能

按　钮	命　令	功　能	下拉菜单选项
⑩	Union	求面域或实体的并集	"修改"→"实体编辑"→"并集"
⑩	Subtract	求面域或实体的差集	"修改"→"实体编辑"→"差集"
⑩	Intersect	求面域或实体的交集	"修改"→"实体编辑"→"交集"
⊡	Solidedit → F → Extrude	按指定的高度或路径拉伸实体的面	"修改"→"实体编辑"→"拉伸面"
⊹⊟	Solidedit → F → Move	按指定的高度或距离移动实体的面	"修改"→"实体编辑"→"移动面"
⊡	Solidedit → F → Offset	按指定的距离偏移实体的面	"修改"→"实体编辑"→"偏移面"
✗⊟	Solidedit → F → Delete	删除实体的面，包括圆角和倒角	"修改"→"实体编辑"→"删除面"
↻⊟	Solidedit → F → Rotate	绕指定的轴旋转实体的面	"修改"→"实体编辑"→"旋转面"
⊠	Solidedit → F → Taper	将实体的面按一定的角度倾斜	"修改"→"实体编辑"→"倾斜面"
⊟	Solidedit → F → Copy	将实体的面复制为面域或体	"修改"→"实体编辑"→"复制面"
⊟	Solidedit → F → Color	修改面的颜色	"修改"→"实体编辑"→"着色面"
▢	Solidedit → Edge → Copy	复制实体的边	"修改"→"实体编辑"→"复制边"
▢	Solidedit → Edge → Color	更改实体边的颜色	"修改"→"实体编辑"→"着色边"
⊠	Solidedit → Body → Imprint	在选定的对象上压印一个对象	"修改"→"实体编辑"→"压印"
▨	Solidedit → Body → Clean	删除所有多余的边和顶点、压印的以及不使用的几何图形	"修改"→"实体编辑"→"清除"
〗〖	Solidedit → Body → Separate	将一个实体分割为几个独立的实体	"修改"→"实体编辑"→"分割"
▣	Solidedit → Body → Shell	用指定的厚度创建一个空的薄层	"修改"→"实体编辑"→"抽壳"
▱	Solidedit → Body → Check	验证三维实体对象是否为有效的 Shape Manager 实体	"修改"→"实体编辑"→"检查"

5. "渲染"工具栏

"渲染"工具栏如图 2-20 所示，该工具栏用于对创建的三维实体进行渲染，以产生实体效果，并可对渲染的背景、材质和灯光等进行设置。

图 2-20 "渲染"工具栏

"渲染"工具栏中各按钮的功能和对应的下拉菜单选项参见表 2-16。

表 2-16 "渲染"工具栏的功能

按　　钮	命　　令	功　　能	下拉菜单选项
	Hide	重新生成不显示隐藏线的三维线框模型	"视图"→"消隐"
	Render	在实体表面添加照明和材质以产生实体效果	"视图"→"渲染"→"渲染"
	Pointlight	创建点光源	"视图"→"渲染"→"光源"
	Lightlist	显示光源列表	"视图"→"渲染"→"光源"→"显示光源列表"
	Matbrowseropen	打开材质浏览器选项板	"视图"→"渲染"→"材质浏览器"
	Mateditoropen	打开材质编辑器选项板	"视图"→"渲染"→"材质编辑器"
	MaterialMap	显示材质贴图工具,以调整面或对象上的贴图	"视图"→"渲染"→"贴图"
	Renderenvironment	设置雾化效果或背景图像	"视图"→"渲染"→"渲染环境"
	Rpref	定义渲染的首选设置	"视图"→"渲染"→"高级渲染设置"

6. "视觉样式"工具栏

"视觉样式"工具栏如图 2-21 所示,该工具栏用于控制当前视口中实体对象着色的显示。

图 2-21 "视觉样式"工具栏

"视觉样式"工具栏中各按钮的功能和对应的下拉菜单选项参见表 2-17。

表 2-17 "视觉样式"工具栏的功能

按　　钮	命　　令	功　　能	下拉菜单选项
	Vscurrent→2	用二维线框显示实体对象	"视图"→"视觉样式"→"二维线框"
	Vscurrent→3	用三维线框显示实体对象	"视图"→"视觉样式"→"三维线框"
	Vscurrent→H	显示用三维线框表示的对象并隐藏表示后向面的直线	"视图"→"视觉样式"→"消隐"
	Vscurrent→R	真实视觉样式,显示已附着到对象的材质	"视图"→"视觉样式"→"真实"
	Vscurrent→C	概念视觉样式,着色使用冷色和暖色之间的过渡	"视图"→"着色"→"概念"
	Visualstyles	管理视觉样式	"视图"→"着色"→"视觉样式管理器"

7. "用户坐标系"工具栏

"用户坐标系"工具栏如图 2-22 所示,该工具栏用于控制三维实体的显示和着色。

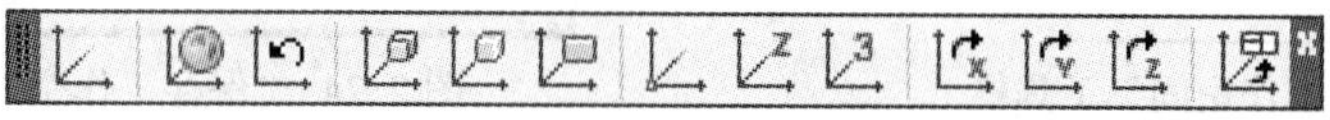

图 2-22 "用户坐标系"工具栏

"用户坐标系"工具栏中各按钮的功能和对应的下拉菜单选项参见表 2-18。

表 2-18 "用户坐标系"工具栏的功能

按　钮	命　令	功　能	下拉菜单选项
⌐	Ucs	管理用户坐标系	
⌐	Ucs → World	将当前用户坐标系设置为世界坐标系	"工具"→"新建 UCS"→"世界"
⌐	Ucs → Previous	恢复上一个用户坐标系	"工具"→"新建 UCS"→"上一个"
⌐	Ucs → Flat	将用户坐标系与实体对象的选定面对齐	"工具"→"新建 UCS"→"面"
⌐	Ucs → Object	根据选定三维对象定义新的坐标系	"工具"→"新建 UCS"→"对象"
⌐	Ucs → View	以垂直于平行于屏幕的平面为 XY 平面,建立新的坐标系	"工具"→"新建 UCS"→"视图"
⌐	Ucs → Origin	移动当前用户坐标系的原点,保持坐标轴轴方向不变	"工具"→"新建 UCS"→"原点"
⌐ᶻ	Ucs → Zaxis	用特定的 Z 轴正半轴定义用户坐标系	"工具"→"新建 UCS"→"Z 轴矢量"
⌐³	Ucs → 3	指定新的用户坐标系原点及其 X 和 Y 轴的正方向	"工具"→"新建 UCS"→"三点"
⌐ˣ	Ucs → X	绕 X 轴旋转当前坐标系	"工具"→"新建 UCS"→"X"
⌐ʸ	Ucs → Y	绕 Y 轴旋转当前坐标系	"工具"→"新建 UCS"→"Y"
⌐ᶻ	Ucs → Z	绕 Z 轴旋转当前坐标系	"工具"→"新建 UCS"→"Z"
⌐	Ucs → Apply	将当前用户坐标系设置应用到指定的视口	"工具"→"新建 UCS"→"应用"

2.1.5 保存工作空间

保存和锁定工作空间就是将设置的二维工作空间和三维工作空间保存起来并加以锁定,根据工作需要直接进入自己设置的工作空间中,节省了反复调用工具栏的麻烦,并有效防止其他用户改变设置,提高了绘图效率。

保存工作空间的操作方法如下:

设置好二维工作空间后,在"工作空间"工具栏的下拉列表中选择"将当前工作空间另存为"选项,如图 2-23 所示。AutoCAD 弹出"保存工作空间"对话框,如图 2-24 所示。在该对话框的"名称"文本框中输入"二维工作空间",单击"保存"按钮,即可将设置的二维工作空间保存。

设置好三维工作空间后,同样方法可以保存设置的三维工作空间。

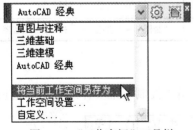

图 2-23 "工作空间"工具栏

图 2-24 "保存工作空间"对话框

在"工作空间"工具栏的下拉列表中选择相应的选项,即可进入该工作空间,如选择"三维工作空间"选项,如图 2-25 所示,便进入到用户设置的三维工作空间,得到如图 2-15 所示的界面。

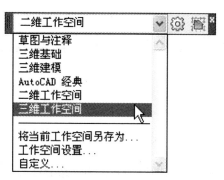

图 2-25　切换工作空间

2.1.6　锁定工作空间

锁定和解锁工作空间的操作方法如下：

状态栏右侧的"锁定/解锁"按钮为 🔓 时，工作空间处于解锁状态。单击该按钮，弹出"锁定/解锁"快捷菜单，将光标移到其中的"全部"选项后，在弹出的下级菜单中选择"锁定"选项，如图 2-26 所示，即可将所在工作空间中的工具栏和窗口全部锁定，即工具栏和窗口不能移动或隐藏。

图 2-26　"锁定/解锁"快捷菜单

当工作空间处于锁定状态时，"锁定/解锁"按钮为 🔒，单击该按钮，弹出"锁定/解锁"快捷菜单，将光标移到其中的"全部"选项后，在弹出的下级菜单中选择"解锁"选项，即可将锁定的工作空间解锁，即工具栏和窗口可以移动或隐藏。

选择菜单"窗口"→"锁定位置"→"全部"→"锁定"选项，也可以锁定工作空间。

选择菜单"窗口"→"锁定位置"→"全部"→"解锁"选项，也可以将锁定的工作空间解锁。

2.2　设置图层

所谓图层就是让不同的对象处在不同的层次上，并用不同的特性加以区分。图层就像透明胶片一样，不同的对象虽然处在不同的图层上，但重叠在一起后就形成一幅完整的图形。

图层是组织管理图形文件的有效手段，特别是在绘制复杂的图形时，可以关闭无关的图层，避免由于对象过多而产生的相互干扰，从而降低了图形绘制和编辑的难度，提高了绘图速度。

在同一个图形文件中，所有的图层具有相同的绘图界限、坐标系统和缩放因子。一个图形文件最多可以有 32000 个图层，而且每个图层上的对象数量没有任何限制。

设置图层的步骤如下：

（1）选择菜单"格式"→"图层"选项或单击"图层"工具栏中"图层特性管理器"按钮 🔲，弹出"图层特性管理器"对话框。单击对话框中的"新建图层"按钮 ⬚ 或回车，新建一个图层，如图 2-27 所示。

图 2-27　新建图层

（2）删除默认的图层名称，输入图层的名称为"边界线"。

（3）在显示边界线层颜色的区域单击，弹出如图 2-28 所示的"选择颜色"对话框，从中选择 31 号颜色，即橙色，单击"确定"按钮。

（4）边界线的线型是连续线型，保留线型的默认设置 Continuous 不变。

（5）在显示边界线线宽的区域单击，弹出如图 2-29 所示的"线宽"对话框。按照工程制图国家标准的规定，粗实线的线宽取 0.75mm，其他所有对象的线宽取 0.25mm。在"线宽"对话框中选择 0.25mm，单击"确定"按钮。

图 2-28　"选择颜色"对话框

图 2-29　"线宽"对话框

（6）按照上述方法可再创建边框层、标注层、粗实线层、点画线层、双点画线层、文字层、细实线层、虚线层，并分别设置它们的颜色、线型和线宽。设置点画线层、双点画线层、虚线层的线型时，单击该图层的线型 Continuous 区域，弹出如图 2-30 所示的"选择线型"对话框，在默认情况下，该对话框中只有一种线型，即连续线型 Continuous。要设置非连续线型，单击对话框中的"加载"按钮，弹出如图 2-31 所示的"加载或重载线型"对话框，按住键盘上的〈Ctrl〉键，依次选择 ACAD_ISO04W100、ACAD_ISO05W100、HIDDEN2 三种线型，单击"确定"按钮，即可将三种非连续线型加载到"选择线型"对话框中。

图 2-30　"选择线型"对话框

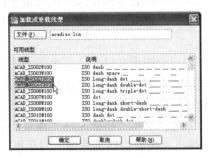

图 2-31　"加载或重载线型"对话框

将点画线层的线型设置为 ACAD_ISO04W100，将双点画线层的线型设置为 ACAD_ISO05W100，将虚线层的线型设置为 HIDDEN2 即可。

设置图层的结果如图 2-32 所示。其中文字层的颜色设置为 14 号色，即棕色。

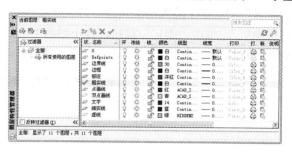

图 2-32　设置图层的结果

2.3　保存和恢复图层

图层的特性包括图层的颜色、线型和线宽，图层的状态包括打开/关闭、解冻/冻结、解锁/锁定可以保存起来，并输出为一个后缀是 ".las" 的图层文件。

新建一个图形文件或重新启动 AutoCAD 2012 后，可以将保存的图层文件输入到空白的图形中，原图层所设置的特性和状态可以加以恢复。这样既可以避免反复地进行图层设置，提高工作效率，又使所有图形文件的图层统一规范起来。

2.3.1　保存图层

保存图层的操作步骤如下：

（1）单击"图层"工具栏中或"图层特性管理器"选项板左上方的"图层状态管理器"按钮，弹出如图 2-33 所示的"图层状态管理器"对话框，请注意此时对话框中有很多按钮是灰显的。

（2）单击对话框中的"新建"按钮，弹出如图 2-34 所示的"要保存的新图层状态"对话框。

图 2-33　"图层状态管理器"对话框

图 2-34　"要保存的新图层状态"对话框

在"图层特性管理器"对话框中的图层显示列表框内单击鼠标右键，弹出如图2-35所示的图层快捷菜单。在图层快捷菜单中选择"保存图层状态"选项，也会弹出如图2-34所示的"要保存的新图层状态"对话框。

（3）在"新图层状态名"文本框中输入图层状态的名字"我的图层"，在"说明"文本框中输入说明文字"自定义图层"，单击"确定"按钮，弹出如图2-36所示的"图层状态管理器"对话框，请注意此时所有按钮全部亮显。

图2-35　图层快捷菜单　　　　　　图2-36　"图层状态管理器"对话框

在"图层特性管理器"对话框中的图层显示列表框内单击鼠标右键，弹出图层快捷菜单后，选择其中的"保存图层状态"选项，也会弹出如图2-36所示的"图层状态管理器"对话框。

（4）单击"输出"按钮，弹出如图2-37所示的"输出图层状态"对话框，设置保存路径后，单击"保存"按钮，即可将设置的图层输出保存为"我的图层.las"文件。

（5）回到"图层状态管理器"对话框，单击"关闭"按钮，回到"图层特性管理器"对话框，单击"确定"按钮，回到工作界面。在"图层"工具栏的图层下拉列表中将一个图层设置为当前层，如图2-38所示，就可以开始绘图了。

图2-37　"输出图层状态"对话框　　　　图2-38　利用图层下拉列表设置当前层

2.3.2　恢复图层

恢复图层的步骤如下：

（1）单击"标准"工具栏中的"新建"按钮，弹出"选择样板"对话框，在"打开"下拉列表中选择"无样板打开－公制（M）"选项，新建一个空白的、未做任何设置的图形文件。

（2）选择菜单"格式"→"线型"选项，弹出如图 2-39 所示的"线型管理器"对话框，单击"加载"按钮，弹出 "加载或重载线型"对话框，按住键盘上的〈Ctrl〉键，依次选择 ACAD_ISO04W100、ACAD_ISO05W100、HIDDEN2 三种线型，单击"确定"按钮，即可将三种非连续线型加载到"线型管理器"对话框中。

（3）单击"图层"工具栏中或"图层特性管理器"选项板左上方的"图层状态管理器"按钮，弹出"图层状态管理器"对话框，如图 2-33 所示。

（4）单击对话框"输入"按钮，弹出如图 2-40 所示的"输入图层状态"对话框。

图 2-39 "线型管理器"对话框

图 2-40 "输入图层状态"对话框

（5）在 AutoCAD 2012 中文版的文件列表中选择"我的图层"，单击"打开"按钮，弹出如图 2-41 所示的图层输入提示框，并询问是否立即恢复图层状态。

图 2-41 图层输入提示框

（6）单击"恢复状态"按钮，"我的图层"所保存的图层的状态和特性便被恢复过来，并回到工作界面。在"图层"工具栏的图层下拉列表中选择一个图层为当前层，就可以开始绘图了。

在后面的章节中，当从一个空白的、未做任何设置的图形文件开始绘图时，首先应将三种非连续的线型即点画线、双点画线和虚线加载到线型管理器对话框，然后再恢复"我的图层"所保存的图层的状态和特性，这个操作过程均简述为"新建空白图形文件，加载线型，恢复图层"。

2.4 图层工具

利用 AutoCAD 2012 中文版中的图层工具可以方便地切换图层、改变对象所在的图层、改变图层的状态等。

下面介绍几个在绘制机械图样时比较常用的图层工具。

1. 设置当前图层

要将某个图层设置为当前图层，先应在"图层特性管理器"对话框里的图层列表中选中一个图层，然后单击对话框右上角的"置为当前"按钮✔，所选图层即被设置为当前图层。

还可以通过"图层"工具栏的图层下拉列表中选择一个图层，该图层即被置为当前层。如图 2-42 所示。

2. 将对象的图层置为当前

单击"图层"工具栏中的"将对象的图层置为当前"按钮，或选择菜单"格式"→"图层工具"→"将对象的图层置为当前"选项，如图 2-43 所示，即可启动 Laymcur 命令。利用该命令可将所选对象所在的图层置为当前层。

图 2-42 通过图层下拉列表设置当前层

图 2-43 图层工具子菜单

3. 上一个图层

单击"图层"工具栏中的"上一个图层"按钮，或选择菜单"格式"→"图层工具"→"上一个图层"选项，如图 2-43 所示，即可启动 Layerp 命令。利用该命令回到上一个图层，即上一个图层置为当前层。

4. 图层匹配

单击"图层"工具栏中的"图层匹配"按钮，或选择菜单"格式"→"图层工具"→"图层匹配"选项，如图 2-43 所示，即可启动 Laymch 命令。利用该命令可以将所选对象（一个对象或多个对象，多个对象可以在同一个图层上，也可以不在一个图层上）的特性与目标层匹配。

5. 更改为当前图层

单击"图层"工具栏中的"更改为当前图层"按钮，或选择菜单"格式"→"图层工具"→"更改为当前图层"选项，如图 2-43 所示，即可启动 Laycur 命令。利用该命令可以将所选对象（一个对象或多个对象，多个对象可以在同一个图层上，也可以不在一个图层上）更改为当前层上，其特性与当前层上的对象相同。

6. 将对象复制到新图层

单击"图层"工具栏中的"将对象复制到新图层"按钮，或选择菜单"格式"→"图层工具"→"将对象复制到新图层"选项，如图 2-43 所示，即可启动 Copytolayer 命令。利用该命令可以将所选对象（一个对象或多个对象，多个对象可以在同一个图层上，也可以不在一个图层上）的图层复制到目标层上。

7．图层关闭

单击"图层"工具栏中的"图层关闭"按钮，或选择菜单"格式"→"图层工具"→"图层关闭"选项，如图 2-43 所示，即可启动 Layoff 命令。利用该命令将一个对象或多个对象所在的图层关闭。

图层的打开/关闭状态的图标是一盏灯泡，用灯泡的亮和灭表示图层的打开和关闭。在图层的下拉列表中单击图层上的灯泡图标，即可使该图层的打开/关闭状态相互切换。

图层被关闭，则该图层上的对象既不能在显示器上显示，也不能编辑和打印。

选择菜单"格式"→"图层工具"→"打开所有图层"选项，即可将所有关闭的图层打开。

8．图层冻结

单击"图层"工具栏中的"图层冻结"按钮，或选择菜单"格式"→"图层工具"→"图层冻结"选项，如图 2-43 所示，即可启动 Layfrz 命令。利用该命令将一个对象或多个对象所在的图层冻结。

图层的冻结状态的图标是雪花，解冻状态的图标是太阳，在图层的下拉列表中单击这两个状态图标，即可使冻结/解冻状态相互切换。

图层被冻结，则该图层上的对象既不能显示，也不能编辑和打印。

选择菜单"格式"→"图层工具"→"解冻所有图层"选项，即可将所有冻结的图层解冻。

关闭图层和冻结图层的区别是：关闭图层后，该图层仍然是图形的一部分并参与处理过程的运算，而冻结的图层不参与运算。因此，冻结图层能够加快系统重新生成图形的时间。另外，用户可以关闭当前层，但不能冻结当前层。

9．图层锁定/解锁

单击"图层"工具栏中的"图层锁定"按钮或"图层解锁"按钮，或选择菜单"格式"→"图层工具"→"图层锁定"选项，如图 2-43 所示，即可启动 Laylck 或 Layulk 命令。利用该命令将一个对象或多个对象所在的图层锁定或解锁。

图层的锁定/解锁状态的图标是一把小锁，用上锁和开锁表示图层的锁定和解锁，新图层的默认设置是解锁的。在图层的下拉列表中单击图层的小锁图标，可使该图层的锁定/解锁状态相互切换。

图层被锁定，则图层上的对象既能显示，也能打印，但不能编辑。用户可以在被锁定的当前图层上绘图、使用对象捕捉命令。

10．图层合并

选择菜单"格式"→"图层工具"→"图层合并"选项，如图 2-43 所示，即可启动 Laymrg 命令。利用该命令可以将所选对象（一个对象或多个对象，多个对象可以在同一个图层上，也可以不在一个图层上）的图层合并到目标层上。

11．图层删除

选择菜单"格式"→"图层工具"→"图层删除"选项，如图 2-43 所示，即可启动 Laydel 命令。利用该命令可以将所选对象的图层删除。

2.5 小结

本章主要介绍了设置工作空间和图层的方法，这是为以后绘图做好准备工作。

工作空间包括二维工作空间和三维工作空间，设置工作空间主要是将绘制二维平面图形和创建三维实体时所用的工具栏显示在操作界面内，因此本章对这些工具栏中各按钮的功能及与之对应的下拉菜单选项做了详细介绍，读者应熟练掌握，以便在绘图过程中能够快速地启动相应的命令。

设置好工作空间后可以保存和锁定，便于以后启动 AutoCAD 后能立即进入所需的工作空间。

图层是组织管理图形的有效手段，对于绘制平面图形尤为重要。设置好的图层可以保存为公共文件，在新建的空白图形文件中可以恢复，这一功能在以后的操作实例中会经常用到，建议读者作为重点学习掌握。

利用图层工具可以对图层进行管理，尤其是图层匹配工具可以改变对象的特性，这个功能在绘图时非常有用。

2.6 习题

1. 简答题

（1）简述二维工作空间和三维工作空间分别常用的工具栏。

（2）简述绘制机械图样时常用的图层。

2. 操作题

（1）分别设置二维工作空间和三维工作空间，并加以保存和切换。

（2）设置绘制机械图样的图层，并加以保存。

（3）新建一个空白图形文件，恢复保存的图层文件。

（4）利用图层工具将点画线和虚线变为粗实线。

第3章　确定点的位置

利用 AutoCAD 绘图时，系统经常提示指定点的位置。输入点的坐标是确定该点的位置的最基本的方法，除此之外，还可以利用捕捉和追踪确定点的位置。捕捉包括栅格捕捉和对象捕捉，追踪包括极轴追踪和对象捕捉追踪。

输入点的坐标是人工定位的方法，利用捕捉和追踪定位则是智能定位，即利用栅格捕捉和对象捕捉定位可以不需坐标输入，利用鼠标即可自动确定点的位置。而利用正交模式、极轴追踪模式、对象追踪模式则可以确定点的轨迹，智能定位是提高绘图效率和精度的有效手段。

几何约束是 AutoCAD 2012 中文版新增加的功能，所谓几何约束是指利用设定的几何关系确定几何要素之间的相对位置，实现几何图形的参数化设计。

本章将介绍这几种确定点的位置的方法，主要包括以下内容：

- 人工定位——坐标输入法
- 智能定位
- 几何约束

3.1　人工定位——坐标输入法

坐标能准确地确定点的位置，AutoCAD 传统的输入方法是在命令行中输入点的坐标，并回车确认。AutoCAD 2012 中文版新增加了动态输入方法，用户可以在绘图区输入点的坐标，这种坐标输入法的特点是方便直观，操作性强。

3.1.1　命令行输入坐标

用户可以在命令行中输入以下 4 种坐标来确定点的位置。

1. 绝对坐标

绝对坐标是点与坐标原点在三个坐标轴上的距离。绘制平面图形时，任何一点的坐标可以用(x, y)的形式来表示，系统默认 Z 坐标为 0。绘制三维图形时，任何一点的坐标可以用(x, y, z)的形式来表示，用户知道一个点的绝对坐标，可在键盘上直接输入，坐标值之间需用逗号隔开。

2. 相对坐标

使用绝对坐标确定点的位置有很大的局限性，绘图时绝大多数的点是通过与其他点的相对位置来确定的。相对坐标就是一个点与其他点的坐标差，绘制二维图形时，用户可以用（@x, y）的形式从键盘上输入相对坐标。绘制三维图形时，用户可以用（@x, y, z）的形式从键盘上输入相对坐标。

绝对坐标和相对坐标中的分隔符号"，"，应用英文输入法输入。若用中文输入法输入逗号，计算机将提示重新输入坐标。

3．绝对极坐标

极坐标是由极半径和极角组成，极半径是该点与极点的连线，极角是该连线与 X 轴正方向的夹角，并以逆时针方向作为正的角度测量方向。绝对极坐标的极点是坐标原点，键盘输入时极半径和角度之间需用"<"隔开，例如"70<-45"。

AutoCAD 默认的长度单位为 mm，并以 X 轴的正方向为角度的测量基准，逆时针测量的角度为正值，顺时针测量的角度为负值。

4．相对极坐标

相对极坐标的极点不是坐标原点，而是图形上的某一点，这是相对极坐标和绝对极坐标的区别之处。二者的键盘输入的形式也不同，相对极坐标输入时需加前缀@，如"@50<60"。

绝对极坐标和相对极坐标只能用于绘制二维图形。

3.1.2　动态输入坐标

动态输入是 AutoCAD 2012 中文版新增加的功能，利用这一功能可以取代传统的命令行输入。原来系统在命令行中的提示可能让一些用户忽略，受不到足够的重视。但动态输入却让命令行中的提示变为绘图区提示，在用户绘图的过程中，随时提示用户操作，这种直观的输入方法能够引起用户的关注，使得人机对话变得流畅。

单击状态栏中的"动态输入"按钮⊢或按〈F12〉键，即可启动动态输入模式。单击"动态输入"按钮⊢，在弹出的快捷菜单中选择"设置"选项，如图 3-1 所示。或选择菜单"工具"→"草图设置"选项，系统弹出如图 3-2 所示的"草图设置"对话框，并打开"动态输入"选项卡。

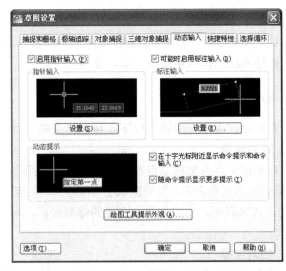

图 3-1　状态栏快捷菜单　　　　　　　　图 3-2　"草图设置"对话框

"动态输入"选项卡中的"启用指针输入"复选框用于控制是否能够动态输入参考点，即启动绘图命令后的第一点的坐标。例如启动"直线"命令后，如果该复选框是勾选的，则绘图区出现输入第一点坐标的提示框，如图 3-3 所示，如果该复选框不勾选，则不显示任何提示框。

图 3-3　动态输入第一点坐标

"指针输入"文本框中的"设置"按钮，用于设置第二点和后续点的坐标格式和可见性，系统默认的格式为极坐标和相对坐标。

"可能时启用标注输入"复选框用于控制是否能够动态标注定位点和上一个点之间的尺寸。例如启动"直线"命令后，当需要指定下一点的坐标时，如果该复选框是勾选的，则在绘图区移动光标，系统会动态标注直线的长度尺寸，如图 3-4a 所示。如果该复选框不勾选，系统不会动态标注直线的长度尺寸，如图 3-4b 所示。

a)　　　　　　　　　　　　　　　　　　　　b)

图 3-4　控制动态输入模式中是否动态标注尺寸

"标注输入"文本框中的"设置"按钮，用于设置标注输入的可见性。

"在十字光标附近显示命令提示和命令输入"复选框用于控制是否在十字光标线附近显示命令提示和命令输入。

保留该选项卡中的默认设置，即三个复选框全部勾选。

利用动态输入模式输入坐标时，当输入完成一个坐标后，按〈Tab〉键可以切换到另一个坐标的动态输入。例如启动"直线"命令后，当需要指定下一点的坐标时，输入直线的长度 30 后，按〈Tab〉键便切换到直线倾斜角度的动态输入，如图 3-5 所示。输入角度值后回车，即可确定该点的位置。

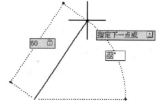

图 3-5　切换坐标输入

利用动态输入不仅可以输入坐标，还可以输入其他参数，如输入半径或直径，利用键盘输入相应的数值回车即可。

3.2　智能定位

在实际绘图过程中，有些点的坐标无法确定，甚至没有必要确定，如切点或垂足等。利用栅格捕捉和对象捕捉可以实现坐标的自动输入，精确的确定点的位置，提高绘图的精度和速度。利用正交模式、极轴追踪模式、对象追踪模式确定点的位置，可以在绘图轨迹线上输入定位点和参考点之间的距离，而不需输入二者之间的相对坐标，同样可以提高绘图效率。

3.2.1　利用栅格和捕捉模式定位

栅格是显示在绘图区内、由距离相等的点所组成的点阵。栅格像一张坐标纸，是绘图的参照，用于帮助用户确定点的位置。栅格和捕捉配合起来使用，是提高绘图速度和精度的重要手段。

单击状态栏中的"栅格"按钮▦，或按〈F7〉键，即可启动栅格模式。单击状态栏中的"捕捉"按钮▦，或按〈F9〉键，即可启动捕捉模式。启动这两种模式后，光标将自动捕捉到栅格点，如图3-6所示。

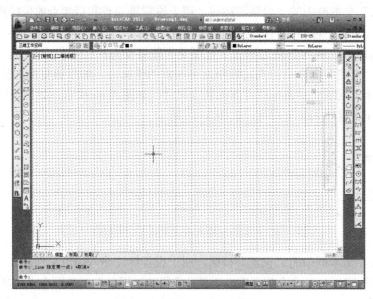

图3-6　在绘图区显示出栅格

在命令行中输入Z后回车，再输入A后回车，即启动"全部缩放"命令，即可将栅格全部显示在绘图区。

默认情况下，栅格和捕捉的横向和纵向间距均为10，栅格和捕捉的横向和纵向间距可以根据绘图的需要进行设置，操作方法如下：

单击"捕捉"按钮▦或"栅格"按钮▦，在弹出的快捷菜单中选择"设置"选项，或选择菜单"工具"→"草图设置"选项，系统弹出"草图设置"对话框。在该对话框中打开"捕捉和栅格"选项卡，如图3-7所示。

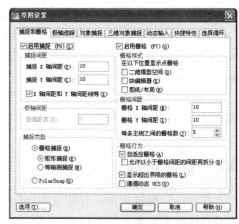

图3-7　"捕捉和栅格"选项卡

在"捕捉间距"选项栏中的"捕捉X轴间距"文本框和"捕捉Y轴间距"文本框中用于设置捕捉的横向和纵向间距。"栅格间距"选项栏中的"栅格X轴间距"文本框和"栅格Y轴间距"文本框中用于设置栅格的横向和纵向间距。

3.2.2　利用对象捕捉定位

绘制图形过程中，AutoCAD会经常提示指定点的位置，许多点很难确定它的坐标，如两条直线的交点、圆或圆弧上的切点、直线的中点和垂足等。要精确的确定这些特殊点的位置，必须使用对象捕捉才能完成。

"对象捕捉"工具栏中各按钮的功能详见表 2-7。

启动绘图命令后，用户除了可以单击"对象捕捉"工具栏中的按钮捕捉对象的特殊点外，还可以单击鼠标右键，在弹出的绘图快捷菜单中，将光标移到"捕捉替代"选项上，弹出下级子菜单，在该子菜单中选择一个选项，如图 3-8 所示，即可在对象上捕捉到相应的特殊点。

AutoCAD 2012 中文版在启动了绘图命令后，还可以单击状态栏中的"对象捕捉"按钮，在弹出的"对象捕捉"快捷菜单中选择特殊点选项，如图 3-9 所示，即可在对象上捕捉到相应的特殊点。

图 3-8 "捕捉替代"子菜单

图 3-9 "对象捕捉"快捷菜单

绘图过程中需要经常使用对象捕捉确定点的位置，如果反复单击"对象捕捉"工具栏中的按钮，操作起来极其麻烦。使用对象自动捕捉模式可以解决这个问题，即确定该模式后，当系统提示指定点的位置时，将光标移到对象上的特殊点附近就会出现对象捕捉标记，单击鼠标左键将自动捕捉到该特殊点。

单击状态栏中的"对象捕捉"按钮或按〈F3〉键，即可启动对象自动捕捉模式。

单击"对象捕捉"按钮，在弹出的快捷菜单中选择"设置"选项，或选择菜单"工具"→"草图设置"选项，系统弹出"草图设置"对话框并打开"对象捕捉"选项卡，如图 3-10 所示。

在该选项卡中可以设置自动捕捉对象上特殊点的种类，在实际绘图中经常需要的自动捕捉的特殊点

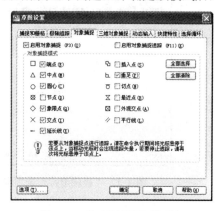

图 3-10 "对象捕捉"选项卡

有"端点"、"中点"、"中心"、"象限点"、"交点"、"延长线"和"垂足"。应该说明的是这几个特殊点在自动捕捉时，需要根据绘图需要适当增减，因为图形过于复杂，对象过于密集，设置太多种类的特殊点捕捉会造成错误捕捉。

3.2.3 利用正交模式定位

绘制图样时需要绘制大量的水平线和垂直线，利用正交模式只需输入水平线或垂直线的长度，就能确定该直线端点的位置，而无需输入直线两个端点的相对坐标。

单击状态栏中的"正交"按钮，或按〈F8〉键，即可启动正交模式。启动"直线"命令后，在适当位置单击后，水平移动光标即可绘制出水平线，垂直移动光标即可绘制出垂直线，如图 3-11 所示。

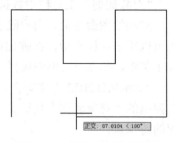

图 3-11　利用正交模式绘图

3.2.4 利用极轴追踪模式定位

极轴追踪是按已知的角度增量追踪确定点的位置。当启动极轴追踪后，绘图区内会按照一定的角度增量显示出多条追踪线，输入极轴的长度即可精确地确定点的位置。

单击状态栏中的"极轴追踪"按钮或按〈F10〉键，即可启动极轴追踪模式。

在默认情况下，极轴追踪的角度增量为 90°，即沿着水平和垂直方向追踪。根据绘图需要，可以设置极轴追踪的角度增量，操作方法如下：

单击"极轴追踪"按钮，在弹出的快捷菜单中选择"设置"选项，或选择菜单"工具"→"草图设置"，系统弹出"草图设置"对话框。在该对话框中打开"极轴追踪"选项卡，如图 3-12 所示。

在该选项卡的"增量角"下拉列表中选择新的角度值，如选择 30。用户还可以勾选"附加角"复选框，单击"新建"按钮，增加一个极轴追踪的角度。单击"确定"按钮，完成设置"极轴追踪"选项卡。则启动绘图命令后，在绘图区适当位置单击后移动光标，将沿着角度为 30°的整数倍的极角，共 12 条追踪轨迹进行追踪，如图 3-13 所示。极轴追踪模式为用户绘图提供了很大的方便。

图 3-12　"极轴追踪"选项卡

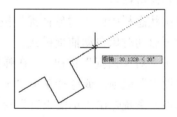

图 3-13　利用极轴追踪模式绘图

3.2.5 利用对象捕捉追踪模式定位

对象捕捉追踪是基于对象捕捉的追踪，即对象捕捉追踪的出发点是捕捉到的已有对象上的特殊点。因此，在使用对象捕捉追踪模式之前，必须先启动对象捕捉模式。

单击状态栏中的"对象捕捉追踪"按钮∠或按〈F11〉键，即可启动对象捕捉追踪模式。

在设置极轴追踪的角度增量时，一般也要同时设置对象捕捉追踪模式，即在"草图设置"对话框的"极轴追踪"选项卡中，选中"用所有极轴角设置追踪"单选按钮，即沿着所有的极角设置进行对象捕捉追踪，参见图3-12。若不设置对象捕捉追踪模式，则对象捕捉追踪的轨迹是水平线和垂直线。

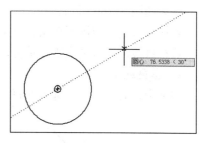

图3-14　利用对象捕捉追踪模式绘图

利用对象捕捉追踪绘图的方法是，启动了绘图命令后，将光标移到绘图区已有的图形对象的特殊点上，出现对象捕捉标记，请注意不要单击鼠标。移动光标，就会出现对象捕捉追踪轨迹，如图3-14所示，输入极轴的长度即可精确地确定点的位置。

3.3　几何约束

几何约束是 AutoCAD 2012 中文版新增加的功能，所谓几何约束是指利用设置的几何关系确定几何要素之间的相对位置，当其中一个几何要素的位置发生变化时，其他几何要素的位置根据几何约束自动与其保持原来的几何关系，实现了几何图形的参数化设计。

3.3.1　几何约束类型

几何约束包括重合、垂直、相切、平行、水平、竖直、共线、同心、平滑、对称、相等、固定共 12 种约束。

在菜单"参数"→"几何约束"的下级子菜单（如图3-15所示）中选择一个选项，即可启动相应的几何约束命令。

1. 重合约束

利用重合约束可以使对象上的约束点与某个对象重合，也可以使其与另一对象上的约束点重合。

图3-16a 所示的圆和直线设置重合约束的步骤如下：

图3-15　几何约束下级子菜单

命令:_GeomConstraint　　（选择菜单"参数"→"几何约束"→"重合"选项）
输入约束类型 [水平(H)/竖直(V)/垂直(P)/平行(PA)/相切(T)/平滑(SM)/重合(C)/同心(CON)/共线(COL)/对称(S)/相等(E)/固定(F)] <重合>:_Coincident
选择第一个点或 [对象(O)/自动约束(A)] <对象>:　　（在圆周上单击）
选择第二个点或 [对象(O)] <对象>:　　（在直线的上方端点附近单击）

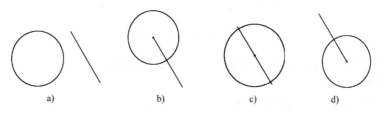

图3-16　重合约束实例

结果如图 3-16b 所示。

若在直线的中点附近单击，结果如图 3-16c 所示。

若在直线的下方端点附近单击，结果如图 3-16d 所示。

2．垂直约束

利用垂直约束可以使选定的直线相互垂直。

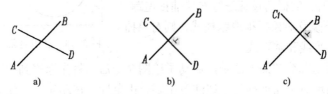

图 3-17　垂直约束实例

如图 3-17a 所示的两条直线设置垂直约束的步骤如下：

命令: _GeomConstraint　　　（选择菜单"参数"→"几何约束"→"垂直"选项）

输入约束类型[水平(H)/竖直(V)/垂直(P)/平行(PA)/相切(T)/平滑(SM)/重合(C)/同心(CON)/共线(COL)/对称(S)/相等(E)/固定(F)] <垂直>:_Perpendicular

选择第一个对象:　　　（单击直线 AB）

选择第二个对象:　　　（在 C 点附近单击直线 CD）

结果如图 3-17b 所示，即直线 CD 绕端点 C 旋转后与直线 AB 垂直。

若在 D 点附近单击直线 CD，结果如图 3-17c 所示，即直线 CD 绕端点 D 旋转后与直线 AB 垂直。

3．相切约束

利用相切约束可以使选定的直线与圆或圆弧相切。

如图 3-18a 所示的直线和圆设置垂直约束的步骤如下：

命令: _GeomConstraint　　（选择菜单"参数"→"几何约束"→"相切"选项）

输入约束类型[水平(H)/竖直(V)/垂直(P)/平行(PA)/相切(T)/平滑(SM)/重合(C)/同心(CON)/共线(COL)/对称(S)/相等(E)/固定(F)] <相切>:_Tangent

选择第一个对象:　　　（单击直线）

选择第二个对象:　　　（单击圆）

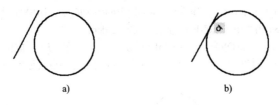

图 3-18　相切约束实例

结果如图 3-18b 所示，即直线或圆被平移后保持相切关系。

4．平行约束

利用平行约束可以使选定的直线相互平行。

如图 3-19a 所示的两条直线设置平行约束的步骤如下：

命令: _GeomConstraint （选择菜单"参数"→"几何约束"→"平行"选项）

输入约束类型[水平(H)/竖直(V)/垂直(P)/平行(PA)/相切(T)/平滑(SM)/重合(C)/同心(CON)/共线(COL)/对称(S)/相等(E)/固定(F)] <平行>:_Parallel

选择第一个对象:　　　（单击直线 AB）

选择第二个对象:　　　（在 C 点附近单击直线 CD）

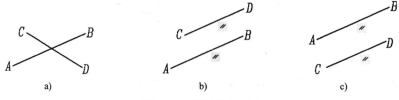

图 3-19　平行约束实例

结果如图 3-19b 所示，即直线 CD 绕端点 C 旋转后与直线 AB 平行。

若在 D 点附近单击直线 CD，结果如图 3-19c 所示，即直线 CD 绕端点 D 旋转后与直线 AB 平行。

5.水平约束

利用水平约束可以使选定的直线与 X 轴平行。

如图 3-20a 所示的直线设置水平约束的步骤如下：

命令: _GeomConstraint　　　（选择菜单"参数"→"几何约束"→"水平"选项）

输入约束类型 [水平(H)/竖直(V)/垂直(P)/平行(PA)/相切(T)/平滑(SM)/重合(C)/同心(CON)/共线(COL)/对称(S)/相等(E)/固定(F)] <水平>:_Horizontal

选择对象或 [两点(2P)] <两点>:　　　（单击直线）

图 3-20　水平约束实例

结果如图 3-20b 所示。

6.竖直约束

利用竖直约束可以使选定的直线与 Y 轴平行。

如图 3-21a 所示的直线设置竖直约束的步骤如下：

命令: _GeomConstraint　　　（选择菜单"参数"→"几何约束"→"竖直"选项）

输入约束类型[水平(H)/竖直(V)/垂直(P)/平行(PA)/相切(T)/平滑(SM)/重合(C)/同心(CON)/共线(COL)/对称(S)/相等(E)/固定(F)] <竖直>:_Vertical

选择对象或 [两点(2P)] <两点>:　　　（单击直线）

图 3-21　竖直约束实例

结果如图 3-21b 所示。

7．共线约束

利用共线约束可以使选定的直线共线或重合。

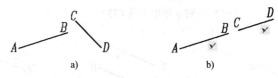

图 3-22　共线约束实例

如图 3-22a 所示的两条直线设置共线约束的步骤如下：

命令: _GeomConstraint　（选择菜单"参数"→"几何约束"→"共线"选项）
输入约束类型 [水平(H)/竖直(V)/垂直(P)/平行(PA)/相切(T)/平滑(SM)/重合(C)/同心(CON)/共线(COL)/对称(S)/相等(E)/固定(F)] <共线>:_Collinear
选择第一个对象或 [多个(M)]:　　（单击直线 AB）
选择第二个对象:　　（单击直线 CD）

结果如图 3-22b 所示。

8．同心约束

利用同心约束可以使两个圆的圆心重合。

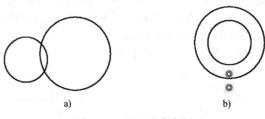

图 3-23　同心约束实例

如图 3-23a 所示的两个圆设置同心约束的步骤如下：

命令: _GeomConstraint　　（选择菜单"参数"→"几何约束"→"同心"选项）
输入约束类型[水平(H)/竖直(V)/垂直(P)/平行(PA)/相切(T)/平滑(SM)/重合(C)/同心(CON)/共线(COL)/对称(S)/相等(E)/固定(F)] <同心>:_Concentric
选择第一个对象:　　（单击其中一个圆）
选择第二个对象:　　（单击另一个圆）

结果如图 3-23b 所示。

9．平滑约束

利用平滑约束可以使两条样条曲线光滑连续起来。

如图 3-24a 所示的两条样条曲线设置平滑约束的步骤如下：

图 3-24　平滑约束实例

命令: _GeomConstraint　　（选择菜单"参数"→"几何约束"→"平滑"选项）

输入约束类型[水平(H)/竖直(V)/垂直(P)/平行(PA)/相切(T)/平滑(SM)/重合(C)/同心(CON)/共线(COL)/对称(S)/相等(E)/固定(F)] <平滑>:_Smooth

选择第一条样条曲线:　　（在右边样条曲线的左端点附近单击该样条曲线）

选择第二条曲线:　　（在左边样条曲线的右端点附近单击该样条曲线）

结果如图 3-24b 所示。

10．对称约束

利用对称约束可以使选定对象受对称约束，相对于选定直线对称。

图 3-25a 所示的直线 AB 和 CD 设置对称约束的步骤如下：

图 3-25　对称约束实例

命令: _GeomConstraint　　（选择菜单"参数"→"几何约束"→"对称"选项）

输入约束类型[水平(H)/竖直(V)/垂直(P)/平行(PA)/相切(T)/平滑(SM)/重合(C)/同心(CON)/共线(COL)/对称(S)/相等(E)/固定(F)] <对称>:_Symmetric

选择第一个对象或 [两点(2P)] <两点>:　　（单击直线 AB）

选择第二个对象:　　（单击直线 CD）

选择对称直线:　　（单击直线 EF）

结果如图 3-25b 所示。请注意此时直线 AB 和 CD 不是端点对称，而是角度对称，即二者与对称线 EF 的夹角相同。

如果两个圆设置对称约束，则这两个圆的圆心和半径都对称，如图 3-26 所示。

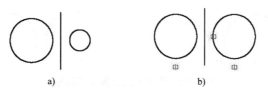

图 3-26　两个圆的对称约束

如果两个圆弧设置对称约束，则这两个圆弧的圆心和半径都对称，但圆弧的端点不一定对称，如图 3-27 所示。

图 3-27　两个圆弧的对称约束

11．相等约束

利用相等约束将选定直线的尺寸重新调整为长度相同，或将选定圆弧和圆的尺寸重新调整为半径相同。

图 3-28a 所示的两条直线设置相等约束的步骤如下：

图 3-28　相等约束实例

命令：_GeomConstraint　（选择菜单"参数"→"几何约束"→"相等"选项）

输入约束类型[水平(H)/竖直(V)/垂直(P)/平行(PA)/相切(T)/平滑(SM)/重合(C)/同心(CON)/共线(COL)/对称(S)/相等(E)/固定(F)] <相等>:_Equal

选择第一个对象或 [多个(M)]:　　　（单击直线）

选择第二个对象:　（单击另一条直线）

结果如图 3-28b 所示。

如图 3-29a 所示的两个圆设置相等约束的结果如图 3-29b 所示。

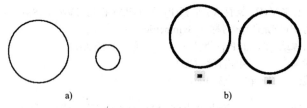

图 3-29　两个圆设置相等约束

如图 3-30a 所示的两个圆弧设置相等约束的结果如图 3-30b 所示。

图 3-30　两个圆弧设置相等约束

12. 固定约束

利用固定约束可以在固定直线端点或中点、圆或圆弧的圆心的位置。

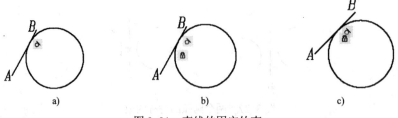

图 3-31　直线的固定约束

如图 3-31a 所示的直线 AB（AB 和圆已设置了相切约束）设置固定约束的步骤如下：

命令：_GeomConstraint　　（选择菜单"参数"→"几何约束"→"固定"选项）

输入约束类型[水平(H)/竖直(V)/垂直(P)/平行(PA)/相切(T)/平滑(SM)/重合(C)/同心(CON)/共线(COL)/对称(S)/相等(E)/固定(F)] <固定>:_Fix

选择点或 [对象(O)] <对象>:　　　　（在端点 A 附近单击直线 AB）

结果如图 3-31b 所示。此时，如果圆的位置发生变化，直线 AB 将绕端点 A 旋转后与圆保持相切关系，如图 3-30c 所示。

如果直线 AB 设置固定约束时在端点 B 附近单击，如果圆的位置发生变化，直线 AB 将绕端点 B 旋转后与圆保持相切关系，如图 3-32a 所示。

如果直线 AB 设置固定约束时在中点附近单击，如果圆的位置发生变化，直线 AB 将绕中点旋转后与圆保持相切关系，此时圆的半径也随之变化，如图 3-32b 所示。

图 3-32　固定约束比较

如图 3-31a 所示的圆设置固定约束的结果如图 3-33a 所示。此时如果直线 AB 的位置发生变化，圆的半径将随之变化，并与直线 AB 保持相切关系，如图 3-33b 所示。

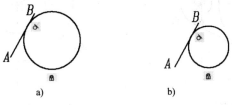

图 3-33　圆的固定约束

13．删除约束

选择菜单"参数"→"删除约束"选项，依次单击几何约束的所有对象，可以删除这些对象间的几何约束，删除几何约束后，绘图区将不显示原有的几何约束图标。

3.3.2　自动约束

选择菜单"参数"→"自动约束"选项，即可启动"自动约束"AutoConstrain 命令，利用该命令可以按已有的几何关系例如垂直、相切等设置几何约束。

下面以图 3-34 为例说明设置自动约束的方法及其应用。

首先将直径为 ⌀60 的圆及与之相切的两条直线自动设置为相切约束。

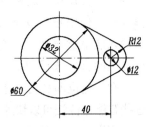

图 3-34　自动约束实例

命令：_AutoConstrain　　（选择菜单"参数"→"自动约束"选项）

选择对象或 [设置(S)]:　　（单击直径为 60 的圆）

找到 1 个

　　选择对象或 [设置(S)]:　　　　（单击与直径为 60 的圆相切的直线）

　　找到 1 个，总计 2 个

　　选择对象或 [设置(S)]:　　　　（单击与直径为 60 的圆相切的另一条直线）

　　找到 1 个，总计 3 个

　　选择对象或 [设置(S)]: ↙　　（回车，结束"自动约束"命令）

　　已将 4 个约束应用于 3 个对象

　　同样方法可以将半径为 R12 的圆弧及与之相切的两条直线自动设置为相切，将半径为 R12 的圆弧及其同心圆 ⌀12 自动设置为同心约束，将直径为 ⌀12 的圆及其竖直中心线自动设置为竖直约束和重合约束。

　　选择菜单"参数"→"几何约束"→"固定"选项，单击直径为 ⌀60 的圆，将该圆设置为固定约束，即其圆心固定不变。

　　设置约束的结果如图 3-35 所示。此时如果半径为 R12 的圆弧的位置发生变化，则图形将自动发生变化，且保持原有的几何关系不变，从而实现了几何图形的参数化设计。如图 3-36 所示为将半径为 R12 的圆弧向右移 3mm 后图形变化的结果。

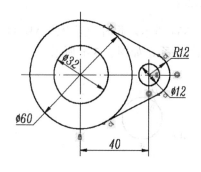

图 3-35　设置约束的结果

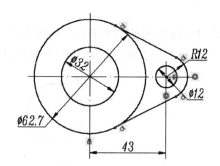

图 3-36　利用几何约束进行参数化设计

3.4　小结

　　本章主要介绍了确定点的位置的方法，包括人工定位、智能定位以及几何约束。

　　人工定位即坐标输入法，传统的坐标输入法是在命令行中输入坐标，该法虽不直观，但老用户会喜欢用这种方法，因为绘图时光标干净利落。AutoCAD 2012 中文版新增的动态输入法，使用户可以不必理会命令行中的提示，而只在绘图区内进行相应的操作即可。动态输入法虽然直观，但在绘图时光标会拖着长长的尾巴，有的用户会不喜欢，读者可以根据自己的喜好选择使用。

　　智能定位即利用状态栏中的按钮、对象捕捉工具栏中的按钮以及几何约束来定位，利用这些智能定位法可以快速而精确地确定点的位置，是实现快速绘图的有效手段。

　　利用 AutoCAD 2012 中文版新增几何约束可以快速确定几何要素之间的相对位置，实现参数化的设计，提高绘图效率。

3.5 习题

1．简答题

（1）点的坐标包括哪几种形式？输入点的坐标有哪几种方法？

（2）简述智能定位有哪几种方法。

（3）几何约束有哪几种类型？

2．操作题

（1）用不同方法绘制一条长度为 100，倾斜角度为 60°的直线。

（2）分别用不同方法绘制长度为 100 的水平线和垂直线。

第4章　缩放显示图形

将图形放大显示或缩小显示，并不改变图形的实际大小，通过这种弹性的操作，是为了便于图形的绘制和编辑，同时便于查看绘图和编辑的结果。

缩放显示图形是利用 AutoCAD 绘图时非常有用的工具，本章将介绍几种常用的缩放显示图形的方法，主要包括以下内容：

- 全部缩放和范围缩放
- 窗口缩放和缩放上一个
- 实时缩放和实时平移

4.1　全部缩放和范围缩放

全部缩放和范围缩放均可以最大化显示图形，所不同的是全部缩放是按照图形的绘图界限最大化显示图形，而范围缩放是按照图形范围最大化显示图形。

4.1.1　全部缩放

单击"缩放"工具栏中的"全部缩放"按钮 ，或选择菜单"视图"→"缩放"→"全部"选项，即可启动"全部缩放"Zoom All 命令，利用该命令可以将绘图界线以内的图形全部显示在绘图区。

由于栅格只能显示在绘图界限以内，因此，栅格所在的区域就是图形界限。启动"全部缩放"命令后，打开状态栏中的"栅格"按钮，绘图界限和栅格将全屏显示，如图 4-1 所示。

在命令行输入 Z 回车，输入 A 回车，也可以启动"全部缩放"命令。

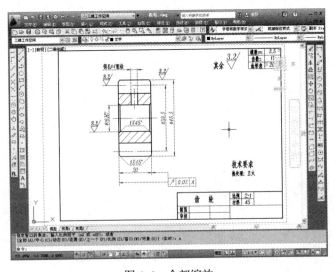

图 4-1　全部缩放

4.1.2　范围缩放

单击"缩放"工具栏中的"范围缩放"按钮，或选择"视图"→"缩放"→"范围"选项，即可启动"范围缩放"Zoom Extents 命令，利用该命令可以按照图形的范围将图形最大化的显示在绘图区。

由于齿轮零件图上绘制出边界线即图形界限，所以启动"全部缩放"命令和"范围缩放"命令后的显示结果是相同的。但在齿轮的主视图还没有插入到样板图形内时启动"范围缩放"命令，就会看出这两个缩放命令的显示结果的区别，如图 4-2 所示。

在命令行输入 Z 回车，输入 E 后回车，也可以启动"范围缩放"命令。

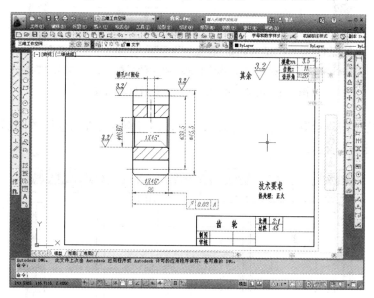

图 4-2　范围缩放

4.2　窗口缩放和缩放上一个

窗口缩放是缩放显示图形时使用最灵活、最频繁的一种方式，利用"窗口缩放"命令缩放显示图形后，可以进行绘图、编辑、标注等操作，然后利用"缩放上一个"命令返回到上一个显示状态。这样将两个缩放命令结合起来反复使用，使得绘图过程具有动感，能够引起操作者的兴趣。

4.2.1　窗口缩放

单击"标准"工具栏或"缩放"工具栏中的"窗口缩放"按钮，或选择"视图"→"缩放"→"窗口"选项，即可启动"窗口缩放"Zoom Window 命令，利用该命令可以将指定的矩形窗口内的图形最大化地显示在绘图区。

启动"窗口缩放"命令后，在适当位置单击，再移动光标拖出一个矩形窗口包围要放大显示的图形，如图 4-3 所示。

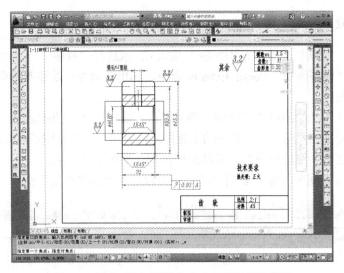

图 4-3　启动"窗口缩放"命令后指定缩放窗口

在适当位置单击，拾取界线窗口的第二角点，即可将矩形窗口包围的图形最大化地显示在绘图区，如图 4-4 所示。

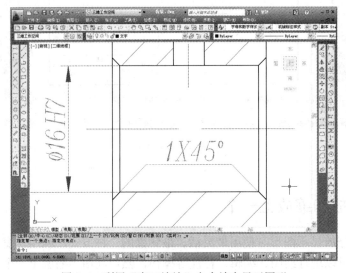

图 4-4　利用"窗口缩放"命令放大显示图形

4.2.2　缩放上一个

单击"标准"工具栏中的"缩放上一个"按钮，或选择"视图"→"缩放"→"上一个"选项，即可启动"缩放上一个"Zoom Previous 命令，利用该命令可以返回到上一个缩放显示的图形中。例如当图形处于图 4-4 的显示状态时，启动"缩放上一个"命令，便会返回图 4-3 所示的显示状态。

AutoCAD 可保存最近 10 次缩放所显示的图形，利用"缩放上一个"命令可从后往前一个个重现前面缩放显示的图形。

4.3 实时缩放和实时平移

"实时缩放"命令和"实时平移"命令结合起来使用，可以灵活地调整显示窗口。

4.3.1 实时缩放

单击"标准"工具栏中的"实时缩放"按钮，或选择"视图"→"缩放"→"实时"选项，即可启动"实时缩放"Zoom Realtime 命令。

启动"实时缩放"命令后，光标变为，按住鼠标左键不放，垂直向上移动，可以放大图形，垂直向下移动可以缩小图形。要退出实时缩放模式，可按〈Esc〉键或单击鼠标右键，在弹出的快捷菜单中选择"退出"选项。

对图形进行实时缩放，还可以利用智能鼠标左右键之间的滑轮，向前转动滑轮可放大图形，向后转动滑轮，可以缩小图形。滑轮每转动一步，图形将被放大或缩小 10% 。

4.3.2 实时平移

单击"标准"工具栏中的"实时偏移"按钮，或选择菜单"视图"→"平移"→"实时"选项，即可启动"实时平移"Pan Realtime 命令。

启动实时平移命令后，光标变为，按住鼠标左键并移动光标，即可任意的移动图形。

拖动绘图区右面的滚动条，或连续单击其上下的两个按钮，可以上下平移图形；拖动绘图区下面的滚动条，或连续单击其左右的两个按钮，可以左右平移图形。

4.4 小结

本章主要介绍了缩放显示图形的常用方法，包括全部缩放、范围缩放、窗口缩放、缩放上一个、实时缩放、实时平移，读者应熟练掌握这几种方法，以便在绘图过程中正确使用，达到提高绘图效率的目的。

4.5 习题

1．简答题

（1）"全部缩放"Zoom All 和"范围缩放"Zoom Extents 有什么区别？

（2）"缩放"Zoom 命令和"缩放"Scale 命令有什么区别？

（3）"实时平移"Pan 命令和"移动"Move 命令有什么区别？

2．操作题

（1）请打开一个图形文件，反复使用"窗口缩放"Zoom Window 命令和"缩放上一个"Zoom Previous 命令显示图形。

（2）请打开一个图形文件，反复使用"实时缩放"Zoom Realtime 命令和"实时平移"Pan Realtime 命令调整显示窗口。

第 5 章 绘制二维图形

AutoCAD 中绘制二维图形包括绘制直线、构造线、正多边形、矩形、圆、圆弧、椭圆、样条曲线和图案填充等，这些图形的绘制相对而言较为简单，但它们是绘制复杂二维图形的基础，用户应熟练地掌握其特点和绘制方法。

本章将通过一些机械领域较为典型的实例说明绘制二维图形的方法，主要包括以下内容：

- 绘制直线
- 绘制构造线
- 绘制矩形
- 绘制正多边形
- 绘制圆和圆弧
- 绘制椭圆
- 绘制样条曲线和图案填充
- 面域及布尔运算

5.1 绘制直线

直线是构成平面图形最基本的对象，利用"直线"绘图命令是最基本的绘图操作。

5.1.1 "直线"命令

单击"绘图"工具栏的"直线"按钮，或选择菜单"绘图"→"直线"选项，即可启动"直线"Line 命令。依次指定直线的端点，即可绘制出直线。如果连续指定直线的端点，可以连续绘制直线，直至回车结束"直线"命令。

再次启动"直线"命令后，当系统提示指定第一点时回车，可以从最后绘制的直线段的端点处开始绘制直线。

下面通过两个绘图实例说明"直线"命令的操作方法和应用。

5.1.2 绘制细弹簧折线图

该弹簧是机油泵安全阀所用细压缩弹簧，其折线图和三维实体如图 5-1 所示。

国家标准规定当弹簧钢丝的直径较小时，弹簧的视图可以用折线表示，利用"直线"命令可以连续绘制弹簧折线。

操作步骤如下：

（1）新建图形文件，加载线型，恢复图层。

（2）将"粗实线"层设置为当前层，单击"绘图"工具栏的"直线"按钮。

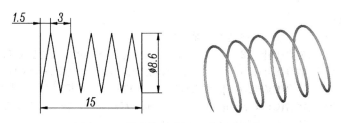

图 5-1 细弹簧折线图及其三维实体

命令: _line
指定第一点:　　　　（在绘图区适当位置单击）
指定下一点或 [放弃(U)]: @0, -8.6✓　　　　（输入第二点相对于第一点的坐标，回车）
指定下一点或 [放弃(U)]: @1.5, 8.6✓　　　　（输入第三点相对于第二点的坐标，回车）
指定下一点或 [闭合(C)/放弃(U)]: @1.5, -8.6✓　　　（输入第四点相对于第三点的坐标，回车）
指定下一点或 [闭合(C)/放弃(U)]: @1.5, 8.6✓　　　（输入第五点相对于第四点的坐标，回车）
指定下一点或 [闭合(C)/放弃(U)]: @1.5, -8.6✓　　　（输入第六点相对于第五点的坐标，回车）
指定下一点或 [闭合(C)/放弃(U)]: @1.5, 8.6✓　　　（输入第七点相对于第六点的坐标，回车）
指定下一点或 [闭合(C)/放弃(U)]: @1.5, -8.6✓　　　（输入第八点相对于第七点的坐标，回车）
指定下一点或 [闭合(C)/放弃(U)]: @1.5, 8.6✓　　　（输入第九点相对于第八点的坐标，回车）
指定下一点或 [闭合(C)/放弃(U)]: @1.5, -8.6✓　　　（输入第十点相对于第九点的坐标，回车）
指定下一点或 [闭合(C)/放弃(U)]: @1.5, 8.6✓　　　（输入第十一点相对于第十点的坐标，回车）
指定下一点或 [闭合(C)/放弃(U)]: @1.5, -8.6✓　　　（输入第十二点相对于第十一点的坐标，回车）
指定下一点或 [闭合(C)/放弃(U)]: @0, 8.6✓　　　　（输入第十三点相对于第十二点的坐标，回车）
指定下一点或 [闭合(C)/放弃(U)]: ✓　　　　（回车，结束"直线"命令）

5.1.3　绘制钩头楔键主视图

绘制的钩头楔键主视图及其三维实体如图 5-2 所示。

通过上一个实例操作中可以看出，启动"直线"命令后，当系统提示指定第四点的坐标时，即绘制了两条直线后，在命令选项中增加了"闭合"选项，该选项可以用直线将连续绘制直线的最后一点和第一点用直线连接起来。

利用正交模式绘制水平线和垂直线时，只需输入直线的长度，而不必输入两个端点的相对坐标，因此可以提高绘图速度。

操作步骤如下：

（1）新建图形文件，加载线型，恢复图层。

（2）将"粗实线"层设置为当前层，打开状态栏中的"正交"按钮└。

（3）单击"绘图"工具栏的"直线"按钮╱。

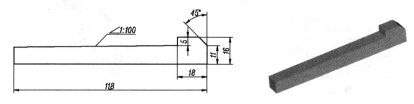

图 5-2　钩头楔键主视图及其三维实体

命令: _line
指定第一点： （在绘图区适当位置单击）
指定下一点或 [放弃(U)]: 118↙ （向右移动光标，输入水平线的长度118，回车）
指定下一点或 [放弃(U)]: 11↙ （向上移动光标，输入垂直线的长度11，回车）
指定下一点或 [闭合(C)/放弃(U)]: @-5,5↙ （输入下一点相对于上一点的坐标，回车）
指定下一点或 [闭合(C)/放弃(U)]: 13↙ （向左移动光标，输入水平线的长度13，回车）
指定下一点或 [闭合(C)/放弃(U)]: 5↙ （向下移动光标，输入垂直线的长度5，回车）
指定下一点或 [闭合(C)/放弃(U)]: @-100,-1↙ （输入下一点相对于上一点的坐标，回车）
指定下一点或 [闭合(C)/放弃(U)]: C↙（输入 C，回车，选择"闭合"选项，并结束"直线"命令）

5.2 绘制构造线

构造线是双向无限延长的直线，绘制多个视图时一般用来当作辅助线，以便使视图保持正确的投影关系。

5.2.1 "构造线"命令中的选项

单击"绘图"工具栏中的"构造线"按钮，或选择菜单"绘图"→"构造线"选项，即可启动"构造线"XLine 命令。

启动"构造线"命令后，一般根据提示选择一个选项来绘图。"构造线"命令中有 5 个选项，分别是"水平"选项、"垂直"选项、"角度"选项、"二等分"选项和"偏移"选项。

"水平"选项用于绘制水平构造线，"垂直"选项用于绘制垂直构造线，"角度"选项用于绘制倾斜构造线，"二等分"选项用于绘制平分指定角度的构造线，"偏移"选项用于绘制与指定直线平行的构造线。

5.2.2 绘制切槽凸字形立体的三视图

本节将通过绘制切槽凸字形立体的三视图说明"构造线"命令的操作方法和各选项的应用。

切槽凸字形立体的三视图及其三维实体如图 5-3 所示。

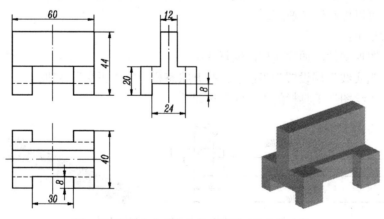

图 5-3 切槽凸字形立体的三视图及其三维实体

操作步骤如下：

（1）新建图形文件，加载线型，恢复图层。

（2）将"粗实线"层设置为当前层，单击"绘图"工具栏的"构造线"按钮，绘制水平构造线。水平构造线可以使主视图和左视图在高度方向上保持正确的投影关系，同时可以绘制出俯视图在长度方向上的轮廓线。

> 命令: _xline
> 指定点或 [水平(H)/垂直(V)/角度(A)/二等分(B)/偏移(O)]: H✓　（输入 H，回车，选择"水平"选项）
> 指定通过点:　（在绘图区适当位置单击，绘制水平构造线 1）
> 指定通过点:　（在水平构造线 1 下方适当位置单击，绘制水平构造线 2）
> 指定通过点: ✓　（回车，结束"构造线"令）

（3）单击"绘图"工具栏的"构造线"按钮。

> 命令: _xline
> 指定点或 [水平(H)/垂直(V)/角度(A)/二等分(B)/偏移(O)]: O✓（输入 O，回车，选择"偏移"选项）
> 指定偏移距离或 [通过(T)] <通过>: 8✓　（输入偏移距离 8，回车）
> 选择直线对象:　（单击水平构造线 1 为偏移对象）
> 指定向哪侧偏移:　（在水平构造线 1 的上方单击，得到水平构造线 3）
> 选择直线对象: ✓　（回车，结束"构造线"命令）

（4）同样方法可以利用"构造线"命令中的"偏移"选项得到水平构造线 4、5、6。其中水平构造线 4 与水平构造线 1 的距离为 20，水平构造线 5 与水平构造线 1 的距离为 44，水平构造线 6 与水平构造线 2 的距离为 40。

（5）单击"绘图"Draw 工具栏的"构造线"按钮。

> 命令: _xline
> 指定点或 [水平(H)/垂直(V)/角度(A)/二等分(B)/偏移(O)]: O✓（输入 O，回车，选择"偏移"选项）
> 指定偏移距离或 [通过(T)] <通过><8.0000>: 8✓　（输入偏移距离 8，回车）
> 选择直线对象:　（单击水平构造线 2 为偏移对象）
> 指定向哪侧偏移:　（在水平构造线 2 的下方单击，得到水平构造线 7）
> 选择直线对象:　（单击水平构造线 6 为偏移对象）
> 指定向哪侧偏移:　（在水平构造线 6 的上方单击，得到水平构造线 8）
> 选择直线对象: ✓　（回车，结束"构造线"命令）

以上操作绘制的水平构造线如图 5-4 所示。

图 5-4　绘制水平构造线

（6）单击"绘图"工具栏的"构造线"按钮，绘制垂直构造线。垂直构造线可以使主视图和俯视图视图在高度方向上保持正确的投影关系，同时可以绘制出左视图在高度方向上的轮廓线。

命令: _xline
指定点或 [水平(H)/垂直(V)/角度(A)/二等分(B)/偏移(O)]: V✓（输入 V，回车，选择"垂直"选项）
指定通过点: （在绘图区适当位置单击，绘制垂直构造线 9）
指定通过点: （在垂直构造线 9 右面适当位置单击，绘制垂直构造线 10）
指定通过点: ✓ （回车，结束"构造线"命令）

（7）单击"绘图"工具栏的"构造线"按钮。

命令: _xline
指定点或 [水平(H)/垂直(V)/角度(A)/二等分(B)/偏移(O)]: O✓ （输入 O，回车，选择"偏移"选项）
指定偏移距离或 [通过(T)] <通过>:<8.0000>60✓ （输入偏移距离 60，回车）
选择直线对象: （单击水平构造线 9 为偏移对象）
指定向哪侧偏移: （在水平构造线 9 的右侧单击）
选择直线对象: ✓ （回车，结束"构造线"命令，得到垂直构造线 11）

（8）同样方法可以利用"构造线"命令中的"偏移"选项得到垂直构造线 12、13、14、15。其中垂直构造线 12 与垂直构造线 9 的距离为 15，垂直构造线 13 与垂直构造线 11 的距离为 15，垂直构造线 14 与垂直构造线 10 的距离为 14，垂直构造线 15 与垂直构造线 14 的距离为 12。

以上操作绘制的垂直构造线如图 5-5 所示。

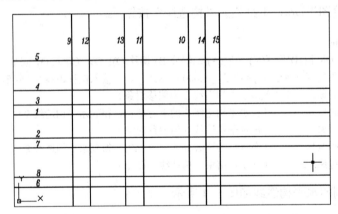

图 5-5　绘制垂直构造线

（9）打开状态栏中的"对象捕捉"按钮，单击"绘图"工具栏的"构造线"按钮。绘制倾斜角度为 135°构造线。

命令: _xline
指定点或 [水平(H)/垂直(V)/角度(A)/二等分(B)/偏移(O)]: A✓ （输入 A，回车，选择"角度"选项）
输入构造线的角度 (0) 或 [参照(R)]: 135✓ （输入构造线大的倾斜角度 135，回车）
指定通过点: （捕捉水平构造线 2 与垂直构造线 10 的交点 A）
指定通过点: ✓ （回车，结束"构造线"命令，得到一条倾斜构造线）

（10）单击"绘图"工具栏的"构造线"按钮。

命令: _xline
指定点或 [水平(H)/垂直(V)/角度(A)/二等分(B)/偏移(O)]: V↙　（输入 V，回车，选择"垂直"选项）
指定通过点: 　　　（捕捉水平构造线 7 与倾斜构造线的交点 B，得到垂直构造线 16）
指定通过点: 　　　（捕捉水平构造线 8 与倾斜构造线的交点 C，得到垂直构造线 17）
指定通过点: 　　　（捕捉水平构造线 6 与倾斜构造线的交点 D，得到垂直构造线 18）
指定通过点: ↙　　（回车，结束"构造线"命令）

（11）单击"绘图"工具栏的"构造线"按钮。

命令: _xline
指定点或 [水平(H)/垂直(V)/角度(A)/二等分(B)/偏移(O)]: H↙　（输入 H，回车，选择"水平"选项）
指定通过点: 　　　（捕捉垂直构造线 14 与倾斜构造线的交点 E，得到水平构造线 19）
指定通过点: 　　　（捕捉垂直构造线 15 与倾斜构造线的交点 F，得到水平构造线 20）
指定通过点: ↙　　（回车，结束"构造线"命令）

利用倾斜角度为 135°的构造线上的交点绘制水平和垂直构造线，可以使俯视图和左视图在宽度方向上保持正确的投影关系。

以上操作绘制的构造线如图 5-6 所示。

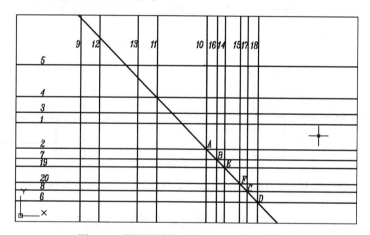

图 5-6　利用倾斜角度为 135°的构造线绘图

（12）分别单击"修改"工具栏中的"修剪"按钮和"删除"按钮，修剪、删除构造线，得到切槽凸字形立体三视图的可见轮廓线，如图 5-7 所示（6.7 节将介绍"修剪"命令的操作方法）。

（13）将"虚线"层设置为当前层，单击"绘图"工具栏中的"直线"按钮，绘制不可见的轮廓线。

命令: _line
指定第一点: 　　　（在主视图上捕捉端点 G）
指定下一点或 [放弃(U)]: 　　　（向左移动光标，在左侧轮廓线上捕捉垂足）
指定下一点或 [放弃(U)]: ↙　　（回车，结束"直线"命令）

（14）同样方法可以绘制出其他不可见的轮廓线，如图 5-8 所示。

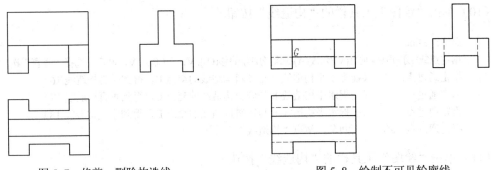

图 5-7　修剪、删除构造线　　　　　　　　　　　　图 5-8　绘制不可见轮廓线

（15）打开状态栏中的"正交"按钮└和"对象捕捉追踪"按钮∠，将"点画线"层设置为当前层。单击"绘图"工具栏中的"直线"按钮∕，绘制主视图对称点画线，如图 5-10 所示。

命令：_line
指定第一点：　　　　　（将光标移到主视图上方水平轮廓线中点处，出现中点捕捉标记后，向上移动光标，出现对象捕捉追踪轨迹，如图 5-9 所示，在主视图上方约 5mm 处单击）
指定下一点或 [放弃(U)]：　　（向上移动光标，在主视图上方约 5mm 处单击）
指定下一点或 [放弃(U)]：　　（向下移动光标，在主视图下方约 5mm 处单击）
指定下一点或 [闭合(C)/放弃(U)]：∠　　（回车，结束"直线"命令）

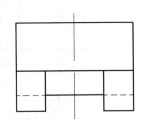

图 5-9　利用正交模式和对象捕捉追踪模式绘制对称点画线　　　　图 5-10　绘制对称点画线

（16）同样方法可以绘制出其他视图中的对称点画线，如图 5-11 所示。

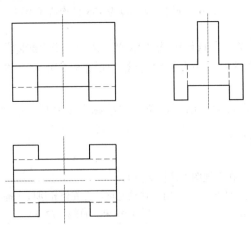

图 5-11　绘制三个视图的对称点画线

（17）三个视图中的垂直点画线的线型比例不好，可以利用"特性"选项板修改。分别单击三个视图中的垂直点画线，每条点画线分别出现三个蓝色夹点（即用三个蓝色小方框表示的特殊点），如图 5-12 所示。单击"标准"工具栏中的"特性"按钮▣（或单击鼠标右键，在弹出的快捷菜单中选择"特性"选项），在弹出的"特性"面板中的"线型比例"文本框中输入 0.7，如图 5-13 所示。

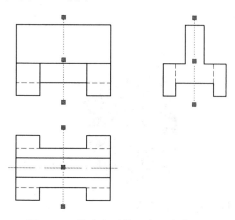

图 5-12　单击点画线，出现夹点

图 5-13　设置"特性"面板

关闭"特性"面板，按〈Esc〉键取消夹点，完成绘制切槽凸字形立体三视图，如图 5-14 所示。

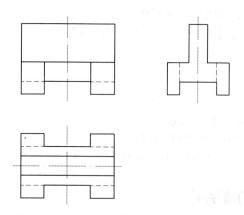

图 5-14　完成绘制切槽凸字形立体三视图

5.3　绘制正多边形

正多边形也是机械图样中较为常见的图形，利用 AutoCAD 2012 中文版中绘制"多边形"命令可以很方便地绘制边数在 3～1024 的任意正多边形。

5.3.1　"正多边形"命令

单击"绘图"工具栏中的"正多边形"按钮⬠ 按钮或选择菜单"绘图"→"正多边形"

选项，即可启动"正多边形"Polygon命令。分别指定正多边形的边数、中心后，可以根据正多边形的外切圆和内接圆绘制正多边形。

本节将通过两个绘图实例说明"正多边形"命令的操作方法和应用。

5.3.2 绘制正五棱柱的俯视图

正五棱柱的底面图及其三维实体如图5-15所示。

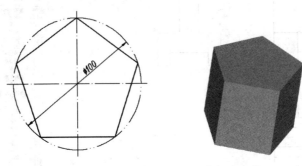

图5-15　正五棱柱的底面图及其三维实体

在机械制图中，标注正多边形的尺寸一般标注其外接圆直径，因此，利用外接圆绘制正多边形是最常见的方式。

操作步骤如下：

（1）新建图形文件，加载线型，恢复图层。

（2）将"粗实线"层设置为当前层，单击"绘图"工具栏的"正多边形"按钮⬠，绘制正五边形。

```
命令: _polygon
输入边的数目 <4>: 5↙      （输入边数5，回车）
指定正多边形的中心点或 [边(E)]:      （在绘图区适当位置单击，指定正多边形的中心）
输入选项 [内接于圆(I)/外切于圆(C)] <I>: I↙      （输入I，回车，选择"内接于圆"选项）
指定圆的半径: 50↙      （输入内接圆的半径50，回车）
```

5.3.3 绘制正六棱柱的俯视图

正六棱柱的底面图及其三维实体如图5-16所示。

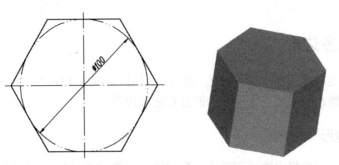

图5-16　正六棱柱的底面图及其三维实体

在机械制图中，标注正六多边形的尺寸经常标注其内切圆直径，因此，利用外切圆绘制正六多边形也是常见的方式。

操作步骤如下：

（1）新建图形文件，加载线型，恢复图层。

（2）将"粗实线"层设置为当前层，单击"绘图"工具栏的"正多边形"按钮⬠，绘制正六边形。

```
命令: _polygon
输入边的数目 <4>: 6↙     （输入边数 6，回车）
指定正多边形的中心点或 [边(E)]:     （在绘图区适当位置单击，指定正多边形的中心）
输入选项 [内接于圆(I)/外切于圆(C)] <I>: C↙     （输入 C，回车，选择"外切于圆"选项）
指定圆的半径: 50↙     （输入外切圆的半径 50，回车）
```

5.4 绘制矩形

矩形也是机械图样中较为常见的图形，利用 AutoCAD 2012 中文版中绘制"矩形"命令可以很方便地绘制一般矩形、带倒角的矩形、带圆角的矩形（包括长圆）。此外，AutoCAD 2012 中文版还可以根据面积绘制矩形及绘制倾斜矩形。

5.4.1 "矩形"命令

单击"绘图"工具栏中的"矩形"按钮▭或选择菜单"绘图"→"矩形"选项，即可启动"矩形"Rectangle 命令。分别指定矩形两个相对角点的位置，即可绘制出矩形。若要绘制带倒角的矩形和带圆角的矩形，则需要分别先指定两个倒角距离和圆角半径。

本节将通过 6 个绘图实例说明"矩形"命令的操作方法和应用。

5.4.2 绘制平头平键主视图

平头平键主视图及其三维实体如图 5-17 所示.

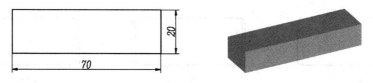

图 5-17　平头平键主视图及其三维实体

平头平键主视图为一般矩形，即直角矩形，且 4 个边分别与坐标轴平行。

操作步骤如下：

（1）新建图形文件，加载线型，恢复图层。

（2）将"粗实线"层设置为当前层，单击"绘图"工具栏的"矩形"按钮▭，绘制矩形。

```
命令: _rectang
指定第一个角点或 [倒角(C)/标高(E)/圆角(F)/厚度(T)/宽度(W)]:     （在绘图区适当位置单击，指
```

定矩形第一角点）

指定另一个角点或 [面积(A)/尺寸(D)/旋转(R)]: @70,20✓　　　（输入矩形第二角点相对于第一角点的坐标，回车）

5.4.3　绘制从动齿轮轴主视图

从动齿轮轴是机油泵中的一个零件，其主视图和三维实体如图 5-18 所示。

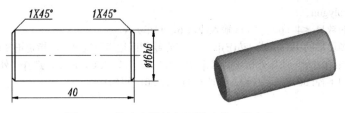

图 5-18　从动齿轮轴主视图及其三维实体

从动齿轮轴的主视图是带倒角的矩形，利用"矩形"命令中的"倒角"选项，可以绘制。操作步骤如下：

（1）新建图形文件，加载线型，恢复图层。

（2）将"粗实线"层设置为当前层，单击"绘图"工具栏的"矩形"按钮▢，绘制带倒角的矩形，如图 5-19a 所示。

命令: _rectang

指定第一个角点或 [倒角(C)/标高(E)/圆角(F)/厚度(T)/宽度(W)]: C✓　　　（输入 C，回车，选择"倒角" Chamfer 选项）

指定矩形的第一个倒角距离 <0.0000>: 1✓　　　（输入第一倒角距离 1，回车）

指定矩形的第二个倒角距离 <1.0000>: 1✓　　　（输入第二倒角距离 1，回车）

指定第一个角点或 [倒角(C)/标高(E)/圆角(F)/厚度(T)/宽度(W)]:　　　（在绘图区适当位置单击，指定矩形第一角点）

指定另一个角点或 [面积(A)/尺寸(D)/旋转(R)]: @40,16✓　　　（输入矩形第二角点相对于第一角点的坐标，回车）

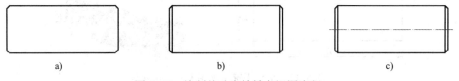

a)　　　　　　　　　　　　　b)　　　　　　　　　　　　　c)

图 5-19　绘制从动齿轮轴主视图流程

（3）打开状态栏中的"对象捕捉"按钮▢，单击"绘图"工具栏中的"直线"按钮╱，绘制左侧倒角轮廓线。

命令: _line

指定第一点:　　　（捕捉上方水平轮廓线的左端点）

指定下一点或 [放弃(U)]:　　　（捕捉下方水平轮廓线的左端点）

指定下一点或 [放弃(U)]: ✓　　　（回车，结束"直线"命令）

（4）同样方法可以绘制出右侧倒角轮廓线，如图 5-19b 所示。

（5）将"点画线"层设置为当前层，打开状态栏中的"正交"按钮 。

（6）单击"绘图"工具栏中的"直线"按钮 ，绘制齿轮轴的轴线，如图 5-19c 所示。

命令: _line
指定第一点:　　　（捕捉矩形左侧轮廓线的中点）
指定下一点或 [放弃(U)]:　　　（向左移动光标，在主视图左方约 5mm 处单击）
指定下一点或 [放弃(U)]:　　　（向右移动光标，在主视图右方约 5mm 处单击）
指定下一点或 [闭合(C)/放弃(U)]:✓　　　（回车，结束"直线"命令）

5.4.4　绘制深沟球轴承示意图

深沟球轴承示意图及其三维实体如图 5-20 所示。

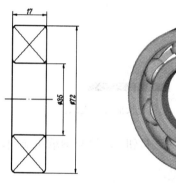

图 5-20　深沟球轴承示意图及其三维实体

深沟球轴承示意图用于表示内圈和外圈的轮廓线为带圆角的矩形，利用"矩形"命令中的"圆角"选项可以绘制。

操作步骤如下:

（1）新建图形文件，加载线型，恢复图层。

（2）将"粗实线"层设置为当前层，打开状态栏中的"对象捕捉"按钮 。

（3）单击"绘图"工具栏的"矩形"按钮 ，绘制轴承示意图中上方带圆角的矩形。

命令: _rectang
当前矩形模式: 倒角=1.0000 x 1.0000
指定第一个角点或 [倒角(C)/标高(E)/圆角(F)/厚度(T)/宽度(W)]: F✓　　　（输入 F，回车，选择"圆角"选项）
指定矩形的圆角半径 <1.0000>: 2✓　　　（输入圆角半径 2，回车）
指定第一个角点或 [倒角(C)/标高(E)/圆角(F)/厚度(T)/宽度(W)]:　　　（在绘图区适当位置单击，指定矩形第一角点）
指定另一个角点或 [面积(A)/尺寸(D)/旋转(R)]: @17, 18.5✓　　　（输入矩形第二角点相对于第一角点的坐标，回车）

（4）单击"绘图"工具栏的"矩形"按钮 ，利用延长捕捉，绘制轴承示意图中下方带圆角的矩形，如图 5-22a 所示。

命令: _rectang

当前矩形模式: 圆角=2.0000

指定第一个角点或 [倒角(C)/标高(E)/圆角(F)/厚度(T)/宽度(W)]: _ext 于 37✓　　　（单击"对象捕捉"工具栏中的"延长捕捉"按钮⌐，将光标移到矩形左侧垂直边的下方端点，垂直向下移动光标，出现延长轨迹，如图 5-21 所示。输入延长线的长度 37，回车，捕捉到矩形的第一角点）

指定另一个角点或 [面积(A)/尺寸(D)/旋转(R)]: @17, -18.5✓　　　（输入矩形第二角点相对于第一角点的坐标，回车）

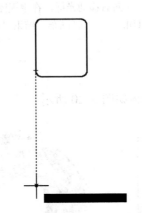

图 5-21　利用延长捕捉捕捉绘图

（5）单击"绘图"工具栏中的"直线"按钮∕，绘制轴承左端面轮廓线。

命令: _line
指定第一点:　　　（捕捉上方矩形左侧垂直边的下方端点）
指定下一点或 [放弃(U)]:　　　（捕捉下方矩形左侧垂直边的上方端点）
指定下一点或 [放弃(U)]: ✓　　　（回车，结束"直线"命令）

（6）同样方法可以绘制出轴承右端面轮廓线，如图 5-22b 所示。

（7）将"点画线"层设置为当前层，打开状态栏中的"正交"按钮⌐。单击"绘图"工具栏中的"直线"按钮∕，绘制轴承示意图的对称点画线，如图 5-22c 所示。

命令: _line
指定第一点:　　　（捕捉轴承左侧轮廓线的中点）
指定下一点或 [放弃(U)]:　　　（向左移动光标，在示意图左方约 5mm 处单击）
指定下一点或 [放弃(U)]:　　　（向右移动光标，在示意图右方约 5mm 出单击）
指定下一点或 [闭合(C)/放弃(U)]: ✓　　　（回车，结束"直线"命令）

（8）将"细实线"层设置为当前层，单击"绘图"工具栏中的"直线"按钮∕，绘制矩形的对角线。

命令: _line
指定第一点:　　　（捕捉矩形左上角圆角的中点）
指定下一点或 [放弃(U)]:　　　（捕捉该矩形右下角圆角的中点）
指定下一点或 [放弃(U)]: ✓　　　（回车，结束"直线"命令）

（9）同样方法可以绘制出该矩形的另外一条对角线和另外一个矩形的两条对角线，如

图 5-22d 所示。

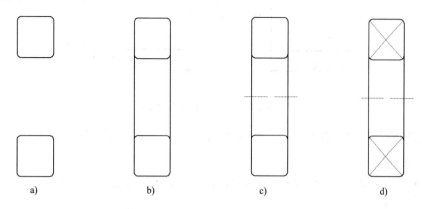

a)   b)   c)   d)

图 5-22   绘制深沟球轴承示意图流程

5.4.5   绘制圆头平键俯视图

圆头平键俯视图及其三维实体如图 5-23 所示。

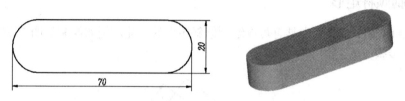

图 5-23   圆头平键俯视图及其三维实体

圆头平键俯视图为长圆，当带圆角的矩形的一个边长等于圆角的直径时，矩形变为长圆，利用"矩形"命令中的"圆角"选项可以绘制。

操作步骤如下：

（1）新建图形文件，加载线型，恢复图层。

（2）将"粗实线"层设置为当前层，单击"绘图"工具栏的"矩形"按钮囗，绘制长圆。

命令：_rectang
指定第一个角点或 [倒角(C)/标高(E)/圆角(F)/厚度(T)/宽度(W)]: F↙　　　（输入 F，回车，选择"圆角"选项）
指定矩形的圆角半径 <0.0000>: 10↙　　　（输入圆角半径 10，回车）
指定第一个角点或 [倒角(C)/标高(E)/圆角(F)/厚度(T)/宽度(W)]:　　　（在绘图区适当位置单击，指定矩形第一角点）
指定另一个角点或 [面积(A)/尺寸(D)/旋转(R)]: @70,20↙　　　（输入矩形第二角点相对于第一角点的坐标，回车）

5.4.6   根据面积绘制矩形

AutoCAD 2012 中文版中具有可以根据面积绘制矩形的功能，如图 5-24 是两个面积均为 $1200mm^2$ 的矩形，其中绘制图 5-24a 的操作步骤如下：

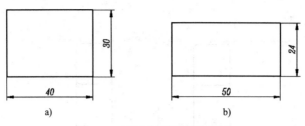

图 5-24　两个面积相等的矩形

将"粗实线"层设置为当前层,单击"绘图"工具栏的"矩形"按钮▫。

命令: _rectang
指定第一个角点或 [倒角(C)/标高(E)/圆角(F)/厚度(T)/宽度(W)]:　　　(在绘图区适当位置单击,指定矩形第一角点)
指定另一个角点或 [面积(A)/尺寸(D)/旋转(R)]: A✓　　　(输入 A,回车,选择"面积"选项)
输入以当前单位计算的矩形面积 <100.0000>: 1200✓　　　(输入面积 1200,回车)
计算矩形标注时依据 [长度(L)/宽度(W)] <长度>:✓　　　(回车,选择长度为计算矩形标注的依据)
输入矩形长度 <10.0000>: 40✓　　　(输入矩形长度 40,回车)

5.4.7　绘制倾斜矩形

AutoCAD 2012 中文版中具有可以绘制倾斜矩形的功能,例如绘制如图 5-25 所示的倾斜矩形,操作步骤如下:

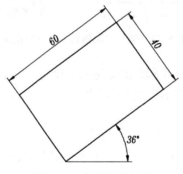

图 5-25　绘制倾斜矩形

单击"绘图"工具栏的"矩形"按钮▫。

命令: _rectang
指定第一个角点或 [倒角(C)/标高(E)/圆角(F)/厚度(T)/宽度(W)]:　　　(在绘图区适当位置单击,指定矩形第一角点)
指定另一个角点或 [面积(A)/尺寸(D)/旋转(R)]: R✓　　　(输入 R,回车,选择"旋转"选项)
指定旋转角度或 [拾取点(P)] <0>: 36✓　　　(输入旋转角度 36,回车)
指定另一个角点或 [面积(A)/尺寸(D)/旋转(R)]: D✓　　　(输入 D,回车,选择"尺寸"选项)
指定矩形的长度 <10.0000>: 60✓　　　(输入矩形长度 60,回车)
指定矩形的宽度 <10.0000>: 40✓　　　(输入矩形宽度 40,回车)
指定另一个角点或 [面积(A)/尺寸(D)/旋转(R)]:　　　(在适当位置单击,指定另一角点和第一角点的相对位置)

以上绘制倾斜矩形的过程中，指定矩形的第二角点与第一角点的相对位置的不同，可以绘制出 4 个相同的矩形。

5.5 绘制圆和圆弧

圆和圆弧是平面中极为常见的图形，AutoCAD 2012 中文版为用户提供了多种绘制圆和圆弧的方法，其中绘制圆有 6 种方法、绘制圆弧有 11 种方法，用户可以根据绘图需要选择使用。

5.5.1 "圆"命令

一般可以根据圆心、半径、直径、圆周上的点以及相切关系等条件绘制圆。

单击"绘图"工具栏中的"圆"按钮⊙，启动"圆"Circle 命令，可以根据圆心和半径、圆心和直径、两个点（两点的连线即圆的直径）、三个点（绘制的圆是以这三个点为顶点的三角形的外接圆）以及两个相切关系和半径绘制圆。

选择菜单"绘图"→"圆"选项，弹出如图 5-26 所示的下级子菜单，选择其中一个选项，即可绘制圆。

该子菜单选项中的前 5 项和"圆"命令中的选项完全相同，第 6 项是根据三个相切关系绘制圆。

图 5-26 "圆"选项的下级子菜单

分别用这 6 种方法绘制的圆如图 5-27 所示。

图 5-27 绘制圆的 6 种方法

其中图 5-27a 是根据圆心和半径绘制的，图 5-27b 是根据圆心和直径绘制的，图 5-27c 是根据两点绘制的，图 5-27d 是根据三点绘制的，图 5-27e 是根据两个相切关系和半径绘制的，图 5-27f 是根据三个相切关系绘制的。

5.5.2 "圆弧"命令

绘制圆弧较绘制圆要复杂得多，因为圆弧不仅要像圆一样最终要确定圆心和半径，而且还要确定圆弧的长短，绘制圆弧的条件就会有更多的选择。

单击"绘图"工具栏中的"圆弧"按钮，启动"圆弧"Arc 命令，有 4 种绘制圆弧的方法，即根据三个点绘制圆弧；根据圆心、起点和端点绘制圆弧；根据圆心、起点和包含角绘制圆弧；根据圆心、起点和弦长绘制圆弧。

选择菜单"绘图"→"圆弧"选项，弹出如图 5-28 所示的下级子菜单，选择其中一个选项，即可绘制圆弧。

利用该子菜单选项中的第 1 项、第 8 项、第 9 项和第 10 项绘制圆弧的方法和"圆弧"

Arc 命令中绘制圆弧的方法相同。

该子菜单中的第 2 项和第 8 项相同，都是根据圆心、起点和端点绘制圆弧，但指定的次序不同。

该子菜单中的第 3 项和第 9 项相同，都是根据圆心、起点和角度绘制圆弧，但指定的次序不同。

该子菜单中的第 4 项和第 10 项相同，都是根据圆心、起点和弦长绘制圆弧，但指定的次序不同。

因此绘制圆弧的 11 种方法实际是 8 种方法，图 5-29 是用这 8 种方法所绘制的圆弧。

图 5-28 "圆弧"选项的
下级子菜单

其中图 5-29a 是根据三个点绘制的圆弧；图 5-29b 是根据起点、圆心和端点绘制的圆弧；图 5-29c 是根据起点、圆心和角度绘制的圆弧；图 5-29d 是根据起点、圆心和弦长绘制的圆弧；图 5-29e 是根据起点、端点和角度绘制的圆弧；图 5-29f 是根据起点、圆心和切线绘制的圆弧；图 5-29g 是根据起点、端点和半径绘制的圆弧；图 5-29h 是连续绘制的圆弧。

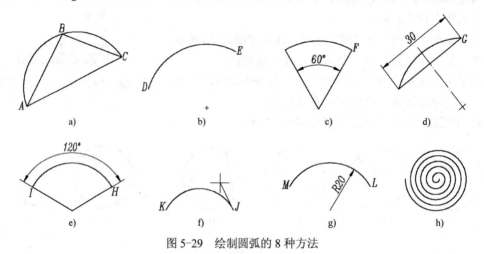

图 5-29 绘制圆弧的 8 种方法

由图 5-29 可以看出，圆弧总是从起点到端点按逆时针方向绘制。

下面通过 4 个绘图实例说明"圆"Circle 命令和"圆弧"Arc 的操作方法和应用。

5.5.3 绘制压紧螺母左视图

压紧螺母左视图及其三维实体如图 5-30 所示。

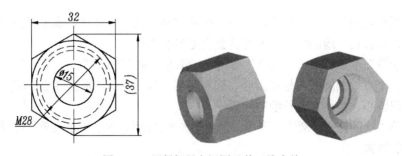

图 5-30 压紧螺母左视图及其三维实体

压紧螺母左视图中的正六边形的边与 Y 轴平行，而不是平行于 X 轴，在输入内切圆的半径时输入光标与内切圆中心的相对坐标，可以使多边形发生旋转。

正六边形的内切圆可以根据三个切点绘制。

内螺纹的牙顶圆或外螺纹的牙底圆为略超过 3/4 圆的圆弧，可以利用圆弧的圆心、起点和端点绘制。

操作步骤如下：

（1）新建图形文件，加载线型，恢复图层。

（2）将"粗实线"层设置为当前层，单击"绘图"工具栏的"正多边形"按钮◯，绘制正六边形，如图 5-31a 所示。

命令: _polygon
输入边的数目 <4>: 6↙　　　（输入边数 6，回车）
指定正多边形的中心点或 [边(E)]:　　　（在绘图区适当位置单击，指定正多边形的中心）
输入选项 [内接于圆(I)/外切于圆(C)] <C>: C↙　　　（输入 C，回车，选择"内切圆"选项）
指定圆的半径: @16, 0↙　　　（输入内切圆与正六边形的切点相对于中心的坐标，回车）

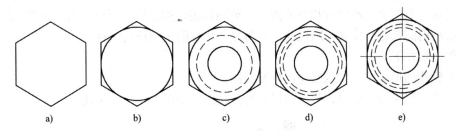

a)　　　　b)　　　　c)　　　　d)　　　　e)

图 5-31　绘制压紧螺母左视图流程

（3）选择菜单"绘图"→"圆"→"相切、相切、相切"选项，根据三个相切选项绘制正六边形的内切圆，如图 5-31b 所示。

命令: _circle
指定圆的圆心或 [三点(3P)/两点(2P)/相切、相切、半径(T)]: _3p
指定圆上的第一个点: _tan 到　　　（单击正六边形的一个边）
指定圆上的第二个点: _tan 到　　　（单击正六边形的另一个边）
指定圆上的第三个点: _tan 到　　　（单击正六边形的第三个边）

（4）打开状态栏中的"对象捕捉"按钮▢，单击"绘图"工具栏中的"圆"按钮⊙，绘制直径为 15 的圆。可根据圆心和半径绘制圆，这是最常用的方法。

命令: _circle
指定圆的圆心或 [三点(3P)/两点(2P)/相切、相切、半径(T)]:　　　（捕捉正六边形内切圆的圆心）
指定圆的半径或 [直径(D)] <16.0000>: 7.5↙　　　（输入圆的半径 7.5，回车）

（5）将"虚线"层设置为当前层，单击"绘图"工具栏中的"圆"按钮⊙，绘制内螺纹的牙顶圆，其直径约为内螺纹的牙底圆的直径 28 的 0.9 倍，可近似取 25。结果如图 5-31c 所示。

命令: _circle

指定圆的圆心或 [三点(3P)/两点(2P)/相切、相切、半径(T)]:　　　（捕捉同心圆的圆心）

指定圆的半径或 [直径(D)] <7.5000>: 12.5↙　　　（输入圆的半径 12.5，回车）

（6）选择菜单"绘图"→"圆弧"→"圆心、起点、端点"选项，绘制内螺纹的牙底圆（国家标准规定内螺纹的牙底圆为略大于 3/4 的圆弧），如图 5-31d 所示。

命令: _arc

指定圆弧的起点或 [圆心(C)]: _ C

指定圆弧的圆心:　　　（捕捉同心圆的圆心）

指定圆弧的起点: @14<-10↙　　　（输入起点相对于圆心的坐标，回车）

指定圆弧的端点或 [角度(A)/弦长(L)]: @14<280↙　　　（输入端点相对于圆心的坐标，回车）

（7）将"点画线"层设置为当前层，打开状态栏中的"对象捕捉追踪"按钮∠。利用"直线"命令和对象捕捉追踪模式绘制压紧螺母左视图的对称点画线，如图 5-31e 所示。

5.5.4　绘制三通管主视图

三通管的主视图及其三维实体如图 5-32 所示。

三通管是有两个空心圆柱相贯而成，内外圆柱表面的轮廓线可以利用正交模式绘制，相贯线可以利用圆弧命令绘制，圆弧的半径为参与相贯的大圆柱的半径。

操作步骤如下：

（1）新建图形文件，加载线型，恢复图层。

（2）将"粗实线"层设置为当前层，打开状态栏中的"正交"按钮。

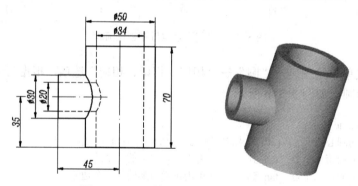

图 5-32　三通管的主视图及其三维实体

（3）单击"绘图"工具栏的"直线"按钮，绘制外圆柱的轮廓线，如图 5-33a 所示。

命令: _line

指定第一点:　　　（在绘图区适当位置单击）

指定下一点或 [放弃(U)]: 70↙　　　（向下移动光标，输入垂直线的长度 70，回车）

指定下一点或 [放弃(U)]: 50↙　　　（向左移动光标，输入水平线的长度 50，回车）

指定下一点或 [闭合(C)/放弃(U)]: 20↙　　　（向上移动光标，输入垂直线的长度 20，回车）

指定下一点或 [闭合(C)/放弃(U)]: 20↙　　　（向左移动光标，输入水平线的长度 20，回车）

指定下一点或 [闭合(C)/放弃(U)]: 30↙　　　（向上移动光标，输入垂直线的长度 30，回车）

指定下一点或 [闭合(C)/放弃(U)]: 20↙　　　（向右移动光标，输入水平线的长度 20，回车）

指定下一点或 [闭合(C)/放弃(U)]: 20↙　　　（向上移动光标，输入垂直线的长度 20，回车）

指定下一点或 [闭合(C)/放弃(U)]: C✓ （输入 C，回车，选择"闭合"选项，并结束"直线"命令）

（4）将"虚线"层设置为当前层，打开状态栏中的"对象捕捉"按钮□。

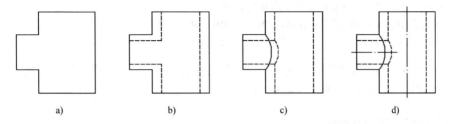

图 5-33　绘制三通管主视图流程

（5）单击"绘图"工具栏的"直线"按钮╱，利用临时追踪点捕捉绘制内圆柱的轮廓线，如图 5-33b 所示。

命令: _line
指定第一点: _tt　　　（单击"对象捕捉"工具栏中的"临时追踪点捕捉"按钮-。）
指定临时对象追踪点:　（捕捉大圆柱底面轮廓线的中点为临时追踪点，向左移动光标，出现追踪轨迹，如图 5-34 所示）
指定第一点: 17✓　（输入追踪距离 17，回车）
指定下一点或 [放弃(U)]: 25✓　　（向上移动光标，输入垂直线的长度 25，回车)
指定下一点或 [放弃(U)]: 28✓　　（向左移动光标，输入水平线的长度 28，回车)
指定下一点或 [闭合(C)/放弃(U)]: ✓　　（回车，结束"直线"命令)

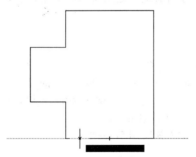

图 5-34　利用临时追踪点捕捉绘图

（6）选择菜单"绘图"→"圆弧"→"起点、端点、半径"选项，绘制内圆柱的相贯线的投影。圆柱相贯线的投影可近似地用圆弧绘制，圆弧的半径为大圆柱的半径。

命令: _arc
指定圆弧的起点或 [圆心(C)]:　　（捕捉下方虚线 90°角的顶点）
指定圆弧的第二个点或 [圆心(C)/端点(E)]: _E
指定圆弧的端点:　　（捕捉上方虚线 90°角的顶点）
指定圆弧的圆心或 [角度(A)/方向(D)/半径(R)]: _R
指定圆弧的半径: 17✓　（输入圆半径 17，回车）

（7）将"粗实线"层设置为当前层，选择菜单"绘图"→"圆弧"→"起点、端点、半径"选项，绘制外圆柱的相贯线的投影，如图 5-33c 所示。

命令: _arc
    指定圆弧的起点或 [圆心(C)]:   （捕捉下方实线 90°角的顶点）
    指定圆弧的第二个点或 [圆心(C)/端点(E)]: _E
    指定圆弧的端点: （捕捉上方实线 90°角的顶点）
    指定圆弧的圆心或 [角度(A)/方向(D)/半径(R)]: _R
    指定圆弧的半径: 25✓   （输入圆半径 25，回车）

（8）将"点画线"层设置为当前层，利用"直线"命令、正交模式和中点捕捉绘制三通管主视图的对称点画线，如图 5-33d 所示。

5.5.5 绘制半圆键主视图

半圆键主视图及其三维实体如图 5-35 所示。

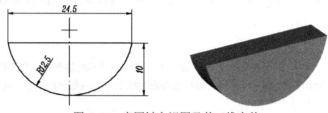

图 5-35　半圆键主视图及其三维实体

操作步骤如下：

（1）新建图形文件，加载线型，恢复图层。

（2）将"粗实线"层设置为当前层，选择菜单"绘图"→"圆弧"→"圆心、起点、长度"选项，绘制圆弧。

命令: _arc
    指定圆弧的起点或 [圆心(C)]: _C
    指定圆弧的圆心: （在适当位置单击，指定圆弧的圆心）
    指定圆弧的起点: @-12.25,-2.5✓   （输入圆弧起点相对于圆心的坐标，回车）
    指定圆弧的端点或 [角度(A)/弦长(L)]: _L
    指定弦长: 24.5✓ （输入弦长 24.5，回车）

该圆弧也可以利用"起点，端点，半径"选项绘制。

（3）单击"绘图"工具栏的"直线"按钮✓，连接圆弧的起点和端点。

命令: _line
    指定第一点: （捕捉圆弧的起点）
    指定下一点或 [放弃(U)]: （捕捉圆弧的端点）
    指定下一点或 [放弃(U)]: ✓ （回车，结束"直线"命令）

（4）将"点画线"层设置为当前层，打开状态栏中的"对象捕捉追踪"按钮✓。利用"直线"命令和对象捕捉追踪模式绘制半圆键主视图的对称点画线。

5.5.6 绘制单圆头平键俯视图

单圆头平键的俯视图及其三维实体如图 5-36 所示。

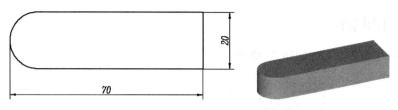

图 5-36　单圆头平键的底面图及其三维实体

操作步骤如下：

（1）新建图形文件，加载线型，恢复图层。

（2）将"粗实线"层设置为当前层，选择菜单"绘图"→"圆弧"→"圆心、起点、角度"选项，绘制半圆。

> 命令: _arc
> 指定圆弧的起点或 [圆心(C)]: _ C
> 指定圆弧的圆心:　　　（在绘图区适当位置单击，指定圆弧圆心的位置）
> 指定圆弧的起点: @0, 10↙　　（输入圆弧起点相对于圆心的坐标，回车）
> 指定圆弧的端点或 [角度(A)/弦长(L)]: _A
> 指定包含角: 180↙　　（半圆的包含角 180，回车）

（3）打开状态栏中的"对象捕捉"按钮□，单击"绘图"工具栏的"直线"按钮/，绘制其他轮廓线。

> 命令: _line
> 指定第一点:　　（捕捉半圆的上方端点）
> 指定下一点或 [放弃(U)]: 60↙　　（向右移动光标，输入水平线的长度 60，回车）
> 指定下一点或 [放弃(U)]: 20↙　　（向下移动光标，输入垂直线的长度 20，回车）
> 指定下一点或 [闭合(C)/放弃(U)]:　　（捕捉半圆的下方端点）
> 指定下一点或 [闭合(C)/放弃(U)]:↙　　（回车，结束"直线"命令）

5.6　绘制椭圆

椭圆在机械图样中一般用来表达倾斜圆的投影（包括轴测投影），用途较圆和圆弧要少。AutoCAD 2012 中文版中绘制椭圆一般需要确定关键点的位置，所谓的关键点即椭圆的中心、长轴的两个端点和短轴的两个端点。

5.6.1　"椭圆"命令

单击"绘图"工具栏中的"椭圆"按钮○，启动"椭圆"Ellipse 命令，可以根据一个轴的两个端点和另一个轴半径绘制椭圆（或选择选择菜单"绘图"→"椭圆"→"轴，端点"选项），也可以根据椭圆中心点、一个轴的端点和另一个轴半径绘制椭圆（或选择选择菜单"绘图"→"椭圆"→"中心点"选项）。

下面通过一个绘图实例说明"椭圆"Ellipse 命令的操作方法和应用。

5.6.2 绘制丰田车标

丰田车标及其三维实体如图5-37所示。

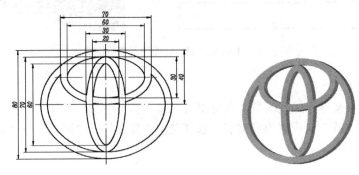

图5-37 丰田车标平面图及其三维实体

丰田车标的三维实体由三个椭圆构成，即两个水平椭圆和一个竖立椭圆。绘制成平面图形时，每个椭圆都有外侧和内侧两条轮廓线。

操作步骤如下：

（1）新建图形文件，加载线型，恢复图层。

（2）将"粗实线"层设置为当前层，打开状态栏中的"对象捕捉"按钮▭。

（3）单击"绘图"工具栏中的"椭圆"按钮◯，绘制水平大椭圆的外侧轮廓线，如图5-38a所示。

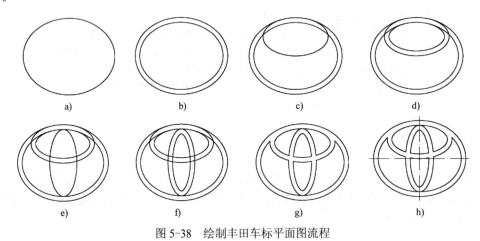

图5-38 绘制丰田车标平面图流程

命令: _ellipse
指定椭圆的轴端点或 [圆弧(A)/中心点(C)]:   （在绘图区适当位置单击，指定椭圆长轴的端点）
指定轴的另一个端点: @100,0↙   （输入长轴另一个端点相对于第一端点的坐标，回车）
指定另一条半轴长度或 [旋转(R)]: 40↙   （输入短轴半径40，回车）

（4）单击"绘图"工具栏中的"椭圆"按钮◯，绘制水平大椭圆的内侧轮廓线，如图5-38b所示。

命令: _ellipse

指定椭圆的轴端点或 [圆弧(A)/中心点(C)]: C✓   （输入 C，回车，选择"中心点"选项）
指定椭圆的中心点: （捕捉水平大椭圆外侧轮廓线的中心）
指定轴的端点: @45, 0✓   （输入长轴一个端点相对于中心的坐标，回车）
指定另一条半轴长度或 [旋转(R)]: 35✓   （输入短轴半径 35，回车）

（5）单击"绘图"工具栏中的"椭圆"按钮👁，绘制水平小椭圆的外侧轮廓线，如图 5-38c 所示。

命令: _ellipse
指定椭圆的轴端点或 [圆弧(A)/中心点(C)]:   （捕捉水平大椭圆的外侧轮廓线的中心）
指定轴的另一个端点: （捕捉水平大椭圆外侧轮廓线的上象限点）
指定另一条半轴长度或 [旋转(R)]: 35✓   （输入短轴半径 35，回车）

（6）单击"绘图"工具栏中的"椭圆"按钮👁，绘制水平小椭圆的内侧轮廓线，如图 5-38d 所示。

命令: _ellipse
指定椭圆的轴端点或 [圆弧(A)/中心点(C)]: C✓   （输入 C，回车，选择"中心点"选项）
指定椭圆的中心点: （捕捉水平小椭圆外侧轮廓线的中心）
指定轴的端点: （捕捉水平大椭圆内侧轮廓线的上象限点）
指定另一条半轴长度或 [旋转(R)]: 30✓   （输入长轴半径 30，回车）

（7）单击"绘图"工具栏中的"椭圆"按钮👁，绘制竖立小椭圆的外侧轮廓线，如图 5-38e 所示。

命令: _ellipse
指定椭圆的轴端点或 [圆弧(A)/中心点(C)]:   （捕捉水平大椭圆内侧轮廓线的上象限点）
指定轴的另一个端点: （捕捉水平大椭圆内侧轮廓线的下象限点）
指定另一条半轴长度或 [旋转(R)]: 15✓   （输入短轴半径 15，回车）

（8）单击"绘图"工具栏中的"椭圆"按钮👁，绘制竖立小椭圆的内侧轮廓线，如图 5-38f 所示。

命令: _ellipse
指定椭圆的轴端点或 [圆弧(A)/中心点(C)]: C✓   （输入 C，回车，选择"中心点"选项）
指定椭圆的中心点: （捕捉水平小椭圆外侧轮廓线的下象限点）
指定轴的端点: @10, 0✓   （输入短轴一个端点相对于中心的坐标，回车）
指定另一条半轴长度或 [旋转(R)]: 30✓   （输入长轴半径 30，回车）

（9）单击"修改"工具栏中的"修剪"按钮✂，修剪轮廓线，结果如图 5-38g 所示。(下一章将介绍如何修剪轮廓线)

（10）将"点画线"层设置为当前层，打开状态栏中的"对象捕捉追踪"按钮∠。利用"直线"命令和对象捕捉追踪模式绘制车标的对称点画线，如图 5-38h 所示。

5.7　绘制样条曲线和图案填充

样条曲线命令和图案填充命令是绘制机械图样时经常使用的两个命令。

5.7.1 绘制样条曲线

将一系列的点用光滑的曲线连接起来所形成的曲线即是样条曲线。凡是形状不规则的曲线，如机械图样中的波浪线、轴类零件中间断开线、相贯线、截交线等均可以用样条曲线绘制。单击"绘图"工具栏中的"样条曲线"按钮∕，或选择菜单"绘图"→"样条曲线"选项，启动"样条曲线"Spline命令，连续指定样条曲线通过的点，即可绘制出样条曲线。

5.7.2 图案填充

在机械图样中，常用剖视图表达不可见的内部结构，而剖切面与机件实体相交的部分即剖断面需要画上剖面线。国家标准规定：金属材料的剖面线为倾斜45°或135°的细实线，非金属材料的剖面线为45°和135°两个方向的细实线所形成的网状线，不同的零件的剖面线的方向不同或方向相同但间隔不同。剖面线绘制在AutoCAD中称为图案填充。

单击"绘图"工具栏中的"图案填充"按钮▨，或选择菜单"绘图"→"图案填充"选项，弹出的"图案填充和渐变色"对话框，利用"图案填充"Hatch选项卡即可在封闭的区域内绘制剖面线或涂黑。

下面通过一个绘图实例说明"样条曲线"Spline命令和"图案填充"Hatch命令的操作方法和应用。

5.7.3 绘制锥形沉孔局部剖视图

锥形沉孔局部剖视图及其三维实体如图5-39所示。

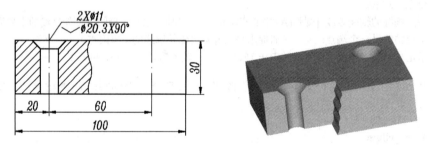

图5-39　锥形沉孔的局部剖视图及其三维实体

操作步骤如下：

（1）新建图形文件，加载线型，恢复图层。

（2）将"粗实线"层设置为当前层，打开状态栏中的"正交"按钮┖和"对象捕捉"按钮┗。

（3）单击"绘图"工具栏中的"矩形"按钮▢，绘制矩形轮廓线。

命令：_rectang
指定第一个角点或 [倒角(C)/标高(E)/圆角(F)/厚度(T)/宽度(W)]: 　　（在绘图区适当位置单击，指定矩形第一角点）
指定另一个角点或 [面积(A)/尺寸(D)/旋转(R)]: @100, 30✓　　（输入矩形第二角点相对于第一角点的坐标，回车。）

（4）将"点画线"层设置为当前层，单击"绘图"工具栏的"直线"按钮 ↗，利用临时追踪点捕捉绘制锥形沉孔的轴线。

> 命令:_line
> 指定第一点:_tt　（单击"对象捕捉"工具栏中的"临时追踪点捕捉" 按钮↦）
> 指定临时对象追踪点:　（捕捉矩形的左上角为临时追踪点，向右移动光标，出现追踪轨迹）
> 指定第一点:20↙　（输入追踪距离20，回车）
> 指定下一点或 [放弃(U)]:　（向上移动光标，在矩形上方约5mm处单击）
> 指定下一点或 [放弃(U)]:　（向下移动光标，在矩形下方约5mm处单击）
> 指定下一点或 [闭合(C)/放弃(U)]:↙　（回车，结束"直线"命令）

（5）同样方法可以绘制出另一个沉孔的轴线，如图 5-40a 所示。

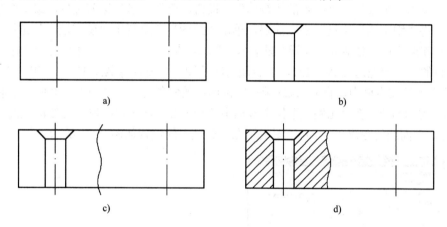

图 5-40　绘制锥形沉孔局部剖视图流程

（6）将"粗实线"层设置为当前层，单击"绘图"工具栏的"直线"按钮 ↗，利用临时追踪点捕捉绘制锥形沉孔的左侧轮廓线。

> 命令:_line
> 指定第一点:_tt　（单击"对象捕捉"工具栏中的"临时追踪点捕捉"按钮↦）
> 指定临时对象追踪点:　（捕捉矩形的上方水平边与左侧轴线的交点为临时追踪点，向左移动光标，出现追踪轨迹）
> 指定第一点:10.15↙　（输入追踪距离10.15，回车）
> 指定下一点或 [放弃(U)]: @4.65, -4.65↙　（输入第二点相对于第一点的坐标，回车）
> 指定下一点或 [放弃(U)]:　（向下移动光标，在矩形下方边上捕捉垂足）
> 指定下一点或 [闭合(C)/放弃(U)]:↙　（回车，结束"直线"命令）

（7）同样方法可以绘制锥形沉孔的右侧轮廓线。

（8）单击"绘图"工具栏的"直线"按钮 ↗，连接锥形沉孔的左侧两条轮廓线和右侧两条轮廓线的交点，如图 5-40b 所示。

（9）将"细实线"层设置为当前层，关闭状态栏中的"正交"按钮⌐ 和"对象捕捉"按钮□。

（10）单击"绘图"工具栏中的"样条曲线"按钮 ∿，绘制局部剖视图的波浪线，如图 5-40c 所示。

命令: _spline
指定第一个点或 [对象(O)]:　　　（在矩形上方适当位置单击）
指定下一点:　　　（在矩形内适当位置单击）
指定下一点或 [闭合(C)/拟合公差(F)] <起点切向>:　　　（向下移动光标，在矩形内适当位置单击）
指定下一点或 [闭合(C)/拟合公差(F)] <起点切向>:　　　（向下移动光标，在矩形内适当位置单击）
指定下一点或 [闭合(C)/拟合公差(F)] <起点切向>:　　　（向下移动光标，在矩形内适当位置单击）
指定下一点或 [闭合(C)/拟合公差(F)] <起点切向>:　　　（向下移动光标，在矩形下方适当位置单击）
指定下一点或 [闭合(C)/拟合公差(F)] <起点切向>:
指定下一点或 [闭合(C)/拟合公差(F)] <起点切向>:
指定起点切向: ✓　　　（回车，不指定起点的切线方向）
指定端点切向: ✓　　　（回车，不指定端点的切线方向）

（11）单击"修改"工具栏中的"修剪"┼按钮，选择矩形为修剪边界，修剪样条切线。

（12）将"细实线"层设置为当前层。单击"绘图"工具栏中"图案填充"按钮▨，弹出"图案填充和渐变色"对话框。打开"图案填充"选项卡，在"图案"下拉列表中选择 ANSI31（金属材料的图案填充选择 ANSI31，非金属材料的图案填充选择 ANSI37，涂黑选择 Solid），在"角度"下拉文本框中选择 0，该选项控制剖面线的倾斜方向，当角度为 0 时，绘制向右上方倾斜 45°的剖面线，在"比例"下拉文本框中选择 1.25，该选项控制剖面线的距离，当该选项为 1 时，剖面线的距离为 3.19。"图案填充"选项卡的设置如图 5-41 所示。

图 5-41　设置"图案填充"选项卡

图 5-42　单击填充区域

单击"拾取点"按钮▨，回到绘图区，在锥形沉孔轮廓线两侧的区域内单击，如图 5-42 所示。回车，回到对话框。单击"预览"按钮，可以在绘图区对填充效果进行预览。单击"确定"按钮或回车，即可完成图案填充，如图 5-40d 所示。

5.7.4　编辑图案填充

编辑图案填充，即要改变图案填充用的图案、角度或比例，有两种操作方法。第一种方法是双击要编辑的图案对象，在弹出的快捷特性选项板中修改即可，如图 5-43 所示。第二种方法是单击"修改"工具栏中"编辑图案填充"按钮▨，或选择菜单"修改"→"对象"→"图案填充"选项并选择要编辑的图案对象，弹出"图案填充编辑"对话框，如图 5-44 所示，该对话框和"图案填充和渐变色"对话框相同，在该对话框内重新设置"图案"、"角度"和"比例"后，单击"确定"按钮或回车，即可完成图案填充的编辑。

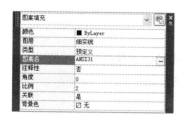

图 5-43　快捷特性选项板

图 5-44　"图案填充编辑"对话框

5.8　面域和布尔运算

前面学习了绘制平面图形的命令，利用这些绘图命令只能绘制简单的图形，而利用面域和布尔运算可以绘制出复杂的图形。

5.8.1　"面域"命令

所谓面域就是任意封闭的平面图形所围成的区域。面域可以是由多个点相连并封闭构成，也可以由多个自封闭的图形相交后构成。创建面域可以创建一个，也可以创建多个。面域的这个特点决定了其形状是千变万化的。

单击"绘图"工具栏中的"面域"按钮◎，或选择菜单"绘图"→"面域"选项，即可启动"面域"Region 命令。利用"面域"命令可以将多个自封闭的对象创建为面域，也可将多个对象围成的封闭区域创建为面域，结束"面域"命令后，系统会提示创建面域的数量。

完成创建面域后，在绘图界面上没有任何变化，要最终生成所需的图形还需要经过布尔运算。布尔运算是数学上的集合运算，包括"并集"Union、"差集"Subtract 和"交集"Intersect 三种运算。

5.8.2　利用"并集"命令绘制小垫片零件图

单击"实体编辑"工具栏中的"并集"按钮◎，或选择菜单"修改"→"实体编辑"→"并集"选项，即可启动"并集"Union 命令。

下面通过绘制小垫片零件图说明"并集"Union 命令的操作方法和应用。

小垫片零件图及其三维实体如图 5-45 所示。

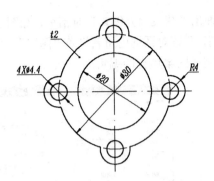

图 5-45 小垫片零件图及其三维实体

操作步骤如下:

(1) 新建图形文件, 加载线型, 恢复图层。

(2) 将"粗实线"层设置为当前层, 打开状态栏中的"对象捕捉"按钮⬜。

(3) 单击"绘图"工具栏中的"圆"按钮⊘, 绘制直径为 30 的圆。

命令: _circle
指定圆的圆心或 [三点(3P)/两点(2P)/相切、相切、半径(T)]:   (在绘图区适当位置单击, 指定
圆心的位置)
指定圆的半径或 [直径(D)]: 15↙   (输入圆的半径 15, 回车)

(4) 单击"绘图"工具栏中的"圆"按钮⊘, 绘制半径为 4 的圆。

命令: _circle
指定圆的圆心或 [三点(3P)/两点(2P)/相切、相切、半径(T)]:   (捕捉直径为 30 的圆的上象限点)
指定圆的半径或 [直径(D)]: 4↙   (输入圆的半径 4 回车)

(5) 同样方法可以绘制其余三个半径为 4 的圆, 如图 5-46a 所示。

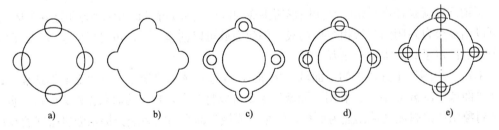

     a)   b)   c)   d)   e)

图 5-46 绘制小垫片零件图流程

(6) 单击"绘图"工具栏中的"面域"按钮◎, 将以上绘制的 5 个圆创建为面域。

命令: _region
选择对象: (单击直径为 30 的圆)
找到 1 个
选择对象: (单击上方半径为 4 的圆)
找到 1 个, 总计 2 个
选择对象: (单击左侧半径为 4 的圆)
找到 1 个, 总计 3 个

选择对象: 　　（单击下方半径为 4 的圆）

找到 1 个，总计 4 个

选择对象: 　　（单击右侧半径为 4 的圆）

找到 1 个，总计 5 个

选择对象: 　　（回车，结束选择面域对象）

已提取 5 个环。

已创建 5 个面域。

（7）单击"实体编辑"工具栏中的"并集"按钮◎，将以上 5 个面域做"并集"运算，结果如图 5-46b 所示。

命令:_union

选择对象: 　　（单击直径为 30 的圆面域）

找到 1 个

选择对象: 　　（单击上方半径为 4 的圆面域）

找到 1 个，总计 2 个

选择对象: 　　（单击左侧半径为 4 的圆面域）

找到 1 个，总计 3 个

选择对象: 　　（单击下方半径为 4 的圆面域）

找到 1 个，总计 4 个

选择对象: 　　（单击右侧半径为 4 的圆面域）

找到 1 个，总计 5 个

选择对象: ✓　　（回车，结束选择"并"面域对象）

（8）单击"绘图"工具栏中的"圆"按钮◎，捕捉直径为 30 的圆的圆心为圆心，绘制直径为 20 的圆。

（9）分别单击"绘图"工具栏中的"圆"按钮◎，分别捕捉半径为 4 的圆的圆心为圆心，绘制直径为 4.4 的圆，如图 5-46c 所示。

（10）将"点画线"层设置为当前层，选择菜单"绘图"→"圆弧"→"圆心，起点，端点"选项，绘制右侧点画线圆弧。

命令:_arc

指定圆弧的起点或 [圆心(C)]:_c

指定圆弧的圆心: 　　（捕捉直径为直径为 30 的圆的圆心为点画线圆弧的圆心）

指定圆弧的起点: @15<-12✓　　（输入圆弧的起点相对于圆心的坐标，回车）

指定圆弧的端点或 [角度(A)/弦长(L)]: @15<12✓　　（输入圆弧的端点相对于圆心的坐标,回车）

（11）同样方法可以绘制另外三条点画线圆弧，如图 5-46d 所示。

（12）打开状态栏中的"对象捕捉追踪"按钮∠。利用"直线"命令和对象捕捉追踪模式绘制小垫片主视图的点画线，如图 5-46e 所示。

5.8.3　利用"并集"命令绘制带轮轴孔局部视图

带轮轴孔局部视图及其三维实体如图 5-47 所示。

操作步骤如下：

（1）新建图形文件，加载线型，恢复图层。

（2）将"粗实线"层设置为当前层，单击"绘图"工具栏中的"圆"按钮⊙，绘制直径为12的圆。

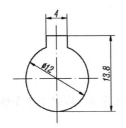

图 5-47　带轮轴孔的局部视图及其三维实体

　　命令: _circle
　　指定圆的圆心或 [三点(3P)/两点(2P)/相切、相切、半径(T)]:　　　　　（在绘图区适当位置单击，指定圆心的位置）
　　指定圆的半径或 [直径(D)]: 6✓　　　（输入圆的半径 6，回车）

（3）单击"绘图"工具栏中的"矩形"按钮□，绘制矩形，如图 5-48a 所示。

　　命令: _rectang
　　指定第一个角点或 [倒角(C)/标高(E)/圆角(F)/厚度(T)/宽度(W)]: _from　　　（单击"对象捕捉"工具栏中的"捕捉自"按钮⌐°）
　　基点:　　　（捕捉圆的下象限点为基点）
　　<偏移>:@-2, 13.8✓　　（输入矩形的左上角点与基点的相对坐标，回车）
　　指定另一个角点或 [面积(A)/尺寸(D)/旋转(R)]: @4, -5✓　　（输入矩形第二角点相对于第一角点的坐标，回车）

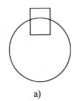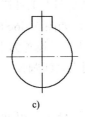

a)　　　　　　　　b)　　　　　　　　c)

图 5-48　绘制带轮轴孔局部视图流程

（4）单击"绘图"工具栏中的"面域"按钮◎，将以上绘制圆和矩形创建为面域。

　　命令: _region
　　选择对象:　　　（单击圆）
　　找到 1 个
　　选择对象:　　　（单击矩形）
　　找到 1 个，总计 2 个
　　选择对象:　　　（回车，结束选择面域对象）
　　已提取 2 个环。
　　已创建 2 个面域。

（5）单击"实体编辑"工具栏中的"并集"按钮◎，将以上两个面域做"并集"运算，结果如图 5-48b 所示。

命令：_union

选择对象：　　　　（单击圆面域）

找到 1 个

选择对象：　　　　（单击矩形面域）

找到 1 个，总计 2 个

选择对象：↙　　　（回车，结束选择"并"面域对象）

（6）将"点画线"层设置为当前层，打开状态栏中的"对象捕捉追踪"按钮↙。利用"直线"命令和对象捕捉追踪模式绘制局部视图的对称点画线，如图 5-48c 所示。

5.8.4　利用"差集"命令绘制传动轴断面图

单击"实体编辑"工具栏中的"差集"按钮◎，或选择菜单"修改"→"实体编辑"→"差集"选项，即可启动"差集"Subtract 命令。

下面通过绘制传动轴断面图说明"差集"Subtract 命令的操作方法和应用。

传动轴的主视图、断面图及其三维实体如图 5-49 所示。

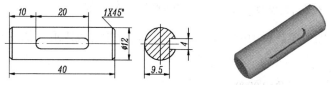

图 5-49　传动轴的主视图、断面图及其三维实体

操作步骤如下：

（1）新建图形文件，加载线型，恢复图层。

（2）将"粗实线"层设置为当前层，单击"绘图"工具栏中的"矩形"按钮□，绘制带倒角的矩形。

命令：_rectang

指定第一个角点或 [倒角(C)/标高(E)/圆角(F)/厚度(T)/宽度(W)]: C↙　　　（输入 C，回车，选择"倒角"选项）

指定矩形的第一个倒角距离 <0.0000>: 1↙　　　（输入第一倒角距离 1，回车）

指定矩形的第二个倒角距离 <1.0000>: 1↙　　　（输入第二倒角距离 1，回车）

指定第一个角点或 [倒角(C)/标高(E)/圆角(F)/厚度(T)/宽度(W)]:　　　（在绘图区适当位置单击，指定矩形第一角点）

指定另一个角点或 [面积(A)/尺寸(D)/旋转(R)]: @40, 12↙　　　（输入矩形第二角点相对于第一角点的坐标，回车）

（3）打开状态栏中的"对象捕捉"按钮□，分别单击"绘图"工具栏中的"直线"按钮↗，利用端点捕捉，绘制左、右两侧倒角轮廓线。

（4）单击"绘图"工具栏中的"矩形"按钮□，绘制键槽长圆。

命令：_rectang

当前矩形模式：倒角=1.0000×1.0000

指定第一个角点或 [倒角(C)/标高(E)/圆角(F)/厚度(T)/宽度(W)]: F↙　　　（输入 F，回车，选择"圆角"选项）

指定矩形的圆角半径 <1.0000>: 2↙　　　　（输入圆角半径 2，回车）

指定第一个角点或 [倒角(C)/标高(E)/圆角(F)/厚度(T)/宽度(W)]: _from　　　　（单击"对象捕捉"工具栏中的"捕捉自" 按钮）

基点:　　　（捕捉传动轴左端面轮廓线的中点为基点）

<偏移>: @10,-2↙　　　（输入矩形左下角点与基点的相对坐标，回车）

指定另一个角点或 [面积(A)/尺寸(D)/旋转(R)]: @20,4↙　　　（输入矩形第二角点相对于第一角点的坐标，回车）

（5）将"点画线"层设置为当前层，打开状态栏中的"对象捕捉追踪"按钮∠。利用"直线"命令和对象捕捉追踪模式绘制主视图的对称点画线，完成绘制主视图。

（6）将"粗实线"层设置为当前层，单击"绘图"工具栏中的"圆"按钮⊙，在主视图点画线的延长线上绘制直径为 12 的圆。

命令: _circle

指定圆的圆心或 [三点(3P)/两点(2P)/相切、相切、半径(T)]: _ext　　　　（单击"对象捕捉"工具栏中的"延长捕捉"按钮，将光标移到主视图点画线的右端点处，再向右移到光标，出现延长轨迹，在适当位置单击指定圆心的位置）

指定圆的半径或 [直径(D)]: 6↙　　　（输入圆的半径 6，回车）

（7）单击"绘图"工具栏中的"矩形"按钮□，绘制一般矩形，如图 5-50a 所示。

命令: _rectang

当前矩形模式: 圆角=2.0000

指定第一个角点或 [倒角(C)/标高(E)/圆角(F)/厚度(T)/宽度(W)]: F↙　　　（输入 F，回车，选择"圆角"选项）

指定矩形的圆角半径 <2.0000>: 0↙　　　（输入圆角半径 0，回车）

指定第一个角点或 [倒角(C)/标高(E)/圆角(F)/厚度(T)/宽度(W)]: _from　　　　（单击"对象捕捉"工具栏中的"捕捉自"按钮）

基点:　　　（捕捉圆的左象限点为基点）

<偏移>: @9.5,-2↙　　　（输入矩形左下角点与基点的相对坐标，回车）

指定另一个角点或 [面积(A)/尺寸(D)/旋转(R)]: @5,4↙　　　（输入矩形另一角点相对于第一角点的坐标，回车）

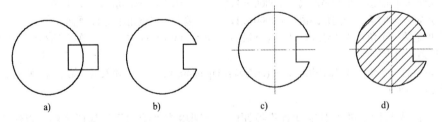

a)　　　　　　b)　　　　　　c)　　　　　　d)

图 5-50　绘制轴上键槽断面图流程

（8）单击"绘图"工具栏中的"面域"按钮◎，将以上绘制圆和矩形创建为面域。

命令: _region

选择对象:　　　（单击圆）

找到 1 个

选择对象: （单击矩形）

找到 1 个，总计 2 个

选择对象: （回车，结束选择面域对象）

已提取 2 个环。

已创建 2 个面域。

（9）单击"实体编辑"工具栏中的"差集"按钮◎，将以上两个面域进行"差集"运算，结果如图 5-50b 所示。

命令：_subtract

选择要从中减去的实体或面域...

选择对象: （单击圆为要从中减去的面域对象）

找到 1 个

选择对象：✓   （回车，结束选择要从中减去的面域对象）

选择要减去的实体或面域 ..

选择对象: （单击矩形为要减去的对象）

找到 1 个

选择对象：✓   （回车，结束选择要减去的面域对象）

（10）将"点画线"层设置为当层，利用"直线"命令和对象捕捉追踪模式绘制断面的点画线，如图 5-50c 所示。

（11）将"细实线"层设置为当前层。单击"绘图"工具栏中"图案填充"按钮▨，弹出"图案填充和渐变色"对话框。打开"图案填充"选项卡，在"图案"下拉列表中选择 ANSI31，在"角度"下拉文本框中选择 0，在"比例"下拉文本框中选择 0.5。

单击"拾取点"按钮▦，回到绘图区，在断面轮廓线内单击。回车，回到对话框。单击"确定"按钮或回车，即可完成图案填充，如图 5-50d 所示。

由于点画线的影响，在断面轮廓线内单击指定填充区域时，需要单击 4 次才能选中填充区域。若将点画线层关闭，则在断面轮廓线内单击一次即可选中填充区域。

当然利用"选择对象"按钮也可以快速选择填充区域。设置好"图案填充"选项卡，"选择对象"按钮▦，回到绘图区，单击在断面轮廓线即可选中填充区域。

5.8.5 利用"交集"命令绘制安装座俯视图

单击"实体编辑"工具栏中的"交集"按钮◎，或选择菜单"修改"→"实体编辑"→"交集"选项，即可启动"交集"Intersect 命令。

下面通过绘制安装座的俯视图说明"交集"Intersect 命令的操作方法和应用。

安装座的俯视图及其三维实体如图 5-51 所示，

操作步骤如下：

（1）新建图形文件，加载线型，恢复图层。

（2）将"粗实线"层设置为当前层，打开状态栏中的"对象捕捉"按钮▢。

（3）单击"绘图"工具栏中的"圆"按钮◎，绘制直径为 66 的圆。

命令：_circle

指定圆的圆心或 [三点(3P)/两点(2P)/相切、相切、半径(T)]:   （在绘图区适当位置单击，指定

圆心的位置）

  指定圆的半径或 [直径(D)]: 33✓   （输入圆的半径 33，回车）

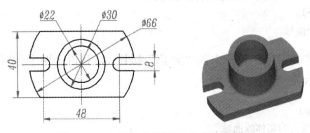

图 5-51 安装座的俯视图及其三维实体

（4）单击"绘图"工具栏中的"矩形"按钮▢，绘制矩形，如图 5-52a 所示。

  命令: _rectang
  指定第一个角点或 [倒角(C)/标高(E)/圆角(F)/厚度(T)/宽度(W)]: _from   （单击"对象捕捉"
工具栏中的"捕捉自"按钮）
  基点: （捕捉圆的圆心为基点）
  <偏移>: @-40, -20✓ （输入矩形的左下角点相对于圆心的坐标，回车）
  指定另一个角点或 [面积(A)/尺寸(D)/旋转(R)]: @80, 40✓ （输入矩形另一角点相对于第一角点的坐标，回车）

（5）单击"绘图"工具栏中的"面域"按钮▨，将以上绘制圆和矩形创建为面域。

  命令: _region
  选择对象: （单击圆）
  找到 1 个
  选择对象: （单击矩形）
  找到 1 个，总计 2 个
  选择对象: （回车，结束选择面域对象）
  已提取 2 个环。
  已创建 2 个面域。

（6）单击"实体编辑"工具栏中的"交集"按钮▨，将以上两个面域进行"交集"运算，结果如图 5-52b 所示。

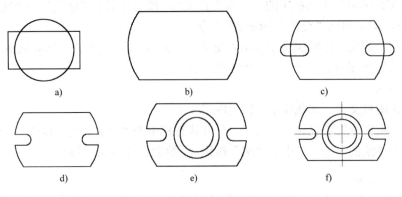

图 5-52 绘制安装座俯视图流程

命令: _intersect

选择对象:　　　（单击圆面域）

找到 1 个

选择对象:　　　（单击矩形面域）

找到 1 个，总计 2 个

选择对象: ↙　　　（回车，结束选择"交"面域对象）

（7）单击"绘图"工具栏中的"矩形"按钮□，绘制左侧长圆。

命令: _rectang

指定第一个角点或 [倒角(C)/标高(E)/圆角(F)/厚度(T)/宽度(W)]: F↙　　　（输入 F，回车，选择"圆角"选项）

指定矩形的圆角半径 <0.0000>: 4↙　　　（输入圆角半径 4，回车）

指定第一个角点或 [倒角(C)/标高(E)/圆角(F)/厚度(T)/宽度(W)]: _from　　　（单击"对象捕捉"工具栏中的"捕捉自"按钮）

基点:　　　（捕捉圆的圆心为基点）

<偏移>: @20, -4↙　　　（输入矩形左下角点与基点的相对坐标，回车）

指定另一个角点或 [面积(A)/尺寸(D)/旋转(R)]: @20, 8↙　　　（输入矩形另一角点相对于第一角点的坐标，回车）

（8）单击"绘图"工具栏中的"矩形"按钮□，绘制左侧对称的长圆，如图 5-52c 所示。

命令: _rectang

指定第一个角点或 [倒角(C)/标高(E)/圆角(F)/厚度(T)/宽度(W)]: F↙　　　（输入 F，回车，选择"圆角"选项）

指定矩形的圆角半径 <0.0000>: 4↙　　　（输入圆角半径 4，回车）

指定第一个角点或 [倒角(C)/标高(E)/圆角(F)/厚度(T)/宽度(W)]: _from　　　（单击"对象捕捉"工具栏中的"捕捉自"按钮）

基点:　　　（捕捉圆的圆心为基点）

<偏移>: @-20, -4↙　　　（输入矩形右下角点与基点的相对坐标，回车）

指定另一个角点或 [面积(A)/尺寸(D)/旋转(R)]: @-20, 8↙　　　（输入矩形另一角点相对于第一角点的坐标，回车）

（9）单击"绘图"工具栏中的"面域"按钮◎，将两个长圆创建为面域。

（10）单击"实体编辑"工具栏中的"差集"按钮◎，将"交集"运算得到的面域和两个长圆面域进行"差集"运算，结果如图 5-52d 所示。

命令: _subtract

选择要从中减去的实体或面域...

选择对象:　　　（单击"交"运算得到的面域为要从中减去的面域对象）

找到 1 个

选择对象: ↙　　　（回车，结束选择要从中减去的面域对象）

选择要减去的实体或面域 ..

选择对象:　　　（单击长圆为要减去的对象）

找到 1 个

选择对象:　　　（单击另一个长圆为要减去的对象）

找到 1 个，总计 2 个

选择对象: ↙　　　（回车，结束选择要减去的面域对象）

（11）单击"绘图"工具栏中的"圆"按钮◎，捕捉大圆弧的圆心为圆心，分别绘制直径为30和22的圆。

（12）将"点画线"层设置为当层，打开状态栏中的"对象捕捉追踪"按钮∠。利用"直线"命令和对象捕捉追踪模式绘制安装座俯视图的对称点画线，如图5-52e所示。

（13）选择菜单"修改"→"拉长"选项，输入"dy"回车，利用"动态"选项拉长安装座俯视图的水平点画线，结果如图5-52f所示。

下一章会介绍"拉长"Lengthen命令的操作方法。

5.9　小结

本章主要介绍了绘制二维图形常用命令的操作方法和应用实例，利用这些绘图命令虽然只能绘制简单的平面图形，但这是绘制复杂图形的基础，读者应熟悉各绘图命令的操作方法，尤其要熟悉各命令中不同选项的功能并能正确运用。

5.10　习题

1．简答题

（1）简述"构造线"命令中各选项的功能。

（2）简述绘制圆和圆弧有哪几种方法。

（3）简述"并集"、"差集"和"交集"三种布尔运算的区别。

2．操作题

（1）利用本章所学绘图命令绘制如图5-53所示的图形。

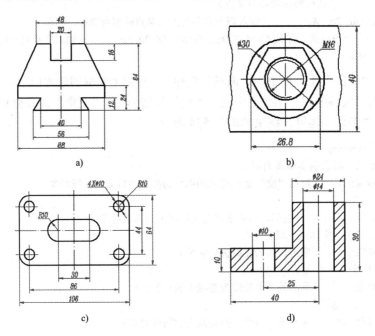

图 5-53　绘制图形

（2）利用"构造线"命令绘制如图 5-54 所示的三视图。

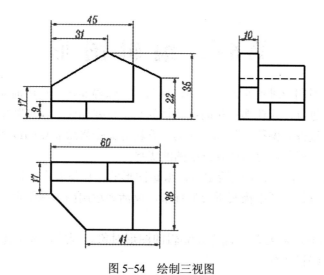

图 5-54　绘制三视图

第6章 编辑图形

图形编辑就是对图形进行修改、复制、移动、删除等操作。使用前面学习的绘图命令绘图时需要一步一步进行，即使那些相同或相似的结构也要如此，绘图效率较低。如果使用编辑命令，如复制、镜像、偏移、阵列、移动、旋转等命令来绘制相同或相似的结构，可以极大地提高绘图效率，充分体现出计算机绘图的优势。

利用 AutoCAD 2012 中文版绘图时，编辑图形的工作量要占到总工作量的一大半。因此，编辑图形是计算机绘图中极其重要的环节，灵活地运用图形编辑命令，对于提高绘图技能是非常关键的。

进行图形编辑时，需要首先选择要编辑的图形对象。因此，本章先介绍选择对象的方法，然后介绍图形编辑命令。

本章主要内容包括：

- 选择对象
- 删除类命令
- 利用"复制"和"偏移"命令绘图
- 利用"镜像"、"拉伸"和"倒角"命令绘图
- 利用"阵列"命令绘图
- 利用"旋转"和"移动"命令绘图
- 利用"修剪"命令绘图
- 利用"缩放"和"圆角"命令绘图
- 利用"拉长"命令绘图
- 利用"延伸"和"打断"命令绘图
- 利用"分解"和"合并"命令绘图

6.1 选择对象

AutoCAD 的图形编辑手段丰富多样，用户使用时可以先启动编辑命令，再选择要编辑的对象，也可以先选择要编辑的对象，再单击鼠标右键，在弹出的编辑快捷菜单中选择相应的选项，启动编辑命令。

选择对象有以下方法：

1. 拾取框选择

将拾取框移到要选择的对象上，然后单击鼠标，即可选中该对象。

2. 拾取窗口选择

用鼠标拖动拾取框并在绘图区域内适当位置单击，然后拖动鼠标至绘图区域的另一位置，单击后拾取第二点，系统便以所拾取的两点的连线为对角线，形成一个矩形的拾取窗口。若第二拾取点位于第一拾取点的右方，则拾取窗口为实线蓝色窗口，全部位于拾取窗口

内的对象将被选中，而与拾取窗口边界相交的对象不会被选中。若第二拾取点位于第一拾取点的左方，则拾取窗口为虚线绿色窗口，位于拾取窗口内及与拾取窗口边界相交的对象将被选中。

3. 全部选择

当 AutoCAD 提示选择对象时，在命令行中输入 ALL 后回车，或选择菜单"编辑"→"全选"选项，均可选中当前图形中所有的对象。

4. 窗口选择

当 AutoCAD 提示选择对象时，在命令行中输入 W，然后回车，拾取框变为十字光标，根据提示指定两个点作为确定矩形窗口的两个对角点，位于该矩形窗口内的所有对象将被选中。

窗口选择与拾取窗口选择的区别有两个方面：第一，两者的光标形状不同；第二，当指定矩形窗口的第一角点时，无论拾取的点是否在图形对象上，窗口选择均把该点作为第一角点，而不会选择该对象。

5. 交叉窗口选择

当 AutoCAD 提示选择对象时，在命令行中输入 C，然后回车，拾取框变为十字光标，根据提示指定两个点作为确定矩形窗口的两个对角点，位于该矩形窗口内的所有对象以及与窗口边界相交的所有对象将被选中。

交叉窗口选择与拾取窗口选择的区别和窗口选择相同。

6. 多边形窗口选择

当 AutoCAD 提示选择对象时，在命令行中输入 WP，然后回车，拾取框变为十字光标，根据提示依次指定多边形的顶点，直至回车结束指定顶点。AutoCAD 将以指定的点为顶点构造多边形，全部位于该多边形内的对象将被选中。

7. 多边形交叉窗口选择

当 AutoCAD 提示选择对象时，在命令行中输入 CP，然后回车，拾取框变为十字光标，按照 AutoCAD 的提示依次指定多边形的顶点，则位于多边形窗口以内以及与窗口边界相交的所有对象将被选中。

8. 上一个选择

当 AutoCAD 提示选择对象时，在命令行中输入 P，然后回车，AutoCAD 将再次选中上一次操作所选择的对象。

9. 最后选择

当 AutoCAD 提示选择对象时，在命令行中输入 L，然后回车，AutoCAD 将选中最后一次操作所选择的对象。

10. 栏选

当 AutoCAD 提示选择对象时，在命令行中输入 F，然后回车，根据提示连续绘制选择线，直到回车结束指定选择线的端点。AutoCAD 将选中与选择线相交的所有对象。

11. 加入选择集

当 AutoCAD 提示选择对象时，在命令行中输入 A，然后回车，根据 AutoCAD 的提示，可将选中的对象加入到选择集中。

12．删除选择集

当 AutoCAD 提示选择对象时，在命令行中输入 R，然后回车，根据 AutoCAD 的提示，可将选中的对象从选择集中删除。

13．交替选择

当 AutoCAD 提示选择对象时，如果要选择的对象与其他对象重合或距离很近，要准确地选择对象会很困难，则可以使用交替选择。

交替选择的方法是在 AutoCAD 提示选择对象时，按住〈Ctrl〉键，将拾取框移动到要选择的对象上，单击鼠标左键，可选择一个拾取框之下的对象。如果该对象不是要选择的对象，则应松开〈Ctrl〉键并继续单击鼠标左键，AutoCAD 会依次选择拾取框之下的对象，直至选中要选择的对象。

14．取消选择

当 AutoCAD 提示选择对象时，在命令行中输入 U，然后回车，可以取消最后的选择操作。连续输入 U 并回车，则可从后往前依次取消前面的选择操作。

6.2 删除类命令

删除类命令用于将已经绘制的图形对象从当前图形文件中清除。

6.2.1 删除

单击"修改"工具栏中的"删除"按钮✍，或选择菜单"修改"→"删除"选项，即可启动"删除"Erase 命令。

根据提示，使用 6.1 节介绍的选择对象的方法选中要删除的对象后回车，即可删除该对象。

6.2.2 恢复删除

如果出现删除错误，执行恢复命令 OOPS 可以恢复最后被删除的图形对象。

6.2.3 放弃

单击"标准"工具栏中的"放弃"按钮↶，或选择菜单"编辑"→"放弃"选项，即可启动"放弃"Undo 命令，放弃前面进行的一个操作。

用户可以连续单击"放弃"按钮↶可以放弃多个操作命令，也可以在"放弃"下拉列表中自上而下移动鼠标，选择多个要放弃的操作命令，如图 6-1 所示。

图 6-1　选择多个要放弃的命令

6.2.4 重做

单击"标准"工具栏中的"重做"按钮↷，或选择菜单"编辑"→"重做"选项，即可启动"重做"Redo 命令，重做前面放弃的一个操作。

用户可以连续单击"重做"按钮↷可以重做多个操作命令，也可以在"重做"下拉列表中自上而下移动鼠标，选择多个要重做的操作命令，如图 6-2 所示。

利用"放弃"和"重做"命令，可以从后到前、从前到后查看绘图的全过程。

图 6-2　选择多个要重做的命令

6.3　利用"复制"和"偏移"命令绘图

"复制"命令和"偏移"命令都可以复制对象，但复制的结果有所不同。

6.3.1　复制和偏移

"复制"命令可以将对象复制到指定位置，并可连续复制多个相同副本。

单击"修改"工具栏中的"复制"按钮%，或选择菜单"修改"→"复制"选项，即可启动"复制"Copy 命令。

单击"修改"工具栏中的"偏移"按钮&，或选择菜单"修改"→"偏移"选项，即可启动"偏移"Offset 命令。

"偏移"命令可以按照一定的距离复制对象。如果偏移对象是直线或样条曲线，则偏移的结果是与该对象相同的平行线或样条曲线。如果偏移对象是圆、圆弧，则偏移的结果是同心圆或同心圆弧。如果偏移对象是矩形、多边形，则偏移的结果是该对象的相仿形。

偏移对象时需要在偏移对象的两侧指定偏移方向，因此启动一次偏移命令最多能对一个对象偏移两次，但可以指定上一个偏移出来的对象为偏移对象，从而实现连续偏移。

下面通过绘制压缩弹簧主视图说明"复制"Copy 和"偏移"Offset 命令的操作方法和应用。

6.3.2　绘制压缩弹簧主视图

压缩弹簧主视图及其三维实体如图 6-3 所示。

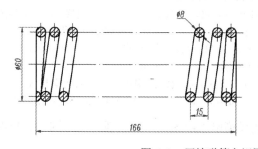

图 6-3　压缩弹簧主视图及其三维实体

压缩弹簧的主视图一般是全剖视图，两端各有 3/4 圈磨平，其剖断面为半圆。两端还各有 1/2 圈并紧，通过磨平和并紧使得压缩弹簧能够平稳工作。

操作步骤如下：

（1）新建图形文件，加载线型，恢复图层。

（2）将"粗实线"层设置为当前层，打开状态栏中的"正交"按钮┗和"对象捕捉"按钮□和"对象捕捉追踪"按钮↙。

（3）单击"绘图"工具栏的"直线"按钮✎，绘制左端面轮廓线。

命令: _line
指定第一点: 　　　（在绘图区使得位置单击）
指定下一点或 [放弃(U)]: 56↙　　　（向下移动光标，输入垂直线的长度 56，回车）
指定下一点或 [放弃(U)]: ↙　　　（回车，结束"直线"命令）

（4）单击"修改"工具栏中的"偏移"按钮△，偏移出右端面轮廓线。

命令: _offset
当前设置: 删除源=否　图层=源　OFFSETGAPTYPE=0
指定偏移距离或 [通过(T)/删除(E)/图层(L)] <通过>: 166↙　　　（输入偏移距离 166，回车）
选择要偏移的对象，或 [退出(E)/放弃(U)] <退出>: 　　　（单击左端面轮廓线为偏移对象）
指定要偏移的那一侧上的点，或 [退出(E)/多个(M)/放弃(U)] <退出>: 　　　（在左端面轮廓线的右侧单击）
选择要偏移的对象，或 [退出(E)/放弃(U)] <退出>: ↙　　　（回车，结束"偏移"命令）

（5）将"点画线"层设置为当前层，单击"绘图"工具栏的"直线"按钮✎，绘制弹簧的轴线。

命令: _line
指定第一点: 26↙　　　（将光标移到左端面轮廓线的上方端点处，出现端点捕捉标记，向下移动光标，出现追踪轨迹后输入追踪距离 26，回车）
指定下一点或 [放弃(U)]: 　　　（向左移动光标，在左端面轮廓线左侧约 5mm 处单击）
指定下一点或 [放弃(U)]: 　　　（向右移动光标，在右端面轮廓线左侧约 5mm 处单击）
指定下一点或 [闭合(C)/放弃(U)]: ↙　　　（回车，结束"直线"命令）

（6）单击"修改"工具栏中的"偏移"按钮△，偏移出上下两条点画线，如图 6-4a 所示。

命令: _offset
当前设置: 删除源=否　图层=源　OFFSETGAPTYPE=0
指定偏移距离或 [通过(T)/删除(E)/图层(L)] <166.0000>: 26↙　　　（输入偏移距离 26，回车）
选择要偏移的对象，或 [退出(E)/放弃(U)] <退出>: 　　　（单击弹簧轴线为偏移对象）
指定要偏移的那一侧上的点，或 [退出(E)/多个(M)/放弃(U)] <退出>: 　　　（在弹簧轴线上方单击）
选择要偏移的对象，或 [退出(E)/放弃(U)] <退出>: 　　　（单击弹簧轴线为偏移对象）
指定要偏移的那一侧上的点，或 [退出(E)/多个(M)/放弃(U)] <退出>: 　　　（在弹簧轴线下方单击）
选择要偏移的对象，或 [退出(E)/放弃(U)] <退出>: ↙　　　（回车，结束"偏移"命令）

（7）将"粗实线"层设置为当前层，选择菜单"绘图"→"圆弧"→"圆心、起点、角度"选项，绘制左端磨平圈的断面。

命令: _arc
指定圆弧的起点或 [圆心(C)]: _c
指定圆弧的圆心: 　　　（捕捉下方点画线与左端面轮廓线的交点为圆心）
指定圆弧的起点: @0,–4↙　　　（输入起点相对于圆心的坐标，回车）
指定圆弧的端点或 [角度(A)/弦长(L)]: _a
指定包含角: 180↙　　　（输入包含角 180，回车）

（8）选择菜单"绘图"→"圆弧"→"圆心、起点、角度"选项，绘制右端磨平圈的断面。

命令: _arc

指定圆弧的起点或 [圆心(C)]: _c

指定圆弧的圆心: （捕捉下方点画线与右端面轮廓线的交点为圆心）

指定圆弧的起点: @0,4✓   （输入起点相对于圆心的坐标，回车）

指定圆弧的端点或 [角度(A)/弦长(L)]: _a

指定包含角: 180✓   （输入包含角 180，回车）

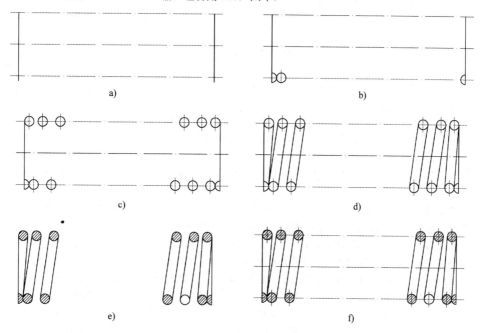

图 6-4   绘制压缩弹簧主视图流程

（9）单击"绘图"工具栏中的"圆"按钮⊘，绘制左端并紧圈的断面。

命令: _circle

指定圆的圆心或 [三点(3P)/两点(2P)/相切、相切、半径(T)]: _tt   （单击"对象捕捉"工具栏中的"临时追踪点捕捉"按钮⊸）

指定临时对象追踪点: （捕捉左侧半圆的圆心为临时追踪点）

指定圆的圆心或 [三点(3P)/两点(2P)/相切、相切、半径(T)]: 8✓   （向右移动光标，输入追踪距离 8，回车）

指定圆的半径或 [直径(D)]: 4✓   （输入圆的半径 4，回车）

（10）将"点画线"层设置为当前层，打开状态栏中的"对象捕捉追踪"按钮∠。利用"直线"命令和对象捕捉追踪模式绘制该圆的垂直点画线，如图 6-4b 所示。

（11）为避免在复制过程中造成错误捕捉，对自动捕捉的种类重新进行设置。单击状态栏中的"对象捕捉"按钮▢，在弹出的状态栏快捷菜单中选择"设置"选项，弹出"草图设置"对话框。在"对象捕捉"选项卡中，取消"中点"和"垂足"两个选项，如图 6-5 所示，即自动捕捉时只捕捉端点、圆心、象限点和交点。

（12）单击"修改"工具栏中的"复制"按钮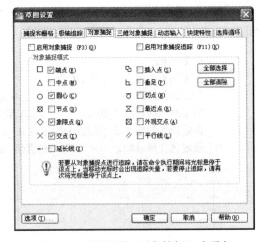，利用对象捕捉追踪模式指定复制的位置，复制圆及其垂直点画线，结果如图 6-4c 所示。

```
命令: _copy
选择对象:          （单击圆为复制对象）
找到 1 个
选择对象:          （单击圆的垂直点画线为复制对象）
找到 1 个, 总计 2 个
选择对象: ↙       （回车, 结束选择复制对象）
指定基点或 [位移(D)] <位移>:     （捕捉圆的圆心为复制基点）
```

图 6-5　重新设置"对象捕捉"选项卡

指定第二个点或 <使用第一个点作为位移>: 15↙　（将光标移到圆的圆心处，出现圆心捕捉标记，向右移动光标，出现追踪轨迹后输入追踪距离 15，回车，复制出左下方第二个圆）

指定第二个点或 [退出(E)/放弃(U)] <退出>: 8↙　（将光标移到右端面轮廓线的下方端点处，出现端点捕捉标记，向左移动光标，出现追踪轨迹后输入追踪距离 8，回车，复制出右下方第一个圆）

指定第二个点或 [退出(E)/放弃(U)] <退出>: 15↙　（将光标移到右方第一个圆的圆心处，出现圆心捕捉标记，向左移动光标，出现追踪轨迹后输入追踪距离 15，回车，复制出右下方第二个圆）

指定第二个点或 [退出(E)/放弃(U)] <退出>: 15↙　（将光标移到右下方第二个圆的圆心处，出现圆心捕捉标记，向左移动光标，出现追踪轨迹后输入追踪距离 15，回车，复制出右下方第三个圆）

指定第二个点或 [退出(E)/放弃(U)] <退出>: 4↙　（将光标移到左端面轮廓线的上方端点处，出现端点捕捉标记，向右移动光标，出现追踪轨迹后输入追踪距离 4，回车，复制出左上方第一个圆）

指定第二个点或 <使用第一个点作为位移>: 11.5↙　（将光标移到左上方第一个圆的圆心处，出现圆心捕捉标记，向右移动光标，出现追踪轨迹后输入追踪距离 11.5，回车，复制出左上方第二个圆）

指定第二个点或 [退出(E)/放弃(U)] <退出>: 15↙　（将光标移左上方第二个圆的圆心处，出现圆心捕捉标记，向右移动光标，出现追踪轨迹后输入追踪距离 15，回车，复制出左上方第三个圆）

指定第二个点或 [退出(E)/放弃(U)] <退出>: 4↙　（将光标移到右端面轮廓线的上方端点处，出现端点捕捉标记，向左移动光标，出现追踪轨迹后输入追踪距离 4，回车，复制出右上方第一个圆）

指定第二个点或 [退出(E)/放弃(U)] <退出>: 11.5↙　（将光标移到右上方第一个圆的圆心处，出现圆心捕捉标记，向左移动光标，出现追踪轨迹后输入追踪距离 11.5，回车，复制出右上方第二个圆）

指定第二个点或 [退出(E)/放弃(U)] <退出>: 15↙　（将光标移到右上方第二个圆的圆心处，出现圆心捕捉标记，向左移动光标，出现追踪轨迹后输入追踪距离 15，回车，复制出右上方第三个圆）

指定第二个点或 [退出(E)/放弃(U)] <退出>: ↙　（回车, 结束"复制"命令）

（13）重新设置"草图设置"对话框中的"对象捕捉"选项卡，只勾选"切点"复选框。

（14）分别单击"绘图"工具栏中的"直线"按钮✐，并在下方的半圆或圆上捕捉切点为直线的端点，在上方圆上捕捉切点为直线的另一端点，绘制切线，如图 6-4d 所示。

（15）在"图层"工具栏的下拉列表中将点画线层关闭，并将"细实线"层设置为当前层。

（16）单击"绘图"工具栏中的"图案填充"按钮▨，弹出的"图案填充和渐变色"对话框。打开"图案填充"选项卡。在"图案"下拉列表中选择 ANSI31，在"角度"下拉文本框中选择 0，在"比例"下拉文本框中选择 0.75。单击"拾取点"按钮 ，在半圆和圆内单击，回车两次，即可绘制出剖面线，如图 6-4e 所示。

（17）在"图层"工具栏的下拉列表中打开"点画线"层，即完成绘制压缩弹簧主视图，如图 6-4f 所示。

6.4 利用"镜像"、"拉伸"和"倒角"命令绘图

"镜像"命令、"拉伸"命令和"倒角"命令在绘制对称的图形如轴和轮的零件图时经常用到，因此，本节将这三个命令放在一起介绍。

6.4.1 镜像、拉伸和倒角

单击"修改"工具栏中的"镜像"按钮 ，或选择菜单"修改"→"镜像"选项，即可启动"镜像"Mirror 命令。利用"镜像"命令可以将对象以镜像线对称地复制出副本。

单击"修改"工具栏中的"拉伸"按钮 ，或选择菜单"修改"→"拉伸"选项，即可启动"拉伸"Stretch 命令。利用"拉伸"命令后，必须用交叉窗口或交叉多边形窗口选择对象，位于窗口内的对象将被平行移动，而与窗口相交的对象将被拉伸或压缩。

单击"修改"工具栏中的"倒角"按钮 ，或选择菜单"修改"→"倒角"选项，即可启动"倒角"Chamfer 命令。利用"倒角"命令可以在两线段的拐角处绘制斜线。

下面通过绘制蜗杆轴主视图说明"镜像"、"拉伸"和"倒角"命令的操作方法和应用。

6.4.2 绘制蜗杆轴主视图

蜗杆轴主视图及其三维实体视图如图 6-6 所示。

轴类零件图中的主要图形是表达零件各段回转面直径和长度的主视图，而主视图一般以轴线上下对称，因此。绘制轴类零件的主视图时可以先绘制上半部分图形，再利用镜像命令生成下半部分图形。

该蜗杆轴主视图的左右两侧部分轮廓线对称，可以只绘制左半部分，再利用拉伸命令拉伸其垂直镜像。

三个键槽长圆的宽度均为 4，可以先绘制一个长圆，再利用拉伸命令进行拉伸。

操作步骤如下：

（1）新建图形文件，加载线型，恢复图层。

（2）将"粗实线"层设置为当前层，打开状态栏中的"正交"按钮 、"对象捕捉"按钮 和"对象捕捉追踪"按钮 。

（3）单击"绘图"工具栏的"直线"按钮 ，连续绘制左上部分轮廓线，如图 6-7a 所示。

```
命令: _line
指定第一点：        （在绘图区适当位置单击）
指定下一点或 [放弃(U)]: 12.5↙      （向上移动光标，输入垂直线的长度 12.5，回车）
指定下一点或 [放弃(U)]: 18↙        （向右移动光标，输入水平线的长度 18，回车）
指定下一点或 [闭合(C)/放弃(U)]: 0.5↙      （向下移动光标，输入垂直线的长度 0.5，回车）
```

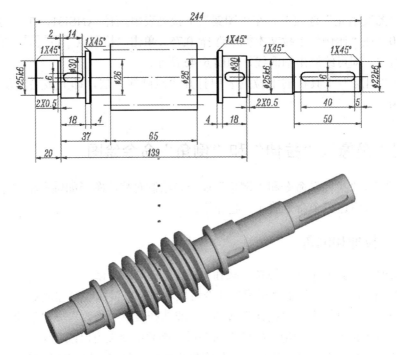

图 6-6 蜗杆轴主视图及其三维实体

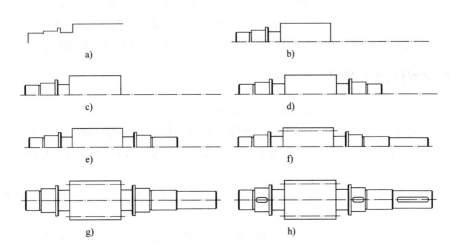

图 6-7 绘制蜗杆轴主视图流程

指定下一点或 [闭合(C)/放弃(U)]: 2↙   (向右移动光标，输入水平线的长度 2，回车)
指定下一点或 [闭合(C)/放弃(U)]: 3↙   (向上移动光标，输入垂直线的长度 3，回车)
指定下一点或 [闭合(C)/放弃(U)]: 18↙   (向右移动光标，输入水平线的长度 18，回车)
指定下一点或 [闭合(C)/放弃(U)]: 4↙   (向上移动光标，输入垂直线的长度 4，回车)
指定下一点或 [闭合(C)/放弃(U)]: 4↙   (向右移动光标，输入水平线的长度 4，回车)
指定下一点或 [闭合(C)/放弃(U)]: 6↙   (向下移动光标，输入垂直线的长度 6，回车)
指定下一点或 [闭合(C)/放弃(U)]: 15↙   (向右移动光标，输入水平线的长度 15，回车)
指定下一点或 [闭合(C)/放弃(U)]: 11↙   (向上移动光标，输入垂直线的长度 11，回车)
指定下一点或 [闭合(C)/放弃(U)]: 65↙   (向右移动光标，输入水平线的长度 65，回车)

指定下一点或 [闭合(C)/放弃(U)]: ✓　　　　（回车，结束"直线"命令）

（4）单击"修改"工具栏中的"倒角"按钮△，绘制两个倒角，如图 6-7b 所示。

命令: _chamfer
选择第一条直线或 [放弃(U)/多段线(P)/距离(D)/角度(A)/修剪(T)/方式(E)/多个(M)]: D✓　　　（输入 D，回车，选择"距离"选项）
指定第一个倒角距离 <0.0000>: 1✓　　（输入第一倒角距离 1，回车）
指定第二个倒角距离 <1.0000>: 1✓　　（输入第二倒角距离 1，回车）
选择第一条直线或 [放弃(U)/多段线(P)/距离(D)/角度(A)/修剪(T)/方式(E)/多个(M)]: M✓　　（输入 M，回车，选择"多个"选项）
选择第一条直线或 [放弃(U)/多段线(P)/距离(D)/角度(A)/修剪(T)/方式(E)/多个(M)]:　　（单击长度为 12.5 的垂直线）
选择第二条直线，或按住 Shift 键选择要应用角点的直线:　　（单击长度为 18 的水平线）
选择第一条直线或 [放弃(U)/多段线(P)/距离(D)/角度(A)/修剪(T)/方式(E)/多个(M)]:　　（单击长度为 4 的水平线）
选择第二条直线，或按住 Shift 键选择要应用角点的直线:　　（单击长度为 6 的垂直线）
选择第一条直线或 [放弃(U)/多段线(P)/距离(D)/角度(A)/修剪(T)/方式(E)/多个(M)]:✓　　（回车，结束"倒角"命令）

（5）将"点画线"层设置为当前层，利用"直线"命令和对象捕捉追踪模式绘制蜗杆轴的轴线。

（6）打开"草图设置"对话框，在"对象捕捉"选项卡中勾选"垂足"复选框。

（7）将"粗实线"层设置为当前层，分别单击"绘图"工具栏中的"直线"按钮／，在轮廓线上捕捉端点，在蜗杆轴的轴线上捕捉垂足，绘制垂直轮廓线，如图 6-7c 所示。

（8）单击"修改"工具栏中的"镜像"按钮⚖，将左上方圆柱轮廓线做垂直镜像，如图 6-7d 所示。

命令: _mirror
选择对象:　　（在适当位置单击）
指定对角点:　　（向左下方移动光标，拖出虚线窗口，用该窗口包围左上方轮廓线或与这些轮廓线相交，如图 6-8 所示）

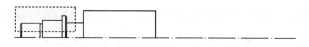

图 6-8　用交叉窗口选择镜像对象

找到 22 个
选择对象:✓　　（回车，结束选择镜像对象）
指定镜像线的第一点:　　（捕捉蜗杆齿顶轮廓线即长度为 65 的水平线的中点）
指定镜像线的第二点:　　（向下移动光标，在适当位置单击）
要删除源对象吗? [是(Y)/否(N)] <N>:✓　　（回车，不删除源对象）

（9）将"点画线"层关闭，单击"修改"工具栏中的"拉伸"按钮△，将垂直镜像出的右侧轮廓线进行拉伸，结果如图 6-7e 所示。

命令: _stretch
以交叉窗口或交叉多边形选择要拉伸的对象...

选择对象:　　　（在适当位置单击）

指定对角点:　　　（向左下方移动光标，拖出虚线窗口，用该窗口包围垂直镜像出的右侧垂直轮廓线，与水平轮廓线相交，如图 6-9 所示）

找到 4 个

选择对象: ✓　　（回车，结束选择拉伸对象）

指定基点或 [位移(D)] <位移>:　　（在适当位置单击）

指定第二个点或 <使用第一个点作为位移>: 15✓　　（输入拉伸距离 15，回车）

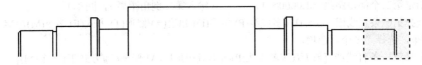

图 6-9　用交叉窗口选择拉伸对象

（10）打开"点画线"层，并将点画线层设置为当前层。

（11）单击"绘图"工具栏的"直线"按钮，绘制蜗杆分度线。

命令: _line

指定第一点: 4✓　　（将光标移到蜗杆齿顶线即长度为 65 的水平线的左端点处，出现端点捕捉标记，向下移动光标，出现追踪轨迹后输入追踪距离 4，回车）

指定下一点或 [放弃(U)]: 5✓　　（向左移动光标，输入水平线的长度 5，回车）

指定下一点或 [放弃(U)]: 75✓　　（向右移动光标，输入水平线的长度 75，回车）

指定下一点或 [闭合(C)/放弃(U)]: ✓　　（回车，结束"直线"命令）

（12）将"粗实线"层设置为当前层，单击"绘图"工具栏的"直线"按钮，绘制蜗杆轴右端轮廓线。

命令: _line

指定第一点: 0.5✓　　（将光标移到拉伸后右侧倒角斜线的右下端点处，出现端点捕捉标记，向下移动光标，出现追踪轨迹后输入追踪距离 0.5，回车）

指定下一点或 [放弃(U)]: 50✓　　（向右移动光标，输入水平线的长度 50，回车）

指定下一点或 [放弃(U)]: 11✓　　（向下移动光标，输入垂直线的长度 11，回车）

指定下一点或 [闭合(C)/放弃(U)]: ✓　　（回车，结束"直线"命令）

（13）单击"修改"工具栏中的"倒角"按钮，绘制蜗杆轴右端倒角。

命令: _chamfer　　（"倒角"模式) 当前倒角距离 1 = 1.0000，距离 2 = 1.0000

选择第一条直线或 [放弃(U)/多段线(P)/距离(D)/角度(A)/修剪(T)/方式(E)/多个(M)]:　　（单击长度为 50 的水平线）

选择第二条直线，或按住 Shift 键选择要应用角点的直线:　　（单击长度为 11 的垂直线）

选择第一条直线或 [放弃(U)/多段线(P)/距离(D)/角度(A)/修剪(T)/方式(E)/多个(M)]: ✓　　（回车，结束"倒角"命令）

（14）单击"绘图"工具栏的"直线"按钮，绘制蜗杆轴右端倒角轮廓线，长度为 11，结果如图 6-7f 所示。

（15）单击"修改"工具栏中的"镜像"按钮，将上半部分轮廓线做水平镜像，结果如图 6-7g 所示。

命令: _mirror

选择对象： （在适当位置单击）

指定对角点： （向左下方移动光标，拖出虚线窗口，用该窗口包围上半部分轮廓线或与这些轮廓线相交）

找到 52 个

选择对象：✓ （回车，结束选择镜像对象）

指定镜像线的第一点： （捕捉蜗杆轴线的左端点）

指定镜像线的第二点： （捕捉蜗杆轴线的右端点）

要删除源对象吗？[是(Y)/否(N)] <N>:✓ （回车，不删除源对象）

（16）将"粗实线"层设置为当前层，单击"绘图"工具栏中的"矩形"按钮▭，绘制键槽长圆。

命令：_rectang

指定第一个角点或 [倒角(C)/标高(E)/圆角(F)/厚度(T)/宽度(W)]: F✓ （输入 F，回车，选择"圆角"选项）

指定矩形的圆角半径 <0.0000>: 3✓ （输入圆角半径3，回车）

指定第一个角点或 [倒角(C)/标高(E)/圆角(F)/厚度(T)/宽度(W)]: _from （单击"对象捕捉"工具栏中的"捕捉自"⌐ 按钮）

基点： （捕捉左端退刀槽的右轮廓线与轴线的交点为基点）

<偏移>: @2,–3✓ （输入矩形的第一角点相对于基点的坐标，回车）

指定另一个角点或 [面积(A)/尺寸(D)/旋转(R)]: @14,6✓ （输入矩形的第二角点相对于第一角点的坐标，回车）

（17）单击"修改"工具栏中的"复制"按钮%，复制键槽长圆。

命令：_copy

选择对象： （单击长圆）

找到 1 个

选择对象：✓ （回车，结束选择复制对象）

指定基点或 [位移(D)] <位移>: （在适当位置单击）

指定第二个点或 <使用第一个点作为位移>: 121✓ （向右移动光标，输入复制距离121，回车）

指定第二个点或 [退出(E)/放弃(U)] <退出>: 176✓ （向右移动光标，输入复制距离175，回车）

指定第二个点或 [退出(E)/放弃(U)] <退出>:✓ （回车，结束"复制"命令）

（18）将"点画线"层关闭，单击"修改"工具栏中的"拉伸"按钮▱，拉伸右侧长圆。

命令：_stretch

以交叉窗口或交叉多边形选择要拉伸的对象...

选择对象： （在适当位置单击）

指定对角点： （向左下方移动光标，拖出虚线窗口，用该窗口与右侧长圆的水平轮廓线相交，如图6-10所示）

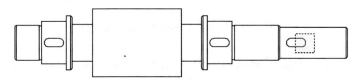

图6-10 用交叉窗口选择长圆为拉伸对象

找到 1 个

选择对象: ↙　　　（回车，结束选择拉伸对象）

指定基点或 [位移(D)] <位移>:　　　（在适当位置单击）

指定第二个点或 <使用第一个点作为位移>: 26↙　　　（输入拉伸距离26，回车）

（19）打开"点画线"层，绘制出蜗杆轴主视图，如图 6-7h 所示。

6.5　利用"阵列"命令绘图

利用"阵列"命令可以用矩形或环形方式多重复制对象。

6.5.1　阵列

单击"修改"工具栏中的"阵列"按钮▦，在弹出的下拉工具栏中分别选择"矩形阵列"按钮▦、"路径阵列"按钮◞或"环形阵列"按钮✥，或选择菜单"修改"→"阵列"选项，在弹出的子菜单中分别选择"矩形阵列"选项、"路径阵列"选项或"环形阵列"选项，即可启动相应的阵列命令，根据命令行阵列命令的提示设置要阵列的方式，即可复制出阵列对象，并以矩形方式排列、沿指定路径排列或以环形方式排列。

下面通过三个绘图实例说明"阵列"Array 命令的操作方法和应用。

6.5.2　绘制散热孔局部视图

散热孔局部视图及其三维实体如图 6-11 所示。

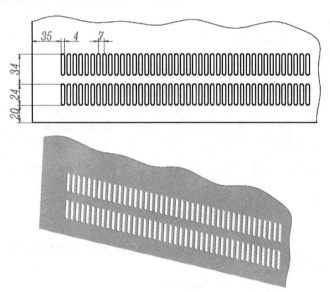

图 6-11　散热孔局部视图及其三维实体

散热孔是电气设备中常用的散热结构，散热孔一般以矩形方式或环形方式排列。如图 6-11 是功率放大器用的散热孔，是以矩形方式排列的长圆，2 行 42 列，共 84 个长圆。

操作步骤如下：

（1）新建图形文件，加载线型，恢复图层。

（2）将"粗实线"层设置为当前层，打开状态栏中的"正交"按钮 └ 和"对象捕捉"按钮 □。

（3）单击"绘图"工具栏的"直线"按钮 ╱，连续绘制散热板外轮廓线。

命令: _line
指定第一点:　　　　（在绘图区适当位置单击）
指定下一点或 [放弃(U)]:115✓　　　（向下移动光标，输入垂直线的长度115，回车）
指定下一点或 [放弃(U)]:335✓　　　（向右移动光标，输入水平线的长度335，回车）
指定下一点或 [闭合(C)/放弃(U)]:✓　　　（回车，结束"直线"命令）

（4）将"细实线"层设置为当前层，关闭状态栏中的"正交"按钮 └。

（5）单击"绘图"工具栏中的"样条曲线" 〜 按钮，绘制局部视图的波浪线。

命令: _spline
指定第一个点或 [对象(O)]:　　　（捕捉垂直线的上方端点）
指定下一点:　（向右移动光标，在适当位置单击）
指定下一点或 [闭合(C)/拟合公差(F)] <起点切向>:　　　（向右移动光标，在适当位置单击）
指定下一点或 [闭合(C)/拟合公差(F)] <起点切向>:　　　（向右移动光标，在适当位置单击）
指定下一点或 [闭合(C)/拟合公差(F)] <起点切向>:　　　（向右移动光标，在适当位置单击）
指定下一点或 [闭合(C)/拟合公差(F)] <起点切向>:　　　（向右移动光标，在适当位置单击）
指定下一点或 [闭合(C)/拟合公差(F)] <起点切向>:　　　（向右移动光标，在适当位置单击）
指定下一点或 [闭合(C)/拟合公差(F)] <起点切向>:　　　（向右移动光标，在适当位置单击）
指定下一点或 [闭合(C)/拟合公差(F)] <起点切向>:　　　（向下移动光标，在适当位置单击）
指定下一点或 [闭合(C)/拟合公差(F)] <起点切向>:　　　（向下移动光标，在适当位置单击）
指定下一点或 [闭合(C)/拟合公差(F)] <起点切向>:　　　（向下移动光标，在适当位置单击）
指定下一点或 [闭合(C)/拟合公差(F)] <起点切向>:　　　（捕捉水平线的右端点）
指定起点切向:✓　　（回车，不指定起点的切线方向）
指定端点切向:✓　　（回车，不指定端点的切线方向）

（6）将"粗实线"层设置为当前层，单击"绘图"工具栏中的"矩形"按钮 □，绘制左下角长圆，即阵列的对象，如图6-12所示。

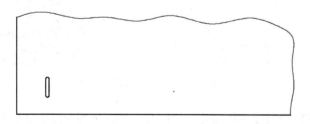

图6-12　绘制轮廓线、波浪线和长圆

命令: _rectang
指定第一个角点或 [倒角(C)/标高(E)/圆角(F)/厚度(T)/宽度(W)]: F✓　　　（输入 F，回车，选择"圆角"选项）
指定矩形的圆角半径 <0.0000>: 2✓　　　（输入圆角半径2，回车）
指定第一个角点或 [倒角(C)/标高(E)/圆角(F)/厚度(T)/宽度(W)]: _from　　　（单击"绘图"工具栏中的"捕捉"按钮 ）

基点： （捕捉直角的顶点为基点）

<偏移>: @35,20✓ （输入矩形的左下角点相对于基点的坐标）

指定另一个角点或 [面积(A)/尺寸(D)/旋转(R)]: @4,24✓ （输入矩形的右上角点相对于左下角点的坐标）

（7）单击"修改"工具栏中的"阵列"按钮，在弹出的下拉工具栏中选择"矩形阵列"按钮，利用"矩形阵列"命令阵列出其他长圆，完成绘制散热孔局部视图。

命令: _arrayrect

选择对象: 找到 1 个

选择对象:

类型 = 矩形 关联 = 是

为项目数指定对角点或 [基点(B)/角度(A)/计数(C)] <计数>:✓ （回车，选择"计数"选项）

输入行数或 [表达式(E)] <4>: 2✓ （输入行数 2，回车）

输入列数或 [表达式(E)] <4>: 42✓ （输入列数 42，回车）

指定对角点以间隔项目或 [间距(S)] <间距>: S✓ （输入 S，回车，选择"间距"选项）

指定行之间的距离或 [表达式(E)] <378.2823>: 34✓ （输入行距 34，回车）

指定列之间的距离或 [表达式(E)] <378.2823>: 7✓ （输入列距 7，回车）

按 Enter 键接受或 [关联(AS)/基点(B)/行(R)/列(C)/层(L)/退出(X)] <退出>:✓ （回车，结束矩形阵列命令）

6.5.3　绘制箱体俯视图

箱体俯视图及箱体三维实体如图 6-13 所示。

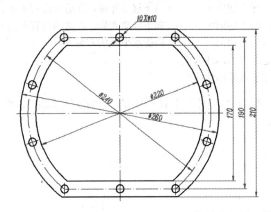

图 6-13　箱体俯视图及箱体三维实体

箱体端面左右两侧沿圆弧各均匀分四个圆孔，其俯视图中投影需要利用"路径阵列"命令绘制。

操作步骤如下：

（1）新建图形文件，加载线型，恢复图层，如图 6-14 所示。

（2）将"粗实线"层设置为当前层，打开状态栏中的"对象捕捉"按钮和"对象捕捉追踪"按钮。

（3）单击"绘图"工具栏中的"圆"按钮，在绘图区适当位置绘制直径为 260 的圆。

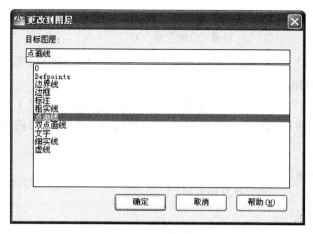

图 6-14 "更改到图层"对话框

（4）单击"绘图"工具栏中的"矩形"按钮▢，绘制矩形，如图 6-15a 所示。

命令：_rectang
指定第一个角点或 [倒角(C)/标高(E)/圆角(F)/厚度(T)/宽度(W)]：_from　　　　　　（单击"对象捕捉"
工具栏中的"捕捉自"按钮）
基点：　　　（捕捉圆的圆心为基点）
<偏移>：@-150, -105↙　　　（输入矩形的左下角点相对于圆心的坐标，回车）
指定另一个角点或 [面积(A)/尺寸(D)/旋转(R)]：@300, 210↙　　　　　　（输入矩形另一角点相对于第一
角点的坐标，回车）

（5）单击"修改"工具栏中的"偏移"按钮⟲，利用"偏移"命令连续向圆内和矩形内
偏移圆和矩形，偏移距离为 10，如图 6-15b 所示。

（6）单击"绘图"工具栏中的"面域"按钮⟐，将所有的圆和矩形创建为面域。

（7）分别单击"实体编辑"工具栏中的"交集"按钮⟲，分别将最大的圆面域和最大的
矩形面域进行"交集"运算、将最小的圆面域和最小的矩形面域进行"交集"运算、将剩下
的圆面域和矩形面域进行"交集"运算，如图 6-15c 所示。

（8）选择菜单"格式"→"图层工具"→"图层匹配"选项，利用"图层匹配"命令将
中间的面域轮廓线变为点画线。

命令：_laymch
选择要更改的对象：　　　（单击中间面域轮廓线）
选择对象：
找到 1 个
选择对象：↙　　　（回车，结束选择对象）
选择目标图层上的对象或 [名称(N)]：N0↙　　　　　　（输入 N，回车，选择"名称"选项，在弹出的"更
改到图层"对话框的"目标图层"列表中选择"点画线"选项，单击"确定"按钮，如图 6-14 所示）
一个对象已更改到图层"点画线"上 (当前图层)

（9）单击"修改"工具栏中的"分解"按钮⟐，分解点画线面域。

命令：_explode
选择对象：　　　（单击点画线面域轮廓线）

找到 1 个
选择对象:↙　　　　（回车，结束"分解"命令）

（10）单击"绘图"工具栏的"圆"按钮⊘，右侧点画线圆弧的下端点为圆心，绘制直径为 10 的圆，如图 6-15d 所示。

（11）单击"修改"工具栏中的"阵列"按钮▦，在弹出的下拉工具栏中选择"路径阵列"按钮⇝，利用"路径阵列"命令阵列出沿点画线圆弧均匀分布的四个圆，如图 6-15e 所示。

命令: _arraypath
选择对象:　　　　（单击直径为 10 的圆）
找到 1 个
选择对象:↙　　　　（回车，结束选择对象）
类型 = 路径　关联 = 是
选择路径曲线:　　　　（单击右侧点画线圆弧）
输入沿路径的项数或 [方向(O)/表达式(E)] <方向>: 4↙　　　　（输入项数 4，回车）
指定沿路径的项目之间的距离或 [定数等分(D)/总距离(T)/表达式(E)] <沿路径平均定数等分(D)>: ↙　　　　（回车，结束"定数等分"选项）
按 Enter 键接受或 [关联(AS)/基点(B)/项目(I)/行(R)/层(L)/对齐项目(A)/Z 方向(Z)/退出(X)] <退出>: ↙　　　　（回车，结束"路径阵列"命令）

（12）将"点画线"层设置为当前层，分别利用"直线"命令和对象捕捉追踪模式绘制右侧圆弧两个端点上的圆的垂直中心线；分别利用"直线"命令将另外两个直径为 10 的圆的圆心与点画线圆弧的圆心相连，如图 6-15f 所示。

（13）选择菜单"修改"→"拉长"选项，利用"拉长"命令调整两条倾斜点画线的长度，使其端点超出直径为 10 的圆约 3mm，如图 6-15g 所示。

命令: _lengthen
选择对象或 [增量(DE)/百分数(P)/全部(T)/动态(DY)]: dy↙　　　　（输入 dy，回车，选择"动态"选项）
选择要修改的对象或 [放弃(U)]:　　　　（在一条倾斜点画线的左端点处单击）
指定新端点:　　　　（在与该点画线相交的整圆左侧约 3mm 处单击）
选择要修改的对象或 [放弃(U)]:　　　　（在该点画线的右端点处单击）
指定新端点:　　　　（在与该点画线相交的整圆右侧约 3mm 处单击）
选择要修改的对象或 [放弃(U)]:　　　　（在另一条倾斜点画线的左端点处单击）
指定新端点:　　　　（在与该点画线相交的整圆左侧约 3mm 处单击）
选择要修改的对象或 [放弃(U)]:　　　　（在该点画线的右端点处单击）
指定新端点:　　　　（在与该点画线相交的整圆右侧约 3mm 处单击）

（14）单击"修改"工具栏中的"镜像"按钮⚏，将四个直径为 10 的圆及其中心线做垂直镜像，镜像线的两个端点为水平轮廓线的中点，结果如图 6-15h 所示。

（15）分别利用"直线"命令和对象捕捉追踪模式绘制视图的左右对称点画线和上下对称点画线。

（16）将"粗实线"层设置为当前层，分别单击"绘图"工具栏中的"圆"按钮⊘，绘制两个直径为 10 的圆，圆心分别是左右对称点画线与上方点画线和下方点画线的交点。完成绘制箱体俯视图，如图 6-15i 所示。

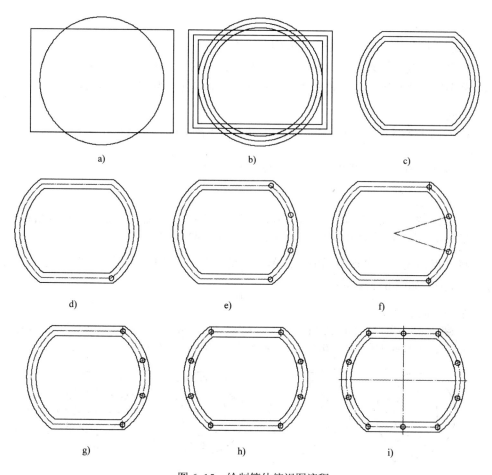

a)　　　　　　　　　b)　　　　　　　　　c)

d)　　　　　　　　　e)　　　　　　　　　f)

g)　　　　　　　　　h)　　　　　　　　　i)

图 6-15　绘制箱体俯视图流程

6.5.4　绘制管接头局部视图

管接头局部视图及其三维实体如图 6-16 所示。

管接头是管道连接时常用的零件，其端面连接部分一般是带有几个均布孔的法兰，利用环形阵列可以绘制出均布孔。

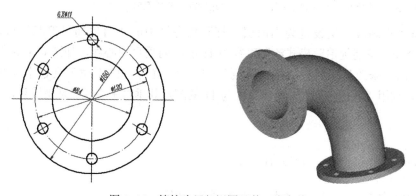

图 6-16　管接头局部视图及其三维实体

操作步骤如下：

(1) 新建图形文件，加载线型，恢复图层。

(2) 将"粗实线"层设置为当前层，打开状态栏中的"对象捕捉"按钮⬚。

(3) 分别单击"绘图"工具栏的"圆"按钮⊙，绘制直径为150和84的圆。

命令: _circle
指定圆的圆心或 [三点(3P)/两点(2P)/相切、相切、半径(T)]: 　　　　　　(在适当位置单击，指定圆心的位置)
指定圆的半径或 [直径(D)]:75↙　　　(输入圆的半径75，回车)

命令: _circle
指定圆的圆心或 [三点(3P)/两点(2P)/相切、相切、半径(T)]: 　(捕捉直径为150的圆的圆心)
指定圆的半径或 [直径(D)]:42↙　　　(输入圆的半径42，回车)

(4) 将"点画线"层设置为当前层，单击"绘图"工具栏的"圆"按钮⊙，绘制直径为120的点画线圆，如图6-17a所示。

命令: _circle
指定圆的圆心或 [三点(3P)/两点(2P)/相切、相切、半径(T)]: 　(捕捉直径为150的圆的圆心)
指定圆的半径或 [直径(D)]:60↙　　　(输入圆的半径60，回车)

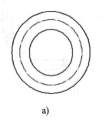 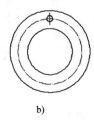 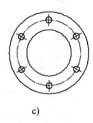 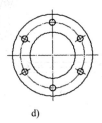

a) 　　　　　b) 　　　　　c) 　　　　　d)

图6-17　绘制管接头端面局部视图流程

(5) 将"粗实线"层设置为当前层，单击"绘图"工具栏的"圆"按钮⊙，绘制直径为11的圆。

命令: _circle
指定圆的圆心或 [三点(3P)/两点(2P)/相切、相切、半径(T)]: 　(捕捉点画线圆的上象限点)
指定圆的半径或 [直径(D)]:5.5↙　　　(输入圆的半径5.5，回车)

(6) 将"点画线"层设置为当前层，打开状态栏中的"对象捕捉追踪"按钮∠。利用"直线"命令和对象捕捉追踪模式绘制直径为11的圆的垂直中心线，如图6-17b所示。

(7) 单击"修改"工具栏中的"阵列"按钮⬚，在弹出的下拉工具栏中选择"环形阵列"按钮⬚，利用"环形阵列"命令将直径为11的圆及其垂直中心线做环形阵列，如图6-17c所示。

命令: _arraypolar
选择对象: 　　　(单击直径为11的圆)
找到 1 个
选择对象: 　　　(单击直径为11的圆的垂直点画线)

找到 1 个，总计 2 个

选择对象:✓　　　（回车，结束选择对象）

类型 = 极轴　关联 = 是

指定阵列的中心点或 [基点(B)/旋转轴(A)]:　　　（捕捉点画线圆的圆心）

输入项目数或 [项目间角度(A)/表达式(E)] <4>: 6✓　　　（输入项目数 6，回车）

指定填充角度(+=逆时针、-=顺时针)或 [表达式(EX)] <360>:✓　　　　　（回车，指定填充角度为 360）

按 Enter 键接受或 [关联(AS)/基点(B)/项目(I)/项目间角度(A)/填充角度(F)/行(ROW)/层(L)/旋转项目(ROT)/退出(X)] <退出>:✓　　　（回车，结束"环形阵列"命令）

（8）单击"修改"工具栏中的"删除"按钮，将上方和下方两个小圆的垂直点画线删除。

（9）利用"直线"命令和对象捕捉追踪模式绘制局部视图的水平点画线和垂直点画线，如图 6-17d 所示。

6.6 利用"旋转"和"移动"命令绘图

利用"旋转"和"移动"命令可以改变对象的方向、调整对象的位置，在机械图样中一般用"旋转"命令绘制斜视图和斜剖视图，而"移动"命令常用于调整图形或文字的位置。

6.6.1 旋转和移动

单击"修改"工具栏中的"旋转"按钮，或菜单"修改"→"旋转"选项，即可启动"旋转"Rotate 命令。选择旋转对象并指定旋转基点后，对象将绕基点按照指定角度旋转。

单击"修改"工具栏中的"移动"按钮，或选择菜单"修改"→"移动"选项，即可启动"移动"Move 命令。选择移动对象并指定移动基点后，对象将被移到指定位置。

6.6.2 绘制符合投影关系的斜视图

绘制斜视图时，为了绘图方便，可以先按照水平或垂直方向绘制，即先将斜视图的主要轮廓线绘制成与坐标轴平行，然后利用"旋转"命令改变斜视图的方向，利用"移动"命令调整其位置，使其与倾斜部分的轮廓线符合投影关系。

现以绘制斜板的斜视图为例说明"旋转"和"移动"命令的操作方法和应用。

斜板的斜视图及其三维实体如图 6-18 所示。

斜板主视图、局部俯视图和斜视图较简单，读者可以自己绘制，然后进行以下操作：

（1）单击"修改"工具栏中的"删除"按钮，将视图旋转符号和文字"40°"删除。

命令: _erase

选择对象:　　　（单击视图旋转符号）

找到 1 个

选择对象:　　　（单击文字"40°"）

找到 1 个，总计 2 个

选择对象: ✓　　　（回车，结束"删除"命令）

（2）单击"修改"工具栏中的"旋转"按钮，将斜视图逆时针旋转 40°，如图 6-19a

所示。

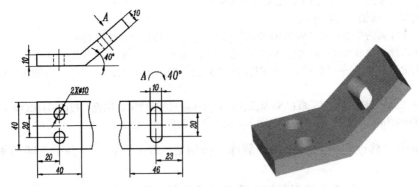

图 6-18　斜板的斜视图及其三维图形

命令: _rotate
UCS 当前的正角方向:　ANGDIR=逆时针　ANGBASE=0
选择对象:　　（在斜视图的右上方适当位置单击）
指定对角点:　　（向左下方移动光标，拖出虚线窗口，用该窗口包围斜视图或与斜视图的轮廓线相交）
找到 15 个
选择对象:↙　　（回车，结束选择旋转对象）
指定基点:　　（捕捉斜视图中的点画线的交点为旋转基点）
指定旋转角度，或 [复制(C)/参照(R)] <0>: 40↙　　　（输入旋转角度 40，回车）

（3）单击"修改"工具栏中的"移动"按钮 ✛，调整旋转后斜视图的位置，使其与主视图符合投影关系，注意关闭状态栏中的"正交"按钮 ∟。

命令: _move
选择对象:　　（在斜视图的右上方适当位置单击）
指定对角点:　　（向左下方移动光标，拖出虚线窗口，用该窗口包围斜视图及其上方的视图名称 A，或与斜视图的轮廓线相交）
找到 16 个
选择对象:↙　　（回车，结束选择移动对象）
指定基点或 [位移(D)] <位移>:　　（捕捉斜视图右上方 90°角的顶点为移动基点）
指定第二个点或 <使用第一个点作为位移>: _ext 于　　（单击"对象捕捉"工具栏中的"延长捕捉"按钮 ⊢，将光标移动主视图右端面下方端点处，然后向右下方移动光标，出现延长线轨迹，如图 6-19b 所示。在延长线轨迹上适当位置单击，即可绘制出符合投影关系的斜视图，如图 6-19c 所示）

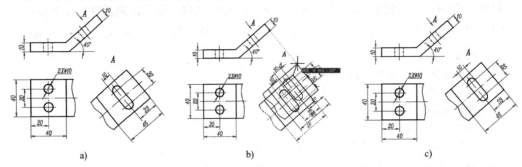

a)　　　　　　　　　　　　b)　　　　　　　　　　　　c)

图 6-19　绘制符合投影关系的斜视图流程

6.7 利用"修剪"命令绘图

"修剪"命令是编辑图形过程使用极为频繁的命令之一，图形经过一系列的编辑后，必然产生一些长度超出要求的线条，利用"修剪"命令可以按照绘图要求修剪这些线条。

6.7.1 修剪

单击"修改"工具栏中的"修剪"按钮 ✦，或选择菜单"修改"→"修剪"选项，即可启动"修剪"Trim 命令。选择修剪边界后，单击超出修剪边界的线条，即可将其剪掉。以前的版本中进行修剪时，如果需要修剪多个对象，必须分别单击超出修剪边界的线条才能将其剪掉。AutoCAD 2012 中文版允许用户用相交窗口（虚线窗口）的方式大量选择修剪对象，提高了绘图效率，为用户提供了很大的方便。

例如修剪第 5 章绘制的图 5-6，可先利用"删除"命令将倾斜构造线删除。再启动"修剪"Trim 命令后，选择的构造线 1、2、5、6、9、11、10，10 为修剪边界（也可以用相交窗口选择所有构造线为修剪边界），然后用相交窗口选择修剪对象，如图 6-20 所示，即可一次剪掉多个对象，结果如图 6-21 所示。

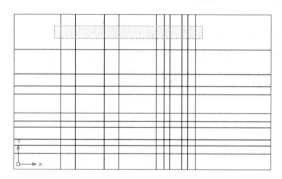

图 6-20　用相交窗口选择修剪对象　　　　图 6-21　一次剪掉多个对象

连续用 6 个相交窗口选择相交对象，便可快速完成修剪，如图 6-22 所示。

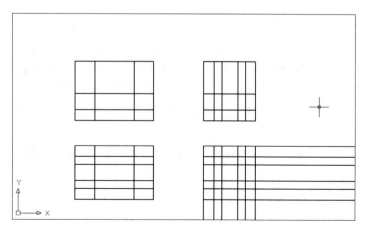

图 6-22　快速修剪对象

利用"删除"命令，将绘图区右下角的线条删除。利用"修剪"命令进一步修剪三视图的线条，即可得到如图 5-7 所示。

下面通过两个绘图实例说明"修剪"Trim 命令的操作方法和应用。

6.7.2 绘制齿轮主视图

齿轮的主视图及其三维实体如图 6-23 所示。

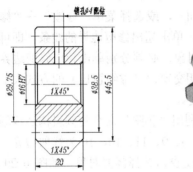

图 6-23 齿轮的主视图及其三维实体

该齿轮是机油泵中齿轮，其主视图上下对称，因此可以先绘制上半部分图形，再利用"镜像"命令镜像出下半部分图形。而齿轮主视图中的线条均为平行线，因此，绘制上半部分图形时，可以利用"偏移"命令偏移出线条。改变其中一些线条的图层后，利用"修剪"命令进行修剪即可。

操作步骤如下：

（1）新建图形文件，加载线型，恢复图层。

（2）将"粗实线"层设置为当前层，打开状态栏中的"正交"按钮、"对象捕捉"按钮和"对象捕捉追踪"按钮。

（3）单击"绘图"工具栏的"直线"按钮，连续绘制上部分轮廓线。

```
命令: _line
指定第一点:        （在绘图区适当位置单击）
指定下一点或 [放弃(U)]: 22.75✓      （向上移动光标，输入垂直线的长度 22.75，回车）
指定下一点或 [放弃(U)]: 20✓      （向右移动光标，输入水平线的长度 20，回车）
指定下一点或 [闭合(C)/放弃(U)]: 22.75✓    （向下移动光标，输入垂直线的长度 22.75，回车）
指定下一点或 [闭合(C)/放弃(U)]: ✓      （回车，结束"直线"命令）
```

（4）将"点画线"层设置为当前层，利用"直线"命令和对象捕捉追踪模式绘制齿轮的轴线，如图 6-24a 所示。

（5）单击"修改"工具栏中的"偏移"按钮，分别偏移齿轮的轴线，结果如图 6-24b 所示。

```
命令: _offset
当前设置: 删除源=否  图层=源  OFFSETGAPTYPE=0
指定偏移距离或 [通过(T)/删除(E)/图层(L)] <通过>: 19.25✓      （输入偏移距离 19.25，回车）
```

选择要偏移的对象，或 [退出(E)/放弃(U)] <退出>: 　　　（单击齿轮的轴线为偏移对象）

指定要偏移的那一侧上的点，或 [退出(E)/多个(M)/放弃(U)] <退出>: 　　　（在齿轮轴线的上方单击）

选择要偏移的对象，或 [退出(E)/放弃(U)] <退出>:↙ 　　　（回车，结束"偏移"命令）

命令: _offset

当前设置: 删除源=否　图层=源　OFFSETGAPTYPE=0

指定偏移距离或 [通过(T)/删除(E)/图层(L)] <19.7500>: 14.875↙ 　　　（输入偏移距离14.875，回车）

选择要偏移的对象，或 [退出(E)/放弃(U)] <退出>: 　　　（单击齿轮的轴线为偏移对象）

指定要偏移的那一侧上的点，或 [退出(E)/多个(M)/放弃(U)] <退出>: 　　　（在齿轮轴线的上方单击）

选择要偏移的对象，或 [退出(E)/放弃(U)] <退出>:↙ 　　　（回车，结束"偏移"命令）

命令: _offset

当前设置: 删除源=否　图层=源　OFFSETGAPTYPE=0

指定偏移距离或 [通过(T)/删除(E)/图层(L)] <14.8750>: 8↙ 　　　（输入偏移距离8，回车）

选择要偏移的对象，或 [退出(E)/放弃(U)] <退出>: 　　　（单击齿轮的轴线为偏移对象）

指定要偏移的那一侧上的点，或 [退出(E)/多个(M)/放弃(U)] <退出>: 　　　（在齿轮轴线的上方单击）

选择要偏移的对象，或 [退出(E)/放弃(U)] <退出>:↙ 　　　（回车，结束"偏移"命令）

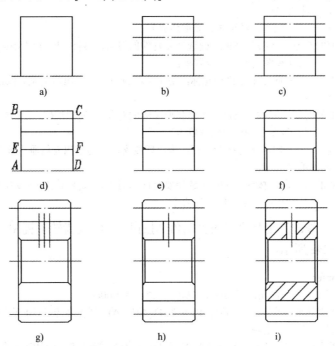

图 6-24　绘制齿轮主视图流程

（6）选择菜单"格式"→"图层工具"→"图层匹配"选项，利用"图层匹配"命令将第二条和第三条偏移出来的点画线的图层修改为"粗实线"层，如图 6-24c 所示。（用光标单击第二条和第三条偏移出来的点画线，将"粗实线"层设置为当前层，按〈Esc〉键，两条点画线也可以变为粗实线。）

> 命令：_laymch
> 选择要更改的对象：
> 选择对象：　　　（单击第二条偏移出来的点画线）
> 找到 1 个
> 选择对象：　　　（单击第三条偏移出来的点画线）
> 找到 1 个，总计 2 个
> 选择对象：
> 选择目标图层上的对象或 [名称(N)]：　　　（单击任意一条粗实线）
> 2 个对象更改到图层"粗实线"

（7）单击"修改"工具栏中的"修剪"按钮 ，修剪超出视图的轮廓线，如图 6-24d 所示。

> 命令：_trim
> 当前设置:投影=UCS，边=无
> 选择剪切边...
> 选择对象或 <全部选择>：　　　（单击左侧垂直线）
> 指定对角点：
> 找到 1 个
> 选择对象：　　　（单击右侧垂直线）
> 找到 1 个，总计 2 个
> 选择对象：↙　　　（回车，结束选择修剪边界）
> 选择要修剪的对象，或按住 Shift 键选择要延伸的对象，或[栏选(F)/窗交(C)/投影(P)/边(E)/删除 (R)/放弃(U)]：　　　（在视图右侧适当位置单击）
> 指定对角点：　　　（向左下方移动光标，拖出虚线窗口，与超出右侧垂直线的两条粗实线相交，在视图右侧适当位置单击）
> 选择要修剪的对象，或按住 Shift 键选择要延伸的对象，或[栏选(F)/窗交(C)/投影(P)/边(E)/删除 (R)/放弃(U)]：　　　（在视图左侧适当位置单击）
> 指定对角点：　　　（向左下方移动光标，拖出虚线窗口，与超出左侧垂直线的两条粗实线相交，在视图左侧适当位置单击）
> 选择要修剪的对象，或按住 Shift 键选择要延伸的对象，或[栏选(F)/窗交(C)/投影(P)/边(E)/删除 (R)/放弃(U)]：↙　　　（回车，结束"修剪"命令）

（8）分别单击"修改"工具栏中的"倒角"按钮 ，绘制齿轮主视图上半部分的外倒角和内倒角，如图 6-24e 所示。

> 命令：_chamfer
> （"倒角"模式) 当前倒角距离 1 = 1.0000，距离 2 = 1.0000
> 选择第一条直线或 [放弃(U)/多段线(P)/距离(D)/角度(A)/修剪(T)/方式(E)/多个(M)]：M↙　　　（输入 M，回车，选择"多个"选项）
> 选择第一条直线或 [放弃(U)/多段线(P)/距离(D)/角度(A)/修剪(T)/方式(E)/多个(M)]：　　　（单击轮廓线 AB）
> 选择第二条直线，或按住 Shift 键选择要应用角点的直线：　　　（单击轮廓线 BC）
> 选择第一条直线或 [放弃(U)/多段线(P)/距离(D)/角度(A)/修剪(T)/方式(E)/多个(M)]：　　　（单击轮廓线 BC）
> 选择第二条直线，或按住 Shift 键选择要应用角点的直线：　　　（单击轮廓线 CD）

选择第一条直线或 [放弃(U)/多段线(P)/距离(D)/角度(A)/修剪(T)/方式(E)/多个(M)]: T↙　　　（输入 T，回车，选择"修剪"选项）

输入修剪模式选项 [修剪(T)/不修剪(N)] <修剪>: N↙　　　　　　　（输入 N，回车，选择"不修剪"选项）

选择第一条直线或 [放弃(U)/多段线(P)/距离(D)/角度(A)/修剪(T)/方式(E)/多个(M)]:　　　（在 E 点上方单击轮廓线 AB）

选择第二条直线，或按住 Shift 键选择要应用角点的直线:　　　（单击轮廓线 EF）

选择第一条直线或 [放弃(U)/多段线(P)/距离(D)/角度(A)/修剪(T)/方式(E)/多个(M)]:　　　（在 F 点上方单击轮廓线 CD）

选择第二条直线，或按住 Shift 键选择要应用角点的直线:　　　（单击轮廓线 EF）

选择第一条直线或 [放弃(U)/多段线(P)/距离(D)/角度(A)/修剪(T)/方式(E)/多个(M)]: ↙　　　（回车，结束"倒角"命令）

绘制内倒角时需将"倒角"命令中的"修剪"选项设置为"不修剪"，否则，倒角边将被修剪。选择修剪直线时，必须在 E、F 点上方单击两条垂直线，否则，绘制的内倒角不正确。

（9）单击"标准"工具栏中的"窗口缩放"按钮🔍，将除了内孔部分图形放大显示。

（10）单击"修改"工具栏中的"修剪"⊹按钮，修剪内孔轮廓线 EF。

命令: _trim
当前设置:投影=UCS，边=无
选择剪切边...
选择对象或 <全部选择>:　　　（单击倒角斜线为修剪边界）
找到 1 个
选择对象:　　　（单击另一条倒角斜线为修剪边界）
找到 1 个，总计 2 个
选择对象:↙　　　（回车，结束选择修剪边界）
选择要修剪的对象，或按住 Shift 键选择要延伸的对象，或[栏选(F)/窗交(C)/投影(P)/边(E)/删除(R)/放弃(U)]:　　　（在 E 点附近单击轮廓线 EF）
选择要修剪的对象，或按住 Shift 键选择要延伸的对象，或[栏选(F)/窗交(C)/投影(P)/边(E)/删除(R)/放弃(U)]:　　　（在 F 附近单击轮廓线 EF）
选择要修剪的对象，或按住 Shift 键选择要延伸的对象，或[栏选(F)/窗交(C)/投影(P)/边(E)/删除(R)/放弃(U)]:↙　　　（回车，结束"修剪"命令）

（11）单击"标准"工具栏中的"缩放上一个"按钮🔍，返回上一个显示窗口。

（12）将"粗实线"层设置为当前层，单击"绘图"工具栏中的"直线"按钮✐，捕捉内孔轮廓线的端点后在轴线上捕捉垂足，绘制倒角轮廓线。并用同样方法绘制另一侧倒角轮廓线，如图 6-24f 所示。

（13）单击"修改"工具栏中的"镜像"按钮⚐，镜像出下半部分对称图形。

命令: _mirror
选择对象:　　　（在图形的右上方适当位置单击）
指定对角点:　　　（向左下方移动光标，拖出虚线窗口，与除轴线外的所有水平线条，与垂直线条相交，在视图右侧、轴线上方适当位置单击）
找到 12 个
选择对象:↙　　　（回车，结束选择镜像对象）
指定镜像线的第一点:　　　（捕捉齿轮轴线的左端点）

指定镜像线的第二点：　　　（捕捉齿轮轴线的右端点）

要删除源对象吗？[是(Y)/否(N)] <N>:✓　　　（回车，不删除源对象）

（14）将"点画线"层设置为当前层，利用"直线"命令和对象捕捉追踪模式绘制销孔轴线。

（15）单击"修改"工具栏中的"偏移"按钮，对称偏移销孔轴线，结果如图 6-24g所示。

命令: _offset

当前设置: 删除源=否　图层=源　OFFSETGAPTYPE=0

指定偏移距离或 [通过(T)/删除(E)/图层(L)] <通过>: <8.0000>2✓　　　（输入偏移距离2，回车）

选择要偏移的对象，或 [退出(E)/放弃(U)] <退出>:　　　（单击销孔轴线为偏移对象）

指定要偏移的那一侧上的点，或 [退出(E)/多个(M)/放弃(U)] <退出>:　　　（在销孔轴线的左侧单击）

选择要偏移的对象，或 [退出(E)/放弃(U)] <退出>:　　　（单击销孔轴线为偏移对象）

指定要偏移的那一侧上的点，或 [退出(E)/多个(M)/放弃(U)] <退出>:　　　（在销孔轴线的右侧单击）

选择要偏移的对象，或 [退出(E)/放弃(U)] <退出>:✓　　　（回车，结束"偏移"命令）

（16）选择菜单"格式"→"图层工具"→"图层匹配"选项，利用"图层匹配"命令将这两条点画线变为粗实线。

（17）单击"修改"工具栏中的"修剪"按钮，修剪销孔轮廓线，如图 6-24h 所示。

命令: _trim

当前设置:投影=UCS，边=无

选择剪切边...

选择对象或 <全部选择>:　　　（单击内孔上方轮廓线为修剪边界）

找到 1 个

选择对象:　　　（单击齿根线为修剪边界）

找到 1 个，总计 2 个

选择对象:✓　　　（回车，结束选择修剪边界）

选择要修剪的对象，或按住 Shift 键选择要延伸的对象，或[栏选(F)/窗交(C)/投影(P)/边(E)/删除(R)/放弃(U)]:　　　（在齿根线上方单击销孔轮廓线）

选择要修剪的对象，或按住 Shift 键选择要延伸的对象，或[栏选(F)/窗交(C)/投影(P)/边(E)/删除(R)/放弃(U)]:　　　（在齿根线上方单击销孔另一条轮廓线）

选择要修剪的对象，或按住 Shift 键选择要延伸的对象，或[栏选(F)/窗交(C)/投影(P)/边(E)/删除(R)/放弃(U)]:　　　（在内孔轮廓线下方单击销孔轮廓线）

选择要修剪的对象，或按住 Shift 键选择要延伸的对象，或[栏选(F)/窗交(C)/投影(P)/边(E)/删除(R)/放弃(U)]:　　　（在内孔轮廓线下方单击销孔另一条轮廓线）

选择要修剪的对象，或按住 Shift 键选择要延伸的对象，或[栏选(F)/窗交(C)/投影(P)/边(E)/删除(R)/放弃(U)]:✓　　　（回车，结束"修剪"命令）

（18）将"细实线"层设置为当前层，单击"绘图"工具栏中的"图案填充"按钮，弹出的"图案填充和渐变色"对话框。打开"图案填充"选项卡。在"图案"下拉列表中选择 ANSI31，在"角度"下拉文本框中选择 0，在"比例"下拉文本框中选择 1。单击"拾取点"按钮，在需要填充的区域单击，回车两次，绘制出剖面线，并完成绘制齿轮主视图，如图 6-24i 所示。

6.7.3　绘制键槽

上一章介绍了利用面域和布尔运算绘制如图 6-25 所示的孔和轴的键槽。

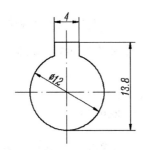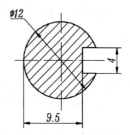

图 6-25　孔和轴的键槽

利用"偏移"命令和"修剪"命令，根据图中标注的尺寸，可以直观、快速地绘制出孔键槽的局部视图和轴键槽的断面图。

下面介绍绘制空键槽局部视图的方法，轴键槽的断面图请读者参照此法完成。

操作步骤如下：

（1）新建图形文件，加载线型，恢复图层。

（2）将"粗实线"层设置为当前层，打开状态栏中的"正交"按钮∟、"对象捕捉"按钮□和"对象捕捉追踪"按钮∠。

（3）单击"绘图"工具栏中的"圆"按钮⊙，绘制直径为 12 的圆。

> 命令: _circle
> 指定圆的圆心或 [三点(3P)/两点(2P)/相切、相切、半径(T)]:　　　（在适当位置单击，指定圆心的位置）
> 指定圆的半径或 [直径(D)]:6↙　　　（输入圆的半径 6，回车）

（4）将"点画线"层设置为当前层，利用"直线"命令和对象捕捉追踪模式绘制圆的中心点画线，如图 6-26a 所示。

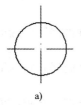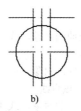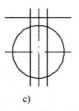

　　a)　　　　　　　　b)　　　　　　　　c)　　　　　　　　d)

图 6-26　绘制空键槽流程

（5）单击"修改"工具栏中的"偏移"按钮⬲，对称偏移垂直点画线。

> 命令: _offset
> 当前设置: 删除源=否　图层=源　OFFSETGAPTYPE=0
> 指定偏移距离或 [通过(T)/删除(E)/图层(L)] <通过>: 2↙　　　（输入偏移距离 2，回车）
> 选择要偏移的对象，或 [退出(E)/放弃(U)] <退出>:　　　（单击垂直点画线为偏移对象）
> 指定要偏移的那一侧上的点，或 [退出(E)/多个(M)/放弃(U)] <退出>:　　　（在垂直点画线的左

侧单击）

　　　　选择要偏移的对象，或 [退出(E)/放弃(U)] <退出>:　　　（单击垂直点画线为偏移对象）
　　　　指定要偏移的那一侧上的点，或 [退出(E)/多个(M)/放弃(U)] <退出>:　　　（在垂直点画线的右
侧单击）
　　　　选择要偏移的对象，或 [退出(E)/放弃(U)] <退出>:✓　　　（回车，结束"偏移"命令）

　　（6）单击"修改"工具栏中的"偏移"按钮⚁，偏移水平点画线。如图 6-26b 所示。

　　　　命令: _offset
　　　　当前设置: 删除源=否　图层=源　OFFSETGAPTYPE=0
　　　　指定偏移距离或 [通过(T)/删除(E)/图层(L)] <通过>: <2.0000>7.8✓　　　（输入偏移距离 7.8，
回车）
　　　　选择要偏移的对象，或 [退出(E)/放弃(U)] <退出>:　　　（单击水平点画线为偏移对象）
　　　　指定要偏移的那一侧上的点，或 [退出(E)/多个(M)/放弃(U)] <退出>:　　　（在水平点画线的上方
单击）
　　　　选择要偏移的对象，或 [退出(E)/放弃(U)] <退出>:✓　　　（回车，结束"偏移"命令）

　　（7）选择菜单"格式"→"图层工具"→"图层匹配"选项，将三条偏移出来的点画线的图层修改为"粗实线"层，如图 6-26c 所示。

　　（8）单击"修改"工具栏中的"修剪"按钮✂，修剪多余线条，如图 6-26d 所示。

　　　　命令: _trim
　　　　当前设置:投影=UCS，边=无
　　　　选择剪切边...
　　　　选择对象或 <全部选择>:
　　　　找到 1 个
　　　　选择对象:
　　　　找到 1 个，总计 2 个
　　　　选择对象:
　　　　找到 1 个，总计 3 个
　　　　选择对象:　　　（分别单击三条粗实线和圆为修剪边界）
　　　　找到 1 个，
　　　　总计 4 个
　　　　选择对象:✓　　　（回车，结束选择边界对象）
　　　　选择要修剪的对象，或按住 Shift 键选择要延伸的对象，或[栏选(F)/窗交(C)/投影(P)/边(E)/删除
(R)/放弃(U)]:　　　（在水平线左端点处单击该直线）
　　　　选择要修剪的对象，或按住 Shift 键选择要延伸的对象，或[栏选(F)/窗交(C)/投影(P)/边(E)/删除
(R)/放弃(U)]:　　　（在左侧垂直线的上方端点处单击该直线）
　　　　选择要修剪的对象，或按住 Shift 键选择要延伸的对象，或[栏选(F)/窗交(C)/投影(P)/边(E)/删除
(R)/放弃(U)]:　　　（在右侧垂直线的上方端点处单击该直线）
　　　　选择要修剪的对象，或按住 Shift 键选择要延伸的对象，或[栏选(F)/窗交(C)/投影(P)/边(E)/删除
(R)/放弃(U)]:　　　（在水平线右端点处单击该直线）
　　　　选择要修剪的对象，或按住 Shift 键选择要延伸的对象，或[栏选(F)/窗交(C)/投影(P)/边(E)/删除
(R)/放弃(U)]:　　　（在圆周下方单击左侧垂直线）
　　　　选择要修剪的对象，或按住 Shift 键选择要延伸的对象，或[栏选(F)/窗交(C)/投影(P)/边(E)/删除
(R)/放弃(U)]:　　　（在圆周下方单击右侧垂直线）
　　　　选择要修剪的对象，或按住 Shift 键选择要延伸的对象，或[栏选(F)/窗交(C)/投影(P)/边(E)/删除
(R)/放弃(U)]:　　　（在圆周内单击左侧垂直线）

选择要修剪的对象，或按住 Shift 键选择要延伸的对象，或[栏选(F)/窗交(C)/投影(P)/边(E)/删除(R)/放弃(U)]：　（在圆周内单击右侧垂直线）

选择要修剪的对象，或按住 Shift 键选择要延伸的对象，或[栏选(F)/窗交(C)/投影(P)/边(E)/删除(R)/放弃(U)]：　（在两条垂直线之间单击圆周）

选择要修剪的对象，或按住 Shift 键选择要延伸的对象，或[栏选(F)/窗交(C)/投影(P)/边(E)/删除(R)/放弃(U)]：✓　（回车，结束"修剪"命令）

6.8　利用"缩放"和"圆角"命令绘图

在绘制机械图样时，一般先按 1：1 的比例绘图，然后利用"缩放"命令将图形的尺寸按照一定的比例放大或缩小，使图形与零件图的边框匹配。此外，"缩放"命令还常用于绘制局部放大图。

直线和直线、直线和圆、圆与圆之间的圆弧连接是机械图样中常见的图形，这些图形需要利用"圆角"命令绘制。

6.8.1　缩放和圆角

单击"修改"工具栏中的"缩放"按钮，或选择菜单"修改"→"缩放"选项，即可启动"缩放"Scale 命令。利用"缩放"命令可以将图形按照一定的比例放大或缩小图形的尺寸。

单击"修改"工具栏中的"圆角"按钮，或选择菜单"修改"→"圆角"选项，即可启动"圆角"Fillet 命令。"圆角"命令用于绘制两线段之间光滑连接的圆弧。

下面通过两个绘图实例说明"缩放"Scale 和"圆角"Fillet 命令的操作方法和应用。

6.8.2　绘制轴承盖主视图和局部放大图

轴承盖的主视图、局部放大图及其三维实体如图 6-27 所示。

轴承盖的主视图是用 2：1 的比例绘制的。局部放大图表达的是密封槽的结构尺寸，比例为 4：1，即将主视图中密封槽的局部图形放大两倍。

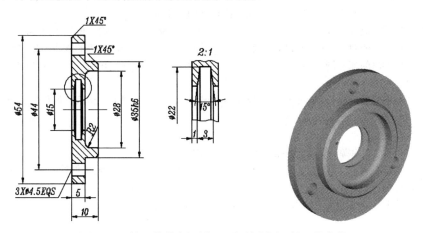

图 6-27　轴承盖的主视图、局部放大图及其三维实体

1. 绘制轴承盖主视图

操作步骤如下：

（1）新建图形文件，加载线型，恢复图层。

（2）将"粗实线"层设置为当前层，打开状态栏中的"正交"按钮、"对象捕捉"按钮和"对象捕捉追踪"按钮。

（3）单击"绘图"工具栏中的"直线"按钮，绘制主视图上半部分外轮廓线。

```
命令: _line
指定第一点:        （在适当位置单击）
指定下一点或 [放弃(U)]: 27✓        （向上移动光标，输入垂直线的长度 27，回车）
指定下一点或 [放弃(U)]: 5✓        （向右移动光标，输入水平线的长度 5，回车）
指定下一点或 [闭合(C)/放弃(U)]: 9.5✓        （向下移动光标，输入垂直线的长度 9.5，回车）
指定下一点或 [闭合(C)/放弃(U)]: 5✓        （向右移动光标，输入水平线的长度 5，回车）
指定下一点或 [闭合(C)/放弃(U)]: 17.5✓        （向下移动光标，输入垂直线的长度 17.5，回车）
指定下一点或 [闭合(C)/放弃(U)]: ✓        （回车，结束直线命令）
```

（4）将"点画线"层设置为当前层，利用"直线"命令和对象捕捉追踪模式绘制轴承盖的轴线。

（5）单击"绘图"工具栏中的"直线"按钮，绘制均布安装孔的轴线，如图 6-28a 所示。

```
命令: _line
指定第一点: 22✓        （将光标移到左端垂直线的下端点处，出现端点捕捉标记，向上移动光标，出现追踪轨迹后输入追踪距离 22，回车）
指定下一点或 [放弃(U)]:        （向左移动光标，在超出左侧垂直线约 2mm 处单击）
指定下一点或 [放弃(U)]:        （向右移动光标，在超出右侧垂直线约 2mm 处单击）
指定下一点或 [闭合(C)/放弃(U)]: ✓        （回车，结束"直线"命令）
```

（6）分别单击"修改"工具栏中的"偏移"按钮，利用"偏移"命令绘制内孔轮廓线，如图 6-28b 所示。

```
命令: _offset
当前设置: 删除源=否  图层=源  OFFSETGAPTYPE=0
指定偏移距离或 [通过(T)/删除(E)/图层(L)] <通过>: 14:✓        （输入偏移距离 14，回车）
选择要偏移的对象，或 [退出(E)/放弃(U)] <退出>:        （单击轴承盖的轴线为偏移对象）
指定要偏移的那一侧上的点，或 [退出(E)/多个(M)/放弃(U)] <退出>:        （在轴承盖轴线的上方单击）
选择要偏移的对象，或 [退出(E)/放弃(U)] <退出>: ✓        （回车，结束"偏移"命令）

命令: _offset
当前设置: 删除源=否  图层=源  OFFSETGAPTYPE=0
指定偏移距离或 [通过(T)/删除(E)/图层(L)] <14.0000>: 5✓        （输入偏移距离 5，回车）
选择要偏移的对象，或 [退出(E)/放弃(U)] <退出>:        （单击右端垂直线为偏移对象）
指定要偏移的那一侧上的点，或 [退出(E)/多个(M)/放弃(U)] <退出>:        （在右端垂直线的左侧单击）
选择要偏移的对象，或 [退出(E)/放弃(U)] <退出>: ✓        （回车，结束"偏移"命令）
```

命令：_offset

当前设置：删除源=否　图层=源　OFFSETGAPTYPE=0

指定偏移距离或 [通过(T)/删除(E)/图层(L)] <5.0000>: 2.25✓　　　（输入偏移距离 2.25，回车）

选择要偏移的对象，或 [退出(E)/放弃(U)] <退出>:　　　（单击安装孔的轴线为偏移对象）

指定要偏移的那一侧上的点，或 [退出(E)/多个(M)/放弃(U)] <退出>:　　　（在安装孔轴线的上方单击）

选择要偏移的对象，或 [退出(E)/放弃(U)] <退出>:　　　（单击安装孔的轴线为偏移对象）

指定要偏移的那一侧上的点，或 [退出(E)/多个(M)/放弃(U)] <退出>:　　　（在安装孔轴线的下方单击）

选择要偏移的对象，或 [退出(E)/放弃(U)] <退出>:✓　　　（回车，结束"偏移"命令）

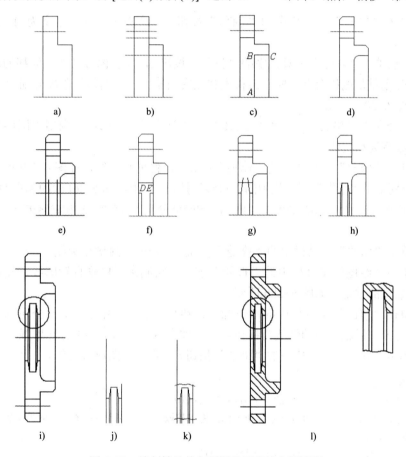

图 6-28　绘制轴承盖主视图和局部放大图流程

（7）选择菜单"格式"→"图层工具"→"图层匹配"选项，利用"图层匹配"命令将三条点画线变为粗实线。

（8）单击"修改"工具栏中的"修剪"按钮 ，修剪轮廓线，结果如图 6-28c 所示。

（9）单击"修改"工具栏中的"圆角"按钮 ，绘制半径为 2 的圆角。

命令：_fillet

当前设置：模式 = 不修剪，半径 = 2.0000

选择第一个对象或 [放弃(U)/多段线(P)/半径(R)/修剪(T)/多个(M)]: T✓　　　（输入 T，回车，选

择"修剪"选项)

      输入修剪模式选项 [修剪(T)/不修剪(N)] <不修剪>: T↙   (输入 T，回车，选择"修剪"
选项)

      选择第一个对象或 [放弃(U)/多段线(P)/半径(R)/修剪(T)/多个(M)]: R↙   (输入 R，回车，选
择"半径"选项)

      指定圆角半径 <3.0000>: 2↙   (输入半径 2，回车)

      选择第一个对象或 [放弃(U)/多段线(P)/半径(R)/修剪(T)/多个(M)]:   (单击图 5-26c 中的轮廓线
AB)

      选择第二个对象，或按住 Shift 键选择要应用角点的对象: (单击图 5-26c 中的轮廓线
BC)

（10）单击"修改"工具栏中的"倒角"按钮◿，绘制两个倒角距离为 1 的倒角，如图 6-28d 所示。

（11）分别单击"修改"工具栏中的"偏移"按钮&，向上偏移轴线，偏移的距离分别为 7.5 和 11。分别重复偏移命令，向左偏移大圆孔底面轮廓线，偏移的距离分别为 1 和 4，偏移的结果如图 6-28e 所示。

（12）选择菜单"格式"→"图层工具"→"图层匹配"选项，利用"图层匹配"命令将两条点画线变为粗实线。

（13）单击"修改"工具栏中的"修剪"按钮+/，修剪轮廓线，如图 6-28f 所示。

（14）分别单击"绘图"工具栏中的"直线"按钮✎，沿如图 6-26f 中的端点 D、E 绘制两条倾斜线，倾斜线的另一个端点相对于 D、E 的坐标分别为@5<82.5 和@5<97.5，如图 6-28g 所示。

（15）单击"修改"工具栏中的"修剪"按钮+/，修剪密封槽轮廓线。

（16）单击"绘图"工具栏中的"直线"按钮，绘制密封槽垂直轮廓线，轮廓线的端点为在轴线上捕捉的垂足，如图 6-28h 所示。

（17）单击"修改"工具栏中的"镜像"按钮⚹，选择主视图上半部分轮廓线和通孔的轴线为镜像对象，以轴承盖的轴线为镜像线，镜像出主视图的下半部分轮廓线。

（18）单击"修改"工具栏中的"缩放"按钮▦，将主视图放大两倍。

      命令:_scale
      选择对象: （在主视图的左上方适当位置单击）
      指定对角点: （向右下方移动光标，拖出拾取窗口，包围主视图，在适当位置单击）
      找到 46 个
      选择对象:↙   （回车，结束选择缩放对象）
      指定基点: （捕捉主视图的对称点画线的端点为缩放的基点）
      指定比例因子或 [复制(C)/参照(R)]: 2↙   （输入缩放比例因子 2，回车）

（19）将"细实线"层设置为当前层，单击"绘图"工具栏中的"圆"按钮☉，在主视图上绘制一个细实线圆，圈出需要做局部放大的轮廓线，如图 6-28i 所示（可以利用"移动"命令调整该细实线圆的位置）。

2．绘制轴承盖局部放大图

操作步骤如下:

（1）单击"修改"工具栏中的"复制"按钮⛯，复制主视图中与细实线圆相交和被细实

线圆包围的轮廓线，如图 6-28j 所示。

（2）关闭状态栏中的"正交"按钮 和"对象捕捉"按钮 ，将"细实线"层设置为当前层。分别单击"绘图"工具栏中的"样条曲线"按钮 ，绘制两条波浪线，如图 6-28k 所示。

（3）单击"修改"工具栏中的"修剪"按钮 ，修剪波浪线和和复制的轮廓线。

（4）单击"修改"工具栏中的"缩放"按钮 ，将局部放大图放大两倍。

> 命令: _scale
> 选择对象:　　（在复制的图形的左上方适当位置单击）
> 指定对角点:　　　（向右下方移动光标，拖出拾取窗口，包围复制的图形，在适当位置单击）
> 找到 13 个
> 选择对象:↙　　（回车，结束选择缩放对象）
> 指定基点:　　（在复制的图形上捕捉一个端点作为缩放的基点）
> 指定比例因子或 [复制(C)/参照(R)]: 2↙　　　（输入缩放比例因子 2，回车）

（5）单击"修改"工具栏中的"移动"按钮 ，调整局部放大图的位置。

（6）单击"绘图"工具栏中的"图案填充"按钮 ，弹出的"边界图案填充"对话框。在"图案"下拉列表中选择 ANSI31，在"角度"下拉文本框中选择 0，在"比例"下拉文本框中选择 0.75。单击"拾取点"按钮 ，在主视图和局部放大图中需要填充的区域单击，回车两次，即可绘制出剖面线，并完成绘制轴承盖主视图和局部放大图，如图 6-28l 所示。

6.8.3 绘制摇杆主视图

摇杆主视图及其三维实体如图 6-29 所示。

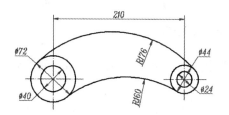

图 6-29　摇杆主视图及其三维实体

摇杆主视图由两个同心圆和连接圆弧组成，其中半径为 160 的圆弧为外切圆弧，半径为 176 的圆弧是内切圆弧。利用"圆角"命令可以绘制两个圆的外切圆弧，内切圆弧需要利用两个相切关系和半径绘制圆，然后修剪即可。

操作步骤如下：

（1）新建图形文件，加载线型，恢复图层。

（2）将"粗实线"层设置为当前层，打开状态栏中的"对象捕捉"按钮 和"对象捕捉追踪"按钮 。

（3）单击"绘图"工具栏的"圆"按钮 ，绘制直径为 72 的圆。

> 命令: _circle
> 指定圆的圆心或 [三点(3P)/两点(2P)/相切、相切、半径(T)]:　　（在适当位置单击，中指定圆心的位置）

指定圆的半径或 [直径(D)]: 36↙　　　（输入圆的半径36，回车）

（4）单击"绘图"工具栏的"圆"按钮⊙，绘制直径为40的圆。

　　命令: _circle
　　指定圆的圆心或 [三点(3P)/两点(2P)/相切、相切、半径(T)]:　　（捕捉直径为72的圆的圆心）
　　指定圆的半径或 [直径(D)]: 20↙　　　（输入圆的半径20，回车）

（5）单击"绘图"工具栏的"圆"按钮⊙，绘制直径为44的圆。

　　命令: _circle
　　指定圆的圆心或 [三点(3P)/两点(2P)/相切、相切、半径(T)]: 210↙　　　（将光标移到同心圆的圆心处，出现圆心捕捉标记，向右移动光标，出现追踪轨迹后输入追踪距离210，回车）
　　指定圆的半径或 [直径(D)]: 22↙　　　（输入圆的半径22，回车）

（6）单击"绘图"工具栏的"圆"按钮⊙，绘制直径为22的圆，如图6-30a所示。

　　命令: _circle
　　指定圆的圆心或 [三点(3P)/两点(2P)/相切、相切、半径(T)]:　　（捕捉直径为44的圆的圆心）
　　指定圆的半径或 [直径(D)]: 11↙　　　（输入圆的半径11，回车）

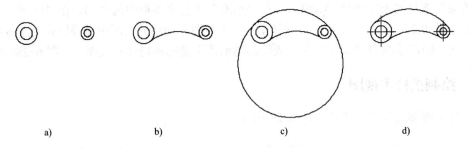

图6-30　绘制摇杆主视图流程

（7）单击"修改"工具栏中的"圆角"按钮◻，绘制半径为160的外切圆弧，如图6-30b所示。

　　命令: _fillet
　　当前设置: 模式 = 修剪，半径 = 2.0000
　　选择第一个对象或 [放弃(U)/多段线(P)/半径(R)/修剪(T)/多个(M)]: R↙　　　（输入R，回车，选择"修剪"选项）
　　指定圆角半径 <2.0000>: 160↙　　　（输入圆角半径160，回车）
　　选择第一个对象或 [放弃(U)/多段线(P)/半径(R)/修剪(T)/多个(M)]:　　（在直径为72圆的下半部分圆周上单击）
　　选择第二个对象，或按住 Shift 键选择要应用角点的对象:　　（在直径为44圆的下半部分圆周上单击）

（8）选择菜单"绘图"→"圆"→"相切、相切、半径"选项，绘制半径为176的内切圆，如图6-30c所示。

　　命令: _circle
　　指定圆的圆心或 [三点(3P)/两点(2P)/相切、相切、半径(T)]: _ttr
　　指定对象与圆的第一个切点:　　（将光标移到直径为72圆的左上半部分圆周上，出现切点捕捉

标记后单击）

指定对象与圆的第二个切点：　　　　（将光标移到直径为 44 圆的右上半部分圆周上，出现切点捕捉标记后单击）

指定圆的半径: 176↙　　　（输入圆的半径 176，回车）

（9）单击"修改"工具栏中的"修剪"按钮↗，以直径为 72 和 44 的圆为修剪边界修剪半径为 176 的内切圆。

（10）将"点画线"层设置为当前层，分别利用"直线"命令和对象捕捉追踪模式绘制两个同心圆的中心线。完成绘制摇杆主视图，结果如图 6-30d 所示。

6.9　利用"拉长"命令绘图

在绘图过程中经常需要将线段拉长或缩短，利用"修剪"命令可以将修剪边界一侧的线段剪掉，虽然改变了线段的长度，但却是有条件的，因为没有修剪边界就无法修剪。

"拉伸"命令也可以改变线段的长度，但却很难在原线段的轨迹上拉长或缩短线段，除非原线段是水平线和垂直线。

"拉长"命令是拉长或缩短线段最有效的编辑手段。

6.9.1　"拉长"命令中的选项

选择菜单"修改"→"拉长"选项，即可启动"拉长"Lenthen 命令。"拉长"命令用于在原线段的轨迹上改变直线或圆弧的长度。

"拉长"命令中有 4 个选项，分别是"增量"选项、"百分比"选项、"全新"选项和"动态"选项。

"增量"选项用于以一定增量改变线段的长度，如果增量为正值，则线段被拉长；如果增量为负值，则线段被缩短。

"百分比"选项用于以一定的百分比改变线段的长度，如果百分比大于 100%，则线段被拉长；如果百分比小于 100%，则线段被缩短。

"全新"选项用于以新的长度改变线段的长度，如果新的尺寸大于线段原来的长度，则线段被拉长；如果新的尺寸小于新的原来的长度，则线段被缩短。

"动态"选项用于动态改变线段的长度，此时移动光标，线段既可以被拉长，也可以被缩短。

下面通过两个绘图实例说明"拉长"Lenthen 命令的操作方法和应用。

6.9.2　绘制圆锥滚子轴承

圆锥滚子轴承剖视图和三维实体如图 6-31 所示。

图 6-31 所示的轴承的型号为"轴承 30206　GB/T297"。

圆锥滚子轴承是重要的机械传动零件，其剖视图一般按如图 6-32 所示的比例图绘制。

操作步骤如下：

（1）新建图形文件，加载线型，恢复图层。

（2）将"粗实线"层设置为当前层，打开状态栏中的"正交"按钮 、"对象捕捉"按钮█和"对象捕捉追踪"按钮✓。

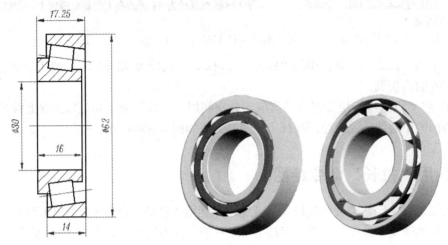

图 6-31　圆锥滚子轴承的主视图和三维实体

（3）单击"绘图"工具栏的"直线"按钮✓，绘制外轮廓线。

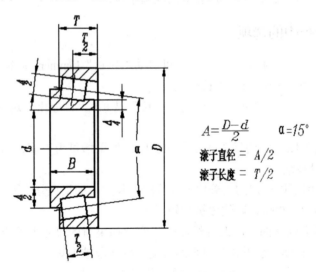

$$A = \frac{D-d}{2} \qquad \alpha = 15°$$

滚子直径 = $A/2$

滚子长度 = $T/2$

图 6-32　圆锥滚子轴承的比例图

命令: _line

指定第一点:　　　　　（在适当位置单击）

指定下一点或 [放弃(U)]: 23✓　　　（向上移动光标，输入垂直线的长度23，回车）

指定下一点或 [放弃(U)]: 3.25✓　　　（向右移动光标，输入水平线的长度3.25，回车）

指定下一点或 [闭合(C)/放弃(U)]: 8✓　　　（向上移动光标，输入垂直线的长度8，回车）

指定下一点或 [闭合(C)/放弃(U)]: 14✓　　　（向右移动光标，输入水平线的长度14，回车）

指定下一点或 [闭合(C)/放弃(U)]: 31✓　　　（向下移动光标，输入垂直线的长度31，回车）

指定下一点或 [闭合(C)/放弃(U)]: ✓　　　（回车，结束"直线"命令）

（4）将"点画线"层设置为当前层，利用"直线"命令和对象捕捉追踪模式绘制轴承的

轴线，如图 6-33a 所示。

（5）单击"图层"工具栏中的"上一个图层"按钮，将"粗实线"层设置为当前层，选择菜单"修改"→"拉长"选项，将长度为 3.25 的水平线拉长，如图 6-33b 所示。

命令:_lengthen

选择对象或[增量(DE)/百分数(P)/全部(T)/动态(DY)]: DY↙　　　（输入"DY"回车，选择"动态"选项）

选择要修改的对象或 [放弃(U)]:　　　（在长度为 3.25 的水平线的右端点处单击该直线）

指定新端点:　　　（向右移动光标，在适当位置单击）

选择要修改的对象或 [放弃(U)]:↙　　　（回车，结束"拉长"命令）

（6）单击"绘图"工具栏中的"直线"按钮，利用临时追踪点捕捉绘制内圈。

命令:_line

指定第一点: _tt　　　（单击"对象捕捉"工具栏中的"临时追踪点捕捉"按钮）

指定临时对象追踪点:　　　（捕捉 A 点为临时对象追踪点）

指定第一点: 15↙　　　（向上移动光标，输入追踪距离 15，回车）

指定下一点或 [放弃(U)]: 16↙　　　（向右移动光标，输入水平线的长度 16，回车）

指定下一点或 [放弃(U)]:↙　　　（向下移动光标，在轴承的轴线上捕捉垂足）

指定下一点或 [闭合(C)/放弃(U)]:↙　　　（回车，结束"直线"命令）

（7）回车再次启动直线命令，绘制内圈其余轮廓线，如图 6-33c 所示。

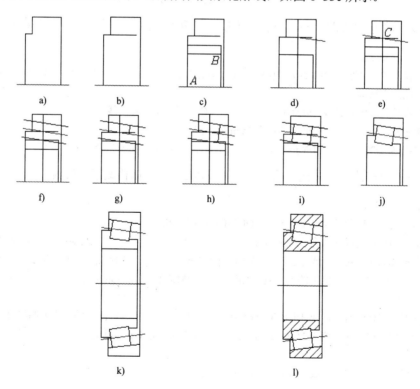

图 6-33　圆锥滚子轴承流程

命令:_line

指定第一点:　　　（捕捉端点 B）

指定下一点或 [放弃(U)]: 4✓　　　（向上移光标，输入垂直线的长度 4，回车）

指定下一点或 [放弃(U)]:　　　（向左移动光标，在左侧轮廓线上捕捉垂足）

指定下一点或 [闭合(C)/放弃(U)]:✓　　　（回车，结束"直线"命令）

（8）单击"修改"工具栏中的"偏移"按钮▲，偏移出一条辅助线，如图 6-33d 所示。

命令: _offset

当前设置: 删除源=否　图层=源　OFFSETGAPTYPE=0

指定偏移距离或 [通过(T)/删除(E)/图层(L)] :8.625✓　　　（输入偏移距离 8.625，回车）

选择要偏移的对象，或 [退出(E)/放弃(U)] <退出>:　　　（选择最右侧垂直线为偏移对象）

指定要偏移的那一侧上的点，或 [退出(E)/多个(M)/放弃(U)] <退出>:　　　（在右侧轮廓线的左侧单击）

选择要偏移的对象，或 [退出(E)/放弃(U)] <退出>:✓　　　（回车，结束"偏移"命令）

（9）将"点画线"层设置为当前层，单击"绘图"工具栏中的"直线"按钮✓，绘制滚子的轴线。

命令: _line

指定第一点:　　　（捕捉角度 C）

指定下一点或 [放弃(U)]: @13<–7.5✓　　　（输入第二点相对于 C 点的坐标，回车）

指定下一点或 [放弃(U)]: ✓　　　（回车，结束"直线"命令）

（10）选择菜单"修改"→"拉长"选项，将滚子的轴线拉长，如图 6-33e 所示。

命令: _lengthen

选择对象或 [增量(DE)/百分数(P)/全部(T)/动态(DY)]: DY✓　　　（输入 DY，回车，选择"动态"选项）

选择要修改的对象或 [放弃(U)]:　　　（在 C 点附近单击点画线）

指定新端点:　　　（在轮廓线外约 3mm 处单击）

选择要修改的对象或 [放弃(U)]: ✓　　　（回车，结束"拉长"命令）

（11）单击"修改"工具栏中的"偏移"按钮▲，对称偏移滚子的轴线。

命令: _offset

当前设置: 删除源=否　图层=源　OFFSETGAPTYPE=0

指定偏移距离或 [通过(T)/删除(E)/图层(L)] <8.6250>: 4✓　　　（输入偏移距离 4，回车）

选择要偏移的对象，或 [退出(E)/放弃(U)] <退出>:　　　（选择滚子的轴线为偏移对象）

指定要偏移的那一侧上的点，或 [退出(E)/多个(M)/放弃(U)] <退出>:　　　（在滚子轴线上方单击）

选择要偏移的对象，或 [退出(E)/放弃(U)] <退出>:　　　（选择滚子的轴线为偏移对象）

指定要偏移的那一侧上的点，或 [退出(E)/多个(M)/放弃(U)] <退出>:　　　（在滚子轴线下方单击）

选择要偏移的对象，或 [退出(E)/放弃(U)] <退出>:✓　　　（回车，结束"偏移"命令）

（12）选择菜单"格式"→"图层工具"→"图层匹配"选项，利用"图层匹配"命令将两条偏移出的点画线变为粗实线，如图 6-33f 所示。

（13）将"粗实线"层设置为当前层，单击"绘图"工具栏中的"直线"按钮✓，利用捕捉自和垂足捕捉，绘制滚子轮廓线，如图 6-33g 所示。

命令: _line

指定第一点: _from　　　　（单击"对象捕捉"工具栏中的"捕捉自"按钮 ）

基点: <偏移>:　　　　　　（捕捉交点 C 为基点）

@4.3125<–7.5↙　　　　　（输入第一点点相对于 C 点的坐标，回车）

指定下一点或 [放弃(U)]: _per 到　　　（单击"对象捕捉"工具栏中的"垂足捕捉"按钮，在上方的倾斜轮廓线上捕捉垂足）

指定下一点或 [放弃(U)]: ↙　　　（回车，结束"直线"命令）

（14）选择菜单"修改"→"拉长"选项，将绘制的直线拉长 1 倍，如图 6-33h 所示。

命令: _lengthen

选择对象或 [增量(DE)/百分数(P)/全部(T)/动态(DY)]: P↙　　　　（输入 P，回车，选择"百分数"选项）

输入长度百分数 <100.0000>: 200↙　　（输入长度百分数 200，即拉长 1 倍，回车）

选择要修改的对象或 [放弃(U)]:　　（在 F 点附近单击刚绘制的轮廓线）

选择要修改的对象或 [放弃(U)]: ↙　　（回车，结束"拉长"命令）

（15）单击"修改"工具栏中的"偏移"按钮 ，偏移出滚子的另一条轮廓线，如图 6-33i 所示。

命令: _offset

当前设置: 删除源=否　图层=源　OFFSETGAPTYPE=0

指定偏移距离或 [通过(T)/删除(E)/图层(L)] <4.0000>: 8.625↙　　（输入偏移距离 8.625，回车）

选择要偏移的对象，或 [退出(E)/放弃(U)] <退出>:　　（选择被拉长 1 倍的轮廓线为偏移对象）

指定要偏移的那一侧上的点，或 [退出(E)/多个(M)/放弃(U)] <退出>:　　（在偏移对称的左方单击）

选择要偏移的对象，或 [退出(E)/放弃(U)] <退出>: ↙　　　（回车，结束"偏移"命令）

（16）单击"修改"工具栏中的"删除"按钮 ，删除辅助线。

（17）单击"修改"工具栏中的"修剪"按钮 ，修剪多余的轮廓线。先选择轴承外圈的左右轮廓线为修剪边界，修剪滚子上方轮廓线。再次单击"修剪"按钮 ，选择滚子左右两条轮廓线为修剪边界，修剪其他轮廓线，结果如图 6-33j 所示。

（18）单击"修改"工具栏中的"镜像"按钮 ，镜像出轴承的下半部分图形，如图 6-33k 所示。

（19）单击"绘图"工具栏中的"图案填充"按钮 ，弹出的"图案填充和渐变色"对话框。打开"图案填充"选项卡。在"图案"下拉列表中选择 ANSI31，在"角度"下拉文本框中选择 0，在"比例"下拉文本框中选择 0.75。单击"拾取点"按钮 ，在需要填充的内圈和外圈区域内单击，回车两次，即可绘制出剖面线，并完成绘制圆锥滚子轴承，如图 6-33l 所示。

6.10　利用"延伸"和"打断"命令绘图

"延伸"命令、"打断"命令和"拉长"命令都具有改变对象的长度的功能，但它们的操作方法和操作结果完全不同。

6.10.1　延伸和打断

单击"修改"工具栏中的"延伸"按钮-/，或选择菜单"修改"→"延伸"选项，即可启动"延伸"Extend 命令。利用"延伸"命令可以将直线或圆弧延伸到与另一个对象相交。

单击"修改"工具栏中的"打断"按钮，或选择菜单"修改"→"打断"选项，即可启动"打断"Break 命令。利用"打断"命令可以将对象上两个打断点之间的部分删除，打断对象如果是直线或圆弧，打断后变为两个对象；打断对象如果是圆或椭圆，打断后变为圆弧或椭圆弧。

单击"修改"工具栏中的"打断于点"按钮，可启动"打断于点"Break 命令。利用"单点打断"命令可以将直线或圆弧从断点处变为两个对象。

下面通过绘制轴承座主视图说明"延伸"Extend 命令和"打断"Break 命令的操作方法和应用。

6.10.2　绘制轴承座主视图

轴承座的三视图及其三维实体如图 6-34 所示。

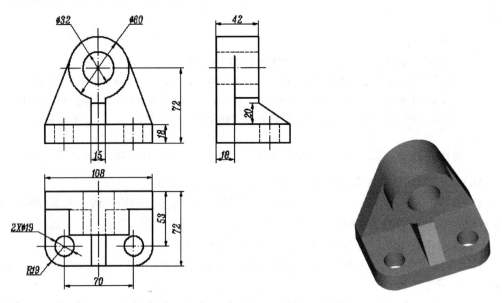

图 6-34　轴承座的三视图及其三维实体

操作步骤如下：

（1）新建图形文件，加载线型，恢复图层。

（2）将"粗实线"层设置为当前层，打开状态栏中的"正交"按钮、"对象捕捉"按钮和"对象捕捉追踪"按钮。

（3）单击"绘图"工具栏的"矩形"按钮，绘制底座轮廓线。

命令：_rectang
指定第一个角点或 [倒角(C)/标高(E)/圆角(F)/厚度(T)/宽度(W)]:　　　（在适当位置单击，指定矩形的第一角点）

指定另一个角点或 [面积(A)/尺寸(D)/旋转(R)]: @108,18↙ （输入第二角点相对于第一角点的坐标，回车）

（4）单击"绘图"工具栏的"圆"按钮⊙，绘制直径为 60 的圆。

命令: _circle
指定圆的圆心或 [三点(3P)/两点(2P)/相切、相切、半径(T)]: _tt （单击"对象捕捉"工具栏中的"临时追踪点捕捉" 按钮-○）
指定临时对象追踪点: （捕捉矩形下方水平边的中点为临时追踪点）
指定圆的圆心或 [三点(3P)/两点(2P)/相切、相切、半径(T)]: 72↙ （向上移动光标，出现追踪轨迹，输入追踪距离 72，回车）
指定圆的半径或 [直径(D)]: 30↙ （输入圆的半径 30，回车）

（5）单击"绘图"工具栏的"圆"按钮⊙，绘制直径为 32 的圆，如图 6-35a 所示。

命令: _circle
指定圆的圆心或 [三点(3P)/两点(2P)/相切、相切、半径(T)]: （捕捉直径为 60 的圆的圆心）
指定圆的半径或 [直径(D)]: 16↙ （输入圆的半径 16，回车）

（6）分别单击"绘图"工具栏中的"直线"按钮╱，利用切点捕捉绘制两条切线。

命令: _line
指定第一点: （捕捉矩形左上角点）
指定下一点或 [放弃(U)]: _tan 到 （单击"对象捕捉"工具栏中的"切点捕捉"按钮○，在大圆左侧圆周上捕捉切点）
指定下一点或 [放弃(U)]:↙ （回车，结束"直线"命令）

命令: _line
指定第一点: （捕捉矩形右上角点）
指定下一点或 [放弃(U)]: _tan 到 （单击"对象捕捉"工具栏中的"切点捕捉"按钮○，在大圆右侧圆周上捕捉切点）
指定下一点或 [放弃(U)]:↙ （回车，结束"直线"命令）

（7）分别单击"绘图"工具栏中的"直线"按钮╱，绘制肋板轮廓线，如图 6-35b 所示。

命令: _line
指定第一点: _from （单击"对象捕捉"工具栏中的"捕捉自"按钮）
基点: <偏移>: （捕捉同心圆的圆心为基点）
@-7.5,-34:↙ （输入 A 点相对于基点的坐标，回车）
指定下一点或 [放弃(U)]: 15:↙ （向右移动光标，输入水平线 AB 的长度 15，回车）
指定下一点或 [放弃(U)]: （向下移动光标，在矩形的上方水平边上捕捉垂足）
指定下一点或 [闭合(C)/放弃(U)]:↙ （回车，结束"直线"命令）

命令: _line
指定第一点: （捕捉端点 A）
指定下一点或 [放弃(U)]:、 （向下移动光标，在矩形的上方水平边上捕捉垂足）
指定下一点或 [放弃(U)]:↙ （回车，结束"直线"命令）

（8）单击"修改"工具栏中的"延伸"按钮-╱，将两条垂直线延伸到大圆周上，如图 6-35c

所示。

命令: _extend
当前设置:投影=UCS,边=无
选择边界的边...
选择对象或 <全部选择>:　　　（单击大圆为延伸边界）
找到 1 个
选择对象:✓　　　（回车,结束选择延伸边界对象）
选择要延伸的对象,或按住 Shift 键选择要修剪的对象,或[栏选(F)/窗交(C)/投影(P)/边(E)/放弃(U)]:(在 A 点附近单击垂直线)
选择要延伸的对象,或按住 Shift 键选择要修剪的对象,或[栏选(F)/窗交(C)/投影(P)/边(E)/放弃(U)]:　　　（在 B 点附近单击垂直线）
选择要延伸的对象,或按住 Shift 键选择要修剪的对象,或[栏选(F)/窗交(C)/投影(P)/边(E)/放弃(U)]: ✓　　　（回车,结束"延伸"命令）

（9）单击"修改"工具栏中的"打断"按钮，将大圆周打断，如图 6-35d 所示。

命令: _break
选择对象:　　　（单击大圆为打断对象）
指定第二个打断点 或 [第一点(F)]: F✓　　　（输入 F,回车,选择"第一点"选项）
指定第一个打断点:　　　（在大圆周上捕捉交点 C）
指定第二个打断点:　　　（在大圆周上捕捉交点 D）

（10）将点画线层设置为当前层，利用"直线"命令和对象捕捉追踪模式绘制主视图对称点画线和圆的中心点画线，如图 6-35e 所示。

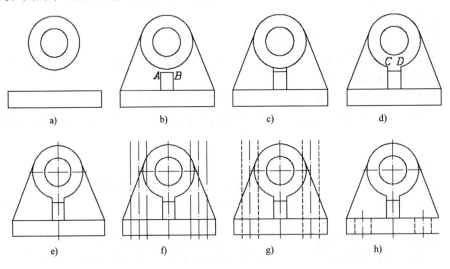

图 6-35　绘制轴承座主视图流程

（11）单击"修改"工具栏中的"偏移"按钮，利用"偏移"命令对称偏移主视图的对称点画线，偏移距离为 35。

（12）单击"修改"工具栏中的"偏移"按钮，利用"偏移"命令对称偏移两条偏移出来的点画线，偏移距离为 9.5，如图 6-35f 所示。

（13）选择菜单"格式"→"图层工具"→"图层匹配"选项，利用"图层匹配"命令将第二次偏移出来的四条点画线变为虚线，如图6-35g所示。

（14）单击"修改"工具栏中的"修剪"按钮⊁，修剪虚线。

（15）选择菜单"修改"→"拉长"选项，利用"拉长"命令中的"动态"选项调整两条第一次偏移出来的两条点画线的长度，使其超出矩形上方水平轮廓线约5mm。

完成绘制轴承座主视图，如图6-35h所示。

6.11 利用"分解"和"合并"命令绘图

分解就是将组合对象中的各对象进行分离，以便进行其他编辑操作。

合并对象与打断对象是两个相反的操作。

6.11.1 分解与合并

单击"修改"工具栏中的"分解"按钮⬚，或选择菜单"修改"→"分解"选项，即可启动"分解"Explode命令。利用"分解"命令可以将矩形、多边形、面域和布尔运算后形成的图形以及块等对象分解为单个独立的对象。

单击"修改"工具栏中的"合并"按钮⊦，或选择菜单"修改"→"合并"选项，即可启动"合并"Join命令。利用"合并"命令可以将同一条直线上的两段或多段线段合并为一条直线，或将同一个圆上的两段或多段圆弧按照逆时针方向合并为一个圆弧，也可以利用"闭合"选项将一个圆弧的两个端点闭合后成为一个圆。

下面通过一个绘图实例说明"分解"Explode命令和"合并"Join命令的操作方法和应用。

6.11.2 绘制底座俯视图

底座的俯视图及其三维实体如图6-36所示。

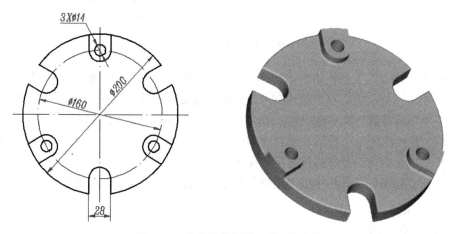

图6-36 底座的俯视图及其三维实体

操作步骤如下：

（1）新建图形文件，加载线型，恢复图层。

（2）将"粗实线"层设置为当前层，打开状态栏中的"对象捕捉"按钮▭和"对象捕捉追踪"按钮∠。

（3）单击"绘图"工具栏中的"圆"按钮⊘，在适当位置单击，输入圆的半径 100 后回车，绘制出直径为 200 的大圆。

（4）将"点画线"层设置为当前层，回车再次启动"圆"命令，捕捉大圆的圆心，输入圆的半径 80 后回车，绘制直径为 160 的点画线圆。

（5）单击"图层"工具栏中的"上一个图层"按钮➽，将粗实线层设置为当前层。

（6）单击"绘图"工具栏中的"矩形"按钮▢，绘制一个用于阵列的长圆。

命令: _rectang
指定第一个角点或 [倒角(C)/标高(E)/圆角(F)/厚度(T)/宽度(W)]: F✓　　　（输入 F，回车，选择"圆角"选项）
指定矩形的圆角半径: 14✓　　（输入圆角半径 14，回车）
指定第一个角点或 [倒角(C)/标高(E)/圆角(F)/厚度(T)/宽度(W)]: _from　　（单击"对象捕捉"工具栏中的"捕捉自"按钮📌）
基点:　　（捕捉圆心为基点）
<偏移>: @-14,66✓　　（输入矩形的第一角点相对于基点的坐标，回车）
指定另一个角点或 [面积(A)/尺寸(D)/旋转(R)]: @28,50✓　　（输入矩形的第二角点相对于第一角点的坐标，回车）

（7）将"点画线"层设置为当前层，利用"直线"命令和对象捕捉追踪模式绘制一条用于阵列的垂直点画线，如图 6-37a 所示。

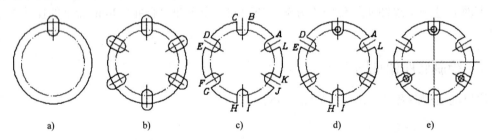

图 6-37　绘制底座俯视图流程

（8）单击"修改"工具栏中的"阵列"按钮▦，在"阵列"对话框中选中"环形阵列"单选按钮，单击"拾取中心点"按钮▦，在绘图区捕捉点画线圆的圆心后，回到"阵列"对话框中。在"项目总数"文本框中输入 6，填充角度为 360，如图 6-38 所示。单击"选择对象"按钮▦，在绘图区单击长圆和垂直点画线为阵列对象，回车后单击对话框中的"确定"按钮，即可生成 6 个均匀分布的长圆，如图 6-37b 所示。

（9）单击"绘图"工具栏中的"面域"按钮◎，将大圆和六个长圆创建为面域。

命令:_region
选择对象: 找到 1 个
选择对象: 找到 1 个，总计 2 个
选择对象: 找到 1 个，总计 3 个
选择对象: 找到 1 个，总计 4 个
选择对象: 找到 1 个，总计 5 个

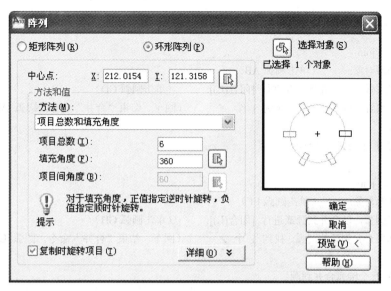

图 6-38 设置环形阵列

选择对象: 找到 1 个, 总计 6 个
选择对象: 找到 1 个, 总计 7 个　　（单击大圆和六个长圆为面域对象）
选择对象:✓　　（回车, 结束选择面域对象）
已提取 7 个环。
已创建 7 个面域。

（10）单击"实体编辑"工具栏中的"差集"按钮◎, 对圆面域和长圆面域进行"差"运算, 结果如图 6-37c 所示。

命令: _subtract
选择要从中减去的实体或面域...
选择对象:　　（单击圆面域）
找到 1 个
选择对象: 选择要减去的实体或面域 ..
选择对象: 找到 1 个
选择对象: 找到 1 个, 总计 2 个
选择对象: 找到 1 个, 总计 3 个
选择对象: 找到 1 个, 总计 4 个
选择对象: 找到 1 个, 总计 5 个
选择对象: 找到 1 个, 总计 6 个　　（依次单击 6 个长圆面域）
选择对象:✓　　（回车, 结束选择"差"运算）

（11）单击"修改"工具栏中的"分解"按钮，分解"差集"运算后形成的轮廓线。

命令: _explode
选择对象:　　（单击"差集"运算后形成的轮廓线）
找到 1 个
选择对象:✓　　（回车, 结束"分解"命令）

（12）分别单击"修改"工具栏中的"合并"按钮，将相邻的两个圆弧合并为一个圆

弧，结果如图 6-37d 所示。

> 命令: _join
> 选择源对象: 　　　（单击圆弧 AB）
> 选择圆弧，以合并到源或进行 [闭合(L)]: 　　　（单击圆弧 CD）
> 选择要合并到源的圆弧: 找到 1 个 ↙ 　　（回车，结束"合并"命令，圆弧 AB、CD 合并为圆弧 AD）
> 已将 1 个圆弧合并到源。
>
> 命令: _join
> 选择源对象: 　　　（单击圆弧 EF）
> 选择圆弧，以合并到源或进行 [闭合(L)]: 　　　（单击圆弧 GH）
> 选择要合并到源的圆弧: 找到 1 个 ↙ 　　（回车，结束"合并"命令，圆弧 EF、GH 合并为圆弧 EH）
> 已将 1 个圆弧合并到源。
>
> 命令: _join
> 选择源对象: 　　　（单击圆弧 IJ）
> 选择圆弧，以合并到源或进行 [闭合(L)]: 　　　（单击圆弧 KL）
> 选择要合并到源的圆弧: 找到 1 个 ↙ 　　（回车，结束"分解"命令，圆弧 IJ、KL 合并为圆弧 IL）
> 已将 1 个圆弧合并到源。

（13）单击"绘图"工具栏中的"圆"按钮，捕捉点画线圆的上象限点为圆心，输入半径 7 后回车，绘制直径为 14 的圆。

（14）单击"修改"工具栏中的"阵列"按钮，在"阵列"对话框中选中"环形阵列"单选按钮，单击"拾取中心点"按钮，在绘图区捕捉点画线圆的圆心后，回到"阵列"对话框中。在"项目总数"文本框中输入 3，填充角度为 360。单击"选择对象"按钮，在绘图区单击直径为 14 的圆为阵列对象，回车后单击对话框中的"确定"按钮，即可生成 3 个均匀分布的圆。

（15）将"点画线"层设置为当前层，利用"直线"命令和对象捕捉追踪模式绘制底座俯视图的水平点画线。

（16）删除下方的垂直点画线，选择菜单"修改"→"拉长"选项，输入 DY 后回车，选择"动态"选项。在上方垂直点画线的下端点附近单击该点画线，向下移动光标，在超出下方外轮廓线约 5mm 处单击，即可绘制出底座俯视图，如图 6-37e 所示。

6.12 小结

本章主要介绍了选择对象的方法、各种编辑命令的操作方法及应用实例。利用编辑命令可以生成各种复杂的平面图形，能否熟练地运用编辑命令关系到绘图效率的高低。建议读者多练多画，通过反复地实际操作，熟悉各种编辑命令的操作方法，提高运用这些命令的技巧。

6.13 习题

1.简答题

（1）简述利用实线拾取窗口和虚线拾取窗口选择对象的区别。

（2）简述利用拾取窗口和窗口选择对象的区别。

（3）在 AutoCAD 2012 中文版中新增加哪个编辑命令？简述其主要功能。

2.操作题

（1）绘制如图 6-39 所示的通气器主视图。

（2）绘制如图 6-40 所示的支座的主视图和俯视图（提示：可利用对象捕捉追踪、临时追踪点捕捉和延长捕捉等使视图间保持正确的投影关系，图中圆角半径为 R1）。

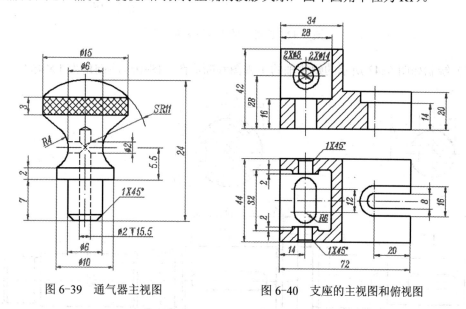

图 6-39 通气器主视图

图 6-40 支座的主视图和俯视图

（3）绘制如图 6-41 所示的端盖的主视图和左视图。

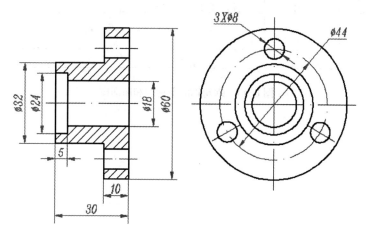

图 6-41 端盖的主视图和左视图

（4）绘制如图 6-42 所示的圆螺母的主视图和左视图。

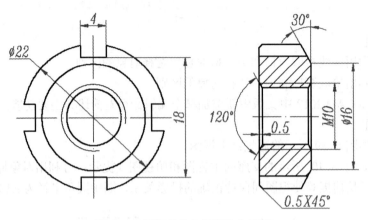

图 6-42　圆螺母的主视图和左视图

（5）绘制如图 6-43 所示的蜗轮轴的主视图和断面图，图中未注倒角为 1×45°。

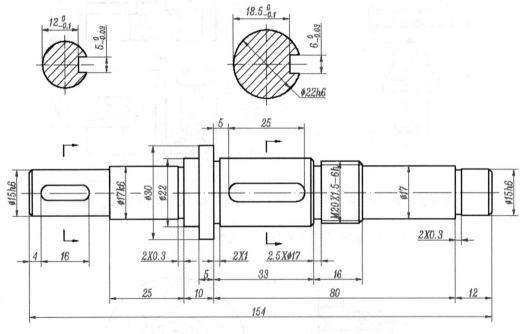

图 6-43　蜗轮轴的主视图和断面图

第7章 文字和表格

在机械图样中，经常需要用文字和表格来说明零件的加工要求和设计参数，本章将介绍在机械图样中输入文字、绘制表格的方法，主要包括以下内容：

- 设置文字样式
- 输入文字
- 编辑文字
- 绘制表格

7.1 设置文字样式

文字是机械图样中不可缺少的内容，如零件图和装配图上的技术要求、标题栏，以及视图和剖视图的名称标注等。在输入文本之前，要对文字的样式进行设置。文字样式包括字体、字形、高度和宽度等，我们应按照机械制图国家标准设置文字样式。

设置文字样式的操作步骤如下：

（1）单击"文字"工具栏或"样式"工具栏中的"文字样式"按钮A，或选择菜单"格式"→"文字样式"选项，弹出如图 7-1 所示的"文字样式"对话框，系统默认的文字样式名为 Standard。

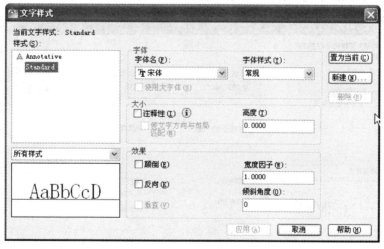

图 7-1 "文字样式"对话框

（2）单击"新建"按钮，弹出如图 7-2 所示的"新建文字样式"对话框。在"样式名"文本框中输入"字母与数字样式"，单击"确定"。

（3）返回"文字样式"对话框后，取消勾选"使用大字体"复选框，即不使用大字体。

在"字体名"下拉列表中选择 italic.shx 选项，在"高度"文本框中输入 5.0000，在"宽度因子"文本框中输入 0.7000，如图 7-3 所示，单击"应用"按钮。

（4）单击"新建"按钮，弹出"新建文字样式"对话框。在"样式名"文本框中输入"汉字样式"，单击"确定"按钮。

图 7-2 "新建文字样式"对话框

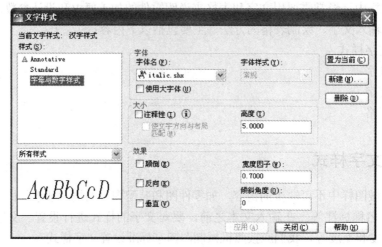

图 7-3 设置"字母与数字样式"

（5）在"字体名"下拉列表中选中"仿宋体_GB2312"，保留"高度"文字框的设置 5.0000 和"宽度因子"文本框的设置 0.7000 不变，如图 7-4 所示。

请特别注意输入汉字的字体为"仿宋_GB2312"，而不是"@仿宋_GB2312"。

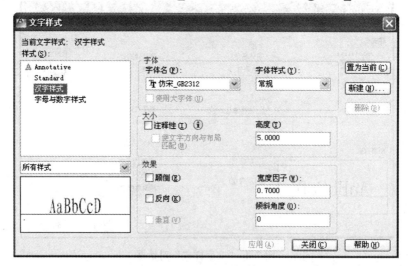

图 7-4 设置"文字样式"

（6）单击"应用"按钮，再单击"关闭"按钮或对话框标题栏中的 ☒ 按钮，关闭"文字样式"对话框，完成文字样式的设置。

7.2　输入文字

在图样中输入文字可以利用"单行文字"命令和"多行文字"命令输入。"单行文字"命令也可以一次输入多行文字，但每一行是一个文字对象，即各行是独立的，而用"多行文字"命令输入的多行文字是一个对象，这是两个文字输入命令的区别。

7.2.1　利用"单行文字"命令填写标题栏

单击"文字"样式或"绘图"工具栏中"单行文字"按钮A，或选择菜单"绘图"→"文字"→"单行文字"选项，即可启动"单行文字"Dtext 命令。利用该命令可以在机械图样中输入单行文字，如输入沉孔的深度、标注局部视图和局部剖视图的名称及填写标题栏等。

下面以填写标题栏为例说明利用"单行文字"Dtext 命令输入文字的操作方法和应用。

操作步骤如下：

（1）单击"标准"样式工具栏中"窗口缩放"按钮，将标题栏放大显示。

（2）将"文字"层设置为当前层，在"样式"下拉列表中将"字母与数字样式"设置为当前文字样式，单击"文字"样式工具栏中"单行文字"按钮A。

命令: _dtext
当前文字样式: 字母与数字样式　当前文字高度: 5.0000
指定文字的起点或 [对正(J)/样式(S)]:　　　（在"比例"右侧的表格框左下角适当位置单击）
指定文字的旋转角度 <0>:✓　　　（回车，文字的旋转角度为 0，即不旋转）

此时在绘图区出现单行文字输入框，分别输入"2:1"回车，输入"45"回车，输入"R05-1"回车，如图 7-5a 所示。回车，结束"单行文字"命令。

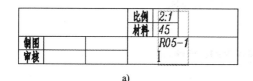
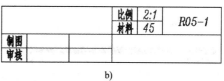

a)　　　　　　　　　　　　　　　　b)

图 7-5　利用"单行文字"命令填写标题栏流程

（3）单击"修改"工具栏中的"移动"按钮，将文字"R05-1"调整到"图纸代号"表格框内。如果输入的比例文字和材料文字的位置不好，也可以利用"移动"命令进行调整，如图 7-5b 所示。

7.2.2　利用"多行文字"输入技术要求

单击"文字"样式或"绘图"工具栏中的"多行文字"按钮A，或选择菜单"绘图"→"文字"→"多行文字"选项，即可启动"多行文字"Mtext 命令。利用该命令可以在机械图样中输入单行文字。

下面以输入技术要求为例说明利用"多行文字"Mtext 命令输入文字的操作方法和应用。

操作步骤如下：

（1）单击"绘图"工具栏中的"多行文字"按钮A。

命令：_mtext
当前文字样式:"汉字样式"　当前文字高度:5
指定第一角点：　　（在适当位置单击）
指定对角点或 [高度(H)/对正(J)/行距(L)/旋转(R)/样式(S)/宽度(W)]:　　　　（移动光标，拖出一个矩形线框，如图 7-6a 所示，该线框确定了多行文字的位置和范围，首行文字与矩形线框的左上角点对齐。在适当位置单击后，弹出"文字格式"对话框）

（2）在"文字格式"对话框中用仿宋体输入汉字，用 italic.shx 字体输入字母和数字，如图 7-6b 所示。

可以利用"文字格式"对话框中的"编号"按钮输入技术要求中的项目编号。

（3）将光标移到首行"技术要求"4 个字的起点处，按住鼠标左键后移动光标，将"技术要求"4 个字选中，在字高下拉文本框中输入 7 后，在输入框内单击，将"技术要求"4 个字的高度修改为 7，如图 7-6c 所示。

（4）再次将光标移到首行"技术要求"4 个字的起点处，按空格键，调整"技术要求"4 个字的位置，单击"确定"按钮，即完成输入零件的技术要求，如图 7-6d 所示。

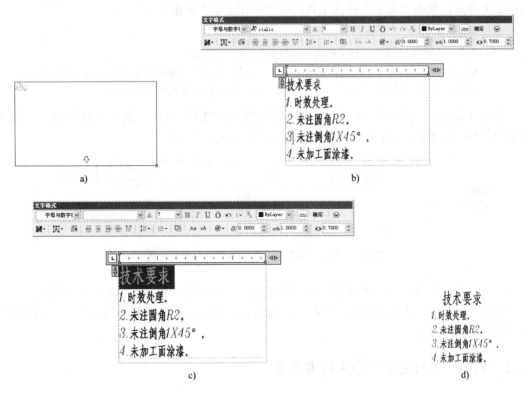

图 7-6　利用"多行文字"命令输入技术要求流程

7.2.3　输入特殊字符

在 AutoCAD 中，有些符号是不能用键盘直接输入的，如上划线、下划线、°、±、%

等，用户需用 AutoCAD 提供的控制符进行输入，控制符由两个百分号 (%%) 和一个字符组成。如输入上述技术要求文字时，其中的角度符号是用%%D 代替的。

AutoCAD 的控制符及其功能可参见表 7-1。

表 7-1　AutoCAD 的控制符及其功能

控 制 符	功 能
%%C	输入直径符号 Ø
%%P	输入正负号±
%%D	输入角度值符号°
%%%	输入百分号%
%%O	打开/关闭上划线功能
%%U	打开/关闭下划线功能

利用"多行文字"命令输入文字时，还可以在"文字格式"对话框的"符号"下拉列表中选择相应的选项来输入这些特殊字符，如图 7-7 所示。

图 7-7　利用"文字格式"对话框的"符号"下拉列表中输入特殊字符

7.3　编辑文字

编辑文字一般是修改文字的内容和高度，本节将介绍编辑文字的几种方法。

7.3.1　编辑单行文字

单击"文字"工具栏中的"编辑文字"N按钮，或选择菜单"修改"→"对象"→

"文字"→"编辑"选项，即可启动"编辑文字"Ddedit 命令，利用该命令对文字进行修改。

下面以将零件的材料"45"修改为"35"为例说明编辑单行文字的操作方法。

启动"编辑文字"命令后，在标题栏中单击零件的材料名称"45"，或不用启动"编辑文字"命令，直接在标题栏中双击零件的材料名称"45"，单行文字"45"便处于带方框的输入状态，如图7-8a 所示。在数字"4"和"5"之间单击，如图 7-8b 所示。按键盘上的删除键将数字"4"删除，如图 7-8c 所示。重新输入数字"3"，如图 7-8d 所示。按回车键即可将零件的材料"45"修改为"35"，如图7-8e 所示。

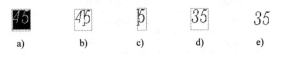

a)　　　b)　　　c)　　　d)　　　e)

图 7-8　修改单行文字流程

7.3.2　编辑多行文字

启动"编辑文字"命令后，单击要编辑的多行文字，或不用启动"编辑文字"命令，直接双击要编辑的多行文字，系统将弹出"文字格式"对话框，在该对话框中可以对多行文字的内容和字高进行修改。

7.3.3　修改文字比例

单击"文字"工具栏中的"文字缩放"按钮，或选择菜单"修改"→"对象"→"文字"→"比例"选项，即可启动"文字比例"Scaletext 命令，利用该命令可以修改文字的比例，而不改变文字插入点的位置。

如在机械图样的右上角标注粗糙度时，一般在粗糙度符号的前面注有"其余"二字，如果用"单行文字"命令输入这两个字，其高度为 5，而国家标准要求这两个字的高度应比视图中的文字大一号，即应为 7。利用"文字比例"Scaletext 命令可以修改文字的高度，如图 7-9 所示。

操作步骤如下：

其余　　　其余

命令: _scaletext
图 7-9　修改文字的高度

选择对象:　　　（单击"其余"二字）

找到 1 个

选择对象:✓　　　（回车，结束选择要编辑的文字对象）

输入缩放的基点选项[现有(E)/左(L)/中心(C)/中间(M)/右(R)/左上(TL)/中上(TC)/右上(TR)/左中(ML)/正中(MC)/右中(MR)/左下(BL)/中下(BC)/右下(BR)] <现有>:✓　　　（回车，以文字现有的插入点为缩放基点）

指定新高度或 [匹配对象(M)/缩放比例(S)] <5>: 7✓　　　（输入文字的新高度7，回车）

标题栏中的零件名称的高度一般为 7，如果利用"单行文字"命令输入，也需利用"文字缩放"命令放大文字。而标题栏中的材料名称如果较长，如 HT150，在表格内就写不下，应利用"文字缩放"命令缩小文字，如将高度缩小为 3.5。

7.4 绘制表格

利用表格功能，用户可以在图形中绘制表格。还可以从 Microsoft Excel 中直接复制表格，并粘贴在 AutoCAD 的图形文件中，还可以从 AutoCAD 中将表格输出到 Microsoft Excel 或其他应用程序中。

7.4.1 设置表格样式

单击"样式"工具栏中的"表格样式"按钮，或选择菜单"格式"→"表格样式"选项，弹出如图 7-10 所示"表格样式"对话框。利用该对话框可以设置表格样式，对表格样式进行修改或删除。

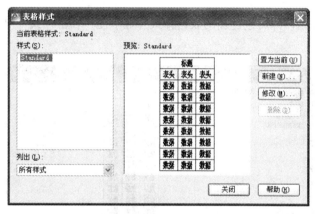

图 7-10 "表格样式"对话框

单击"表格样式"对话框中的"新建"按钮，弹出如图 7-11 所示的"创建新的表格样式"对话框。

在"新样式名"文本框中输入新的表格样式名"我的表格"，单击"继续"按钮，弹出如图 7-12 所示的"新建表格样式"对话框。

机械图样中的表格一般都不带标题和表头，在"单元样式"下拉列表中分别选择"标题"选项，打开

图 7-11 "创建新的表格样式"对话框

"常规"选项卡，在"对齐"下拉列表中选择"正中"选项，在"页边距"选项栏中的 "垂直"文本框中输入 0.665，以保证单元格的高度为 8。保留"水平"文本框的默认设置即 1.5 不变。取消勾选"创建行列时合并单元"复选框，如图 7-12 所示。

打开"文字"选项卡，在"文字样式"下拉列表中将文字样式设置为"字母与数字样式"，"文字高度"自动设置为 3.5。在"文字颜色"下拉列表中选择"选择颜色"选项，在弹出的"选择颜色"对话框中将文字的颜色设置为 14 号色，即棕色，如图 7-13 所示。

"边框"选项卡保留默认设置即可。

在"单元样式"下拉列表中分别选择"表头"选项和"数据"选项，二者的"常规"选项和"文字"选项卡中的设置同上，参看图 7-12 和图 7-13。

图 7-12　设置标题"常规"选项卡

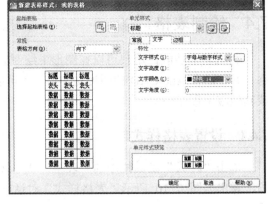
图 7-13　设置标题"文字"选项卡

单击"确定"按钮，即可创建新的表格样式并显示在"表格样式"对话框中，如图 7-14 所示。

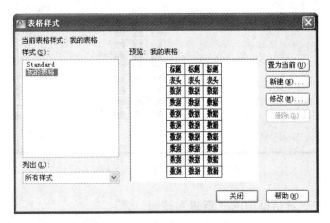
图 7-14　创建表格样式

7.4.2　利用"表格"命令绘制齿轮参数表

单击"绘图"工具栏中的"表格"按钮▦，或选择菜单"绘图"→"表格"选项，即可启动"表格"Table 命令，并弹出"插入表格"对话框，利用该对话框可以在机械图样中绘制表格。

下面以绘制齿轮参数表为例说明"表格"Table 命令的操作方法和应用。

齿轮参数表如图 7-15 所示。

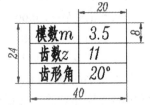
图 7-15　齿轮参数表

该表格是机油泵中齿轮的参数表，机械图样中表格的单元格高度为 8，且边框线为细实线，齿轮参数表单元格的长度为 20。

操作步骤如下：

（1）将"细实线"层设置为当前层。

（2）单击"绘图"工具栏中的"表格"按钮▦，在弹出的"插入表格"对话框中作如

图 7-16 所示的设置。

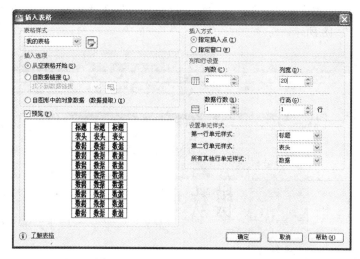

图 7-16 设置"插入表格"对话框

在"插入方式"选项栏中选中"指定插入点"单选按钮。

在"列数"、"列宽"、"数据行数"文本框中分别输入 2、20、1，在"行高"文本框中输入 1，即单元格中只有一行文本。

齿轮的参数表格有三行，但"标题"和"表头"各占一行，故在"数据行数"文本框中输入 1。

（3）单击"确定"按钮，返回绘图区，单击"标准"工具栏中的"窗口缩放"按钮⊕，将边框的右上角放大显示。

（4）单击"对象捕捉"工具栏中的"临时追踪点捕捉"按钮⟜，捕捉边框的右上角点为临时追踪点，向左移动光标，出现水平追踪轨迹，如图 7-17 所示。

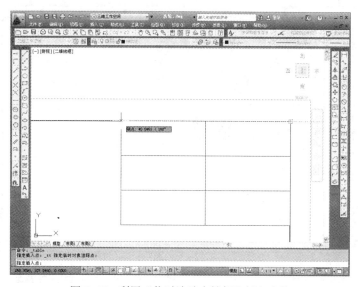

图 7-17 利用"临时追踪点捕捉"插入表格

（5）输入追踪距离 40 后回车，即可在边框的右上角绘制出蓝颜色的表格边框，且表格的左上角第一格处于编辑状态，在该格内输入用仿宋体输入"模数"，用 italic.shx 字体输入字母"m"，如图 7-18 所示。

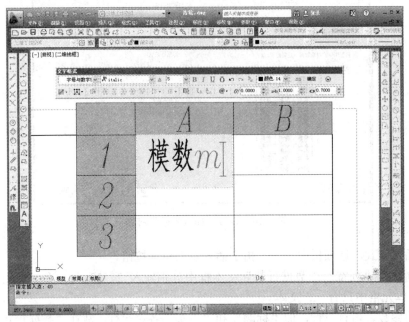

图 7-18　在表格中输入文字

（6）按键盘上的光标移动键，如右移光标，则第一行的第二个单元格处于编辑状态，按空格键后输入"3.5"，如图 7-19 所示。

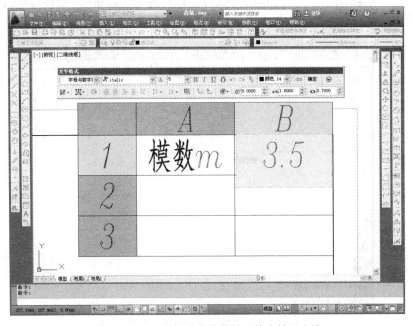

图 7-19　移动光标后在其他单元格内输入文字

（7）回车或向下移动光标，第二行的第二单元格处于编辑状态，输入文本后，再向左移动光标，可以在第二行的第一单元格内输入文本。

其余依此类推，可以在表格的所有单元格内输入文本，从而完成绘制如图 7-15 所示的参数表。

7.5　小结

本章主要介绍了在机械图样中输入文字和绘制表格的方法，输入文字前要先设置文字样式，绘制表格前要先设置表格样式，文字和表格是图样中不可缺少的内容，希望读者掌握相关的设置和操作方法。

7.6　习题

1．简答题

（1）简述单行文字和多行文字的区别。

（2）简述常用控制符的功能。

2．操作题

（1）利用"多行文字"Mtext 命令输入如图 7-20 所示的技术要求，其中"技术要求"4 个字的高度为 7，其他文字的高度为 5。

（2）按本章介绍的设置表格样式的方法设置表格样式，再利用"表格"Table 命令绘制如图 7-21 所示的蜗杆轴参数表。

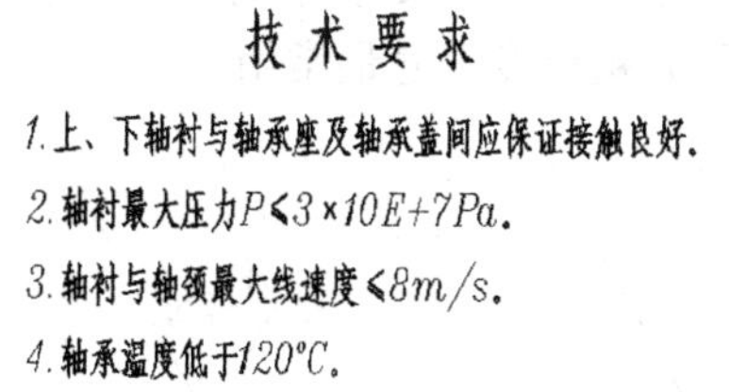

技术要求

1. 上、下轴衬与轴承座及轴承盖间应保证接触良好。

2. 轴衬最大压力 $P \leqslant 3 \times 10E+7Pa$。

3. 轴衬与轴颈最大线速度 $\leqslant 8m/s$。

4. 轴承温度低于 $120\,^{\circ}C$。

图 7-20　输入技术要求文字

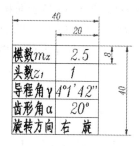

模数 m_x	2.5
头数 z_1	1
导程角 γ	4°1′42″
齿形角 α	20°
旋转方向	右　旋

图 7-21　蜗杆轴参数表

第8章 常用符号——创建块

利用 AutoCAD 绘图时，经常需要重复绘制相同的图形或符号，为了避免绘图的重复，节省磁盘空间，提高绘图效率，可以将这些重复出现的图形，如表面粗糙度符号、基准符号、箭头、沉孔标注符号、视图旋转符号等创建为块。利用插入命令可将创建为块的图形对象，以任意的比例和方向插入到其他图形的任意位置，且插入的次数不受任何限制。

本章将介绍将这些常用符号创建为块的方法，主要内容如下：
- 创建表面粗糙度符号块
- 创建基准符号块
- 创建箭头块
- 创建沉孔标注符号块
- 创建视图旋转符号块
- 插入块
- 编辑属性

8.1 创建表面粗糙度符号块

国家标准规定了三种常用的表面粗糙度符号，如图 8-1 所示。其中当字体高度为 5 时，H_1 为 7，H_2 为 15。图 8-1a 是表面粗糙度的基本符号，一般不常用。如图 8-1b 所示的符号表示用去材料的方法获得的表面，即加工面的粗糙度。如图 8-1c 所示的符号表示用不去材料的方法获得的表面，即非加工面的粗糙度。这两种如粗糙度符号最常用。

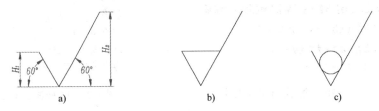

图 8-1 常用的表面粗糙度符号

8.1.1 绘制表面粗糙度符号

绘图步骤如下：

（1）新建一个空白图形文件，加载线型，恢复图层。

（2）将"细实线"层设置为当前层，打开状态栏中的"正交"按钮和"对象捕捉"按钮。

（3）单击"绘图"工具栏中的"直线"按钮，绘制一条水平细实线。

命令：_line
指定第一点：　　　（在绘图区适当位置单击）
指定下一点或 [放弃(U)]:　　（向右移动光标，在适当位置单击）
指定下一点或 [放弃(U)]: ✓　　（回车，结束"直线"命令）

（4）分别单击"修改"工具栏中的"偏移"按钮🖳，偏移水平细实线。

命令：_offset
当前设置：删除源=否　图层=源　OFFSETGAPTYPE=0
指定偏移距离或 [通过(T)/删除(E)/图层(L)] <通过>: 7✓　　（指定偏移距离7，回车）
选择要偏移的对象，或 [退出(E)/放弃(U)] <退出>:　　（单击水平细实线为偏移对象）
指定要偏移的那一侧上的点，或 [退出(E)/多个(M)/放弃(U)] <退出>:（在水平细实线的上方单击）
选择要偏移的对象，或 [退出(E)/放弃(U)] <退出>: ✓　　（回车，结束"偏移"命令）

命令：_offset
当前设置：删除源=否　图层=源　OFFSETGAPTYPE=0
指定偏移距离或 [通过(T)/删除(E)/图层(L)] <通过>: 15✓　　（指定偏移距离15，回车）
选择要偏移的对象，或 [退出(E)/放弃(U)] <退出>:　　（单击水平细实线为偏移对象）
指定要偏移的那一侧上的点，或 [退出(E)/多个(M)/放弃(U)] <退出>:（在水平细实线的上方单击）
选择要偏移的对象，或 [退出(E)/放弃(U)] <退出>: ✓
（回车，结束"偏移"命令）

（5）单击"标准"工具栏中的"窗口缩放"按钮🔍，将
图形放大显示。

（6）分别单击"绘图"工具栏中的"直线"按钮／，绘
制倾斜细实线，如图8-2所示。

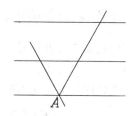

图8-2　绘制水平和倾斜细实线

命令：_line
指定第一点：　　　（在上面两条水平细实线之间适当位置单击）
指定下一点或 [放弃(U)]: @15<-60 ✓　　（指定第二点相对于第一点的坐标，回车）
指定下一点或 [放弃(U)]: ✓　　（回车，结束"直线"命令）

命令：_line
指定第一点：　　　（捕捉倾斜细实线和下方水平细实线的交点A）
指定下一点或 [放弃(U)]: @20<60 ✓　　（指定第二点相对于第一点的坐标，回车）
指定下一点或 [放弃(U)]: ✓　　（回车，结束"直线"命令）

（7）单击"修改"工具栏中的"修剪"按钮┿，修剪细实线。

（8）单击"修改"工具栏中的"删除"按钮🖉，删除下方和上方水平细实线，得到表面
粗糙度符号，如图8-3a所示。

（9）单击"标准"工具栏中的"缩放上一个"按钮🔍，利用缩放上一个命令返回上一个
显示窗口。

（10）单击"修改"工具栏中的"复制"按钮❀，复制如图8-3a所示的图形。

命令：_copy
选择对象：　　　（在图8-3a所示图形的左上方适当位置单击）
指定对角点：（向右下方移动光标，拖出一个实线拾取框包围图8-3a所示图形，在适当位置单击）

找到 3 个

选择对象:↙　　（回车，结束复制对象）

指定基点或 [位移(D)] <位移>:　　　（捕捉图 8-2a 所示图形的尖点为基点）

指定第二个点或 <使用第一个点作为位移>:　　　（在适当位置单击）

指定第二个点或 [退出(E)/放弃(U)] <退出>: ↙　　　（回车，结束复制命令）

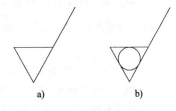

图 8-3　绘制表面粗糙度符号

（11）选择菜单"绘图"→"圆"→"相切、相切、相切"选项，绘制等边三角形的内切圆，如图 8-3b 所示

命令:_circle

指定圆的圆心或 [三点(3P)/两点(2P)/相切、相切、半径(T)]:_3p

指定圆上的第一个点:_tan 到

指定圆上的第二个点:_tan 到

指定圆上的第三个点:_tan 到　　　（依次单击等边三角形的三条直线）

（12）单击"修改"工具栏中的"删除"按钮🖉，删除如图 8-3b 中的水平直线，即可绘出如图 8-1c 所示的表面粗糙度符号。

8.1.2　创建表面粗糙度符号块

创建表面粗糙度符号块的步骤如下：

（1）单击"绘图"工具栏中的"创建块"按钮🖳，弹出如图 8-4 所示的"块定义"对话框，在"名称"下拉文本框中输入"非加工面粗糙度"。

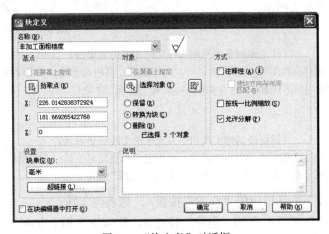

图 8-4　"块定义"对话框

（2）单击"基点"选项栏中的"拾取点"按钮🖳，在绘图区域内捕捉如图 8-1c 所示表面粗糙度符号的下尖点为插入基点后，返回对话框。

（3）单击"对象"选项栏中的"选择对象"按钮🖳，在绘图区域内选择该表面粗糙度符号，回车后，返回对话框，单击"确定"按钮，即可将如图 8-1c 所示的表面粗糙度符号定义为块。

（4）在命令行中输入 WBLOCK 后回车，弹出"写块"对话框，在"源"选项栏中选中

"块"单选按钮，在"块"下拉列表框中选择"非加工面粗糙度"选项，如图 8-5 所示。单击"确定"按钮，该块被保存为"非加工面粗糙度.dwg"，成为一个公共图形。

图 8-5 "写块"对话框

8.1.3 创建带属性的块

属性是块上的注释文字。加工面粗糙度上需要标注数值，以表示实际加工表面的轮廓算术平均偏差 RA，用户可以先将 RA 定义为属性，再创建带属性的块。

操作步骤如下：

（1）将"文字"层设置为当前层，单击"样式"工具栏中的下拉列表中将"字母和数字样式"设置为当前样式。

（2）选择菜单"绘图"→"块"→"定义属性"选项，弹出"属性定义"对话框，如图 8-6 所示。

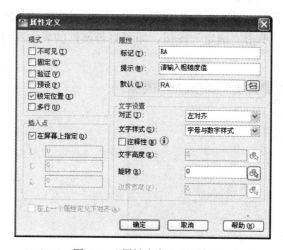

图 8-6 "属性定义"对话框

（3）在"属性"选项栏的"标记"文本框中输入"RA"，在"提示"文本框中输入"请输入粗糙度值"，在"默认"文本框中输入"RA"。单击"确定"按钮，回到绘图区，此时光标处于属性 RA 的左下角，在加工面粗糙度符号的上方适当位置单击（将垂直光标线与粗糙度符号的左端点对齐，插入点位于该端点上方 1.5mm 左右），指定属性的插入点（分别按〈F3〉键和〈F8〉键，关闭状态栏中的"正交"按钮和"对象捕捉"按钮，避免干扰指定插入点），如图8-7 所示，即可完成定义属性 RA。

图 8-7　在绘图区指定属性的插入点

（4）单击"绘图"工具栏中的"创建块"按钮，弹出"块定义"对话框，在"名称"下拉文本框中输入"加工面粗糙度"，如图 8-8 所示。

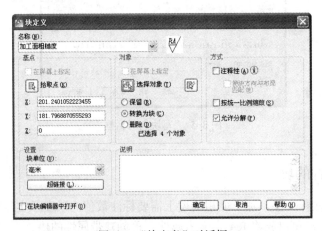
图 8-8　"块定义"对话框

（5）单击"基点"选项栏中的"拾取点"按钮，在绘图区域内捕捉如图 8-1b 所示表面粗糙度符号的下尖点为插入基点后，回到对话框。

（6）单击"对象"选项栏中的"选择对象"按钮，在绘图区域内选择该表面粗糙度符号和属性，回车后，返回对话框。

（7）单击"确定"按钮，弹出如图 8-9 所示的"编辑属性"对话框，在"请输入属性值"文本框中再次输入 RA，单击"确定"按钮，即可将带属性的表面粗糙度符号定义为块，如图 8-10 所示。

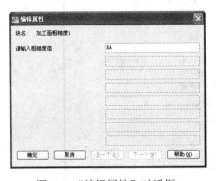
图 8-9　"编辑属性"对话框

图 8-10　创建带属性的块

（8）利用 WBLOCK 命令可将带属性的块保存为"加工面粗糙度.dwg"。

8.2 创建基准符号块

在零件图上标注形位公差时，需要标注基准的位置，基准符号如图 8-11 所示。由于基准符号经常使用，因此也可以创建为块。

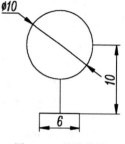
图 8-11 基准符号

创建基准符号块的步骤如下：

（1）单击"标准"工具栏中的"实时偏移"按钮🖑，调整显示窗口。

（2）将"粗实线"层设置为当前层，单击"绘图"工具栏中的"直线"按钮╱，绘制水平粗实线。

> 命令: _line
> 指定第一点:　　　（在适当位置单击）
> 指定下一点或 [放弃(U)]: 6↙　　（向右移动光标，输入水平线的长度 6，回车）
> 指定下一点或 [放弃(U)]: ↙　　（回车，结束"直线"命令）

（3）打开状态栏的"对象捕捉"按钮▢，将"细实线"层设置为当前层，再次回车启动"直线"命令，绘制垂直细实线。

> 命令: _line
> 指定第一点:　　　（捕捉水平线的中点）
> 指定下一点或 [放弃(U)]: 5↙　　（向上移动光标，输入垂直线的长度 5，回车）
> 指定下一点或 [放弃(U)]: ↙　　（回车，结束"直线"命令）

（4）单击"绘图"工具栏中"圆"按钮⊙，绘制直径为 10 圆。

> 命令: _circle
> 指定圆的圆心或 [三点(3P)/两点(2P)/相切、相切、半径(T)]: _ext 于 5↙　　（单击"对象捕捉"工具栏中的"延长捕捉"按钮┄，将光标移到垂直线的上方端点后向上移到光标，输入延长线的长度为 5，回车）
> 指定圆的半径或 [直径(D)]: 5↙　　（捕捉细实线的上方端点，绘制半径为 5 的圆）

（5）关闭状态栏中的"正交"按钮▚和"对象捕捉"按钮▢。选择菜单"绘图"→"块"→"定义属性"选项，弹出"属性定义"对话框。在"属性"选项栏的"标记"文本框中输入"A"，在"提示"文本框中输入"请输入基准名称"，在"默认"文本框中输入"A"，单击"确定"按钮，回到绘图区，在基准符号的圆周内适当位置单击，指定属性的插入点，完成定义基准符号的属性"A"，如图 8-12 所示。

（6）单击"绘图"工具栏中的"创建块"按钮▭，捕捉基准符号中的水平线的中点为基点，将带属性"A"的基准符号定义为块。

（7）利用 WBLOCK 命令可将基准符号块保存为"基准符号.dwg"。

图 8-12 带属性的基准符号

8.3 创建箭头块

箭头在机械图样中用于表示投影方向。因此，箭头也可以创建为块，便于绘图时使用。

绘制箭头可以参照图 8-13 所示的尺寸，图中箭头的高和宽之比是 3∶1，是因为标注样式中的箭头样式也是这个比例，这里按统一比例关系绘制箭头，而不是按国家标准要求的 4∶1 的比例关系绘制。

创建箭头块的操作步骤如下：

（1）打开状态栏中的"正交"按钮和"对象捕捉"按钮，将"细实线"层设置为当前层，将"标注"层设置为当前层，单击"绘图"工具栏中"直线"按钮，绘制箭头，如图 8-14 所示。

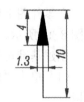

图 8-13　箭头样式

```
命令: _line
    指定第一点:      (在适当位置单击)
    指定下一点或 [放弃(U)]: 10↙      (向上移到光标，输入直线的长度
10，回车）
    指定下一点或 [放弃(U)]: @0.65,-4↙      (输入第三点相对于第二点的
坐标，回车）
    指定下一点或 [放弃(U)]: @-1.3,0↙      (输入第四点相对于第三点的
坐标，回车）
    指定下一点或 [放弃(U)]:      (捕捉垂直线的上方端点即第二点，回
车）
    指定下一点或 [放弃(U)]: ↙      (回车，结束直线命令)
```

图 8-14　绘制箭头

（2）单击"绘图"工具栏中的"图案填充"按钮，在弹出的"图案填充和渐变色"对话框中打开"图案填充"选项卡，在"图案"下拉菜单中选择 SOLID 选项，如图 8-15 所示。单击"添加：拾取点"按钮，回到绘图区，分别在箭头的等腰三角形的两个直角三角形内单击，回车两次，即可将箭头的等腰三角形部分涂黑。

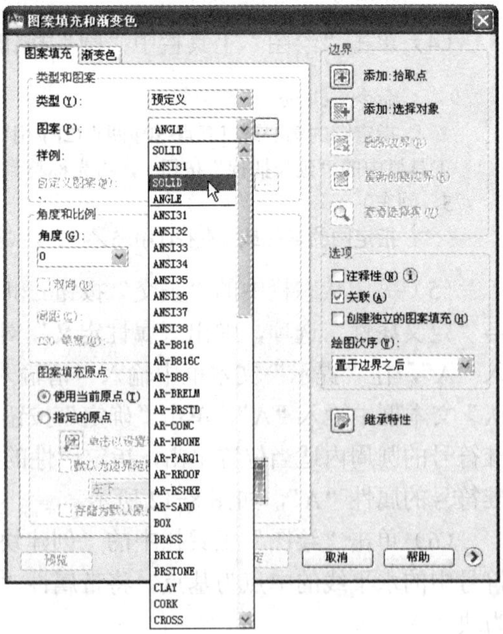

（3）单击"绘图"工具栏中的"创建块"按钮，捕捉箭头垂直线的下方端点为基点，将箭头定义为块。

（4）利用 WBLOCK 命令可将箭头块保存为"箭头.dwg"

图 8-15　设置实体填充

8.4 创建沉孔标注符号块

国家标准新规定了标注沉孔尺寸的方法，如图 8-16 所示。其中图 8-16a 表示阶梯沉孔，图 8-16b 表示锥形沉孔，图 8-16c 表示锪平孔。

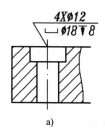
a)

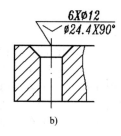
b)

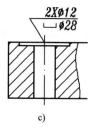
c)

图 8-16　沉孔标注方法

8.4.1　绘制沉孔标注符号

沉孔符号的尺寸可参照图 8-17 绘制。其中图 8-17a 表示阶梯沉孔和锪平孔，图 8-17b 表示孔深，图 8-17c 表示锥形沉孔。

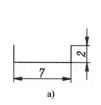
a)

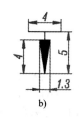
b)

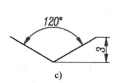
c)

图 8-17　绘制沉孔符号

1．绘制阶梯沉孔符号

绘制阶梯沉孔符号的步骤如下：

（1）单击"标准"工具栏中的"实时偏移"按钮，调整显示窗口。

（2）将"标注"设置为当前层，单击"绘图"工具栏中的"直线"按钮，绘制阶梯沉孔符号。

> 命令: _line
> 指定第一点：　　（在适当位置单击）
> 指定下一点或 [放弃(U)]: 2↙　　（向下移动光标，输入垂直线的长度 2，回车）
> 指定下一点或 [放弃(U)]: 7↙　　（向右移动光标，输入水平线的长度 7，回车）
> 指定下一点或 [放弃(U)]: 2↙　　（向上移动光标，输入另一条垂直线的长度为 2，回车）
> 指定下一点或 [放弃(U)]: ↙　　（回车，结束直线命令）

2．绘制孔深符号

绘制孔深符号的步骤如下：

（1）单击"绘图"工具栏中的"直线"按钮，绘制水平线。

> 命令: _line
> 指定第一点：　　（在适当位置单击）
> 指定下一点或 [放弃(U)]: 4↙　　（向右移动光标，输入水平线的长度 4，回车）
> 指定下一点或 [放弃(U)]: ↙　　（回车，结束直线命令）

（2）回车，再次启动"直线"命令，绘制箭头，如图 8-18 所示。

命令：_line

指定第一点：　　　　（捕捉水平线的中点）

指定下一点或 [放弃(U)]: 5✓　　　（向下移到光标，输入直线的长度 5，回车）

指定下一点或 [放弃(U)]: @0.65,4✓　　　（输入第三点相对于第二点的坐标）

指定下一点或 [闭合(C)/放弃(U)]: 1.3✓　　　（向左移到光标，输入直线的长度 1.3，回车）

指定下一点或 [闭合(C)/放弃(U)]:　　　（捕捉处在线的下端点）

指定下一点或 [闭合(C)/放弃(U)]: ✓　　　（回车，结束直线命令）

（3）单击"绘图"工具栏中的"图案填充"按钮，在弹出的"图案填充和渐变色"对话框中打开"图案填充"选项卡，在"图案"下拉菜单中选择 SOLID 选项，如图 8-15 所示。单击"添加：拾取点"按钮，回到绘图区，分别在箭头的等腰三角形的两个直角三角形内单击，回车两次，即可将箭头的等腰三角形部分涂黑。

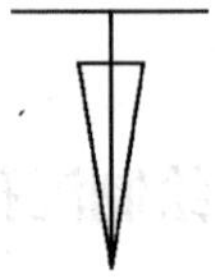

图 8-18　绘制孔深符号

3．绘制锥形沉孔符号

单击"直线"按钮，绘制锥形沉孔。

命令：_line

指定第一点：　　　　（在适当位置单击）

指定下一点或 [放弃(U)]: @6<-30✓　　　（输入第二点相对于第一点的坐标，回车）

指定下一点或 [放弃(U)]: @6<30✓　　　（输入第三点相对于第二点的坐标，回车）

指定下一点或 [放弃(U)]: ✓　　　（回车，结束直线命令）

8.4.2　创建沉孔标注符号块

分别单击"绘图"工具栏中的"创建块"按钮，将以上三个符号创建为块，块的基点分别是阶梯沉孔符号中水平线的中点、孔深符号中箭头的顶点和锥形沉孔符号的尖点。

分别利用 WBLOCK 命令将以上三个符号块保存为"阶梯沉孔符号.dwg"、"孔深符号.dwg"和"锥形沉孔符号.dwg"。

8.5　创建视图旋转符号块

绘制斜视图和斜剖视图时，为了绘图方便，经常将倾斜的图形旋转后放正绘制。国家标准最新规定需要在旋转后的视图上标注视图名称、旋转角度以及旋转符号，视图旋转符号分为顺时针旋转符号，如图 8-19a 所示，以及逆时针旋转，如图 8-19b 所示。

8.5.1　绘制视图旋转符号

绘制视图旋转符号的步骤如下：

（1）选择菜单"绘图"→"圆弧"→"圆心，起点，角度"选项，绘制半圆。

图 8-19　视图旋转符号

命令：_arc

指定圆弧的起点或 [圆心(C)]: _c 指定圆弧的圆心：　　　（在适当位置单击）

指定圆弧的起点: @7,0✓　　　（输入起点相对于圆心的坐标，回车）

指定圆弧的端点或 [角度(A)/弦长(L)]: _a 指定包含角: 180↙　　　（输入包含角 180，回车）

（2）单击"修改"工具栏中的"分解"按钮☑，将孔深符号块分解。

（3）单击"修改"工具栏中的"删除"按钮☑，将孔深符号中的水平线和垂直线删除。

（4）单击"修改"工具栏中的"移动"按钮✛，移动保留的孔深符号的箭头，如图 8-20a 所示。

a)　　　b)

图 8-20　绘制视图旋转符号

```
命令: _move
 选择对象:       （在箭头的左下方单击）
 指定对角点:      （向右上方移到光标，拖出一个实线
拾取框包围箭头）
 找到 4 个
 选择对象: ↙     （回车，结束选择移动对象）
 指定基点或位移:    （捕捉箭头的尖点）
 指定位移的第二点或 <用第一点作位移>:    （捕捉半圆的右端点）
```

（5）单击"修改"工具栏中的"旋转"按钮〇，将箭头逆时针旋转，调整箭头的方向，如图 8-20b 所示。

```
命令: _rotate
UCS 当前的正角方向:  ANGDIR=逆时针   ANGBASE=0
 选择对象:      （在箭头的左下方单击）
 指定对角点:     （向右上方移到光标，拖出一个实线拾取框包围箭头）
 找到 4 个
 选择对象: ↙    （回车，结束选择移到对象）
 指定基点:     （捕捉箭头的尖点）
 指定旋转角度或 [参照(R)]: 17↙    （输入旋转角度 17，回车）
```

（6）单击"标准"工具栏中的"窗口缩放"按钮🔍，将视图旋转符号放大显示，如图 8-21 所示。

图 8-21　放大显示视图旋转符号

（7）单击"修改"工具栏中的"修剪"按钮╱，选择箭头等腰三角形的底边为修剪边界，修剪半圆，即可绘制出表示顺时针旋转的视图旋转符号，如图 8-22a 所示。

（8）单击"修改"工具栏中的"镜像"按钮⚎，做表示顺时针旋转的视图旋转符号的垂直镜像，得到表示逆时针旋转的视图旋转符号，如图 8-22b 所示。

```
命令: _mirror
 选择对象:      （在视图旋转符号的左下方单击）
 指定对角点:     （向右上方移到光标，拖出一个实线拾取框包围视图旋转符号）
 找到 5 个
 选择对象: ↙    （回车，结束选择镜像对象）
 指定镜像线的第一点:   （在视图旋转符号
的右侧单击）
 指定镜像线的第二点:   （垂直向下移动光
标，在适当位置单击）
 是否删除源对象? [是(Y)/否(N)] <N>:↙    （回车，不删除源对象，并结束镜像命令）
```

a)　　　b)

图 8-22　完成绘制视图旋转符号

8.5.2　创建视图旋转符号块

分别单击"绘图"工具栏中的"创建块"按钮🖫，将以上两个视图旋转符号创建为块，块的基点均为箭头的尖点。

分别利用 WBLOCK 命令将以上两个视图旋转符号块保存为"顺时针旋转符号.dwg"和"逆时针旋转符号.dwg"。

如图 8-23 和图 8-24 所示为在旋转后的斜视图和斜剖视图上标注视图旋转方向和旋转角度的实例。

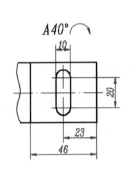

图 8-23　斜视图标注实例

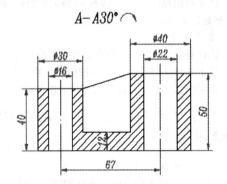

图 8-24　斜剖视图标注实例

8.6　插入块——标注表面粗糙度

定义并保存了块后，块就成为一个公共图形，利用"插入块"命令可以将块插入到当前图形中。本节将以标注表面粗糙度为例说明插入块的方法。

在填料压盖零件图及其三维实体中标注表面粗糙度。如图 8-25 所示。

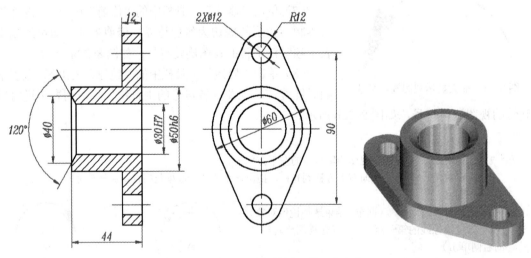

图 8-25　填料压盖零件图及其三维实体

8.6.1 利用对象捕捉追踪标注表面粗糙度

标注直径为 Ø 50h6 的外圆柱的表面粗糙度，操作步骤如下：

（1）单击"绘图"工具栏中的"插入"按钮📥，弹出如图 8-26 所示的"插入"对话框，在"名称"下拉列表框中选择"加工面粗糙度"。如果该下拉列表中没有该选项，可单击"浏览"按钮，弹出如图 8-27 所示的"选择图形文件"对话框，根据块的保存目录打开欲插入的块文件（后面操作与此相同，不再说明）。

图 8-26 "插入"对话框

图 8-27 "选择图形文件"对话框

（2）在"插入"对话框勾选"统一比例"复选框，在"比例"文本框中输入 1，在"旋转"选项栏的"角度"文本框中输入 0，单击"确定"按钮。

（3）进入绘图区后，按〈F11〉键打开状态栏中的"对象捕捉追踪"按钮∠。

命令: _insert
指定插入点或 [基点(B)/比例(S)/旋转(R)/预览比例(PS)/预览旋转(PR)]: （将光标移到端点 A 处，出现端点捕捉标记后，向左水平移动光标，出现水平追踪轨迹，如图 8-28 所示。在直径为 Ø50h6 的外圆柱表面轮廓线上适当位置单击）
输入属性值
请输入粗糙度值 <RA>: 3.2 ∠ （输入表面粗糙度值 3.2，回车）

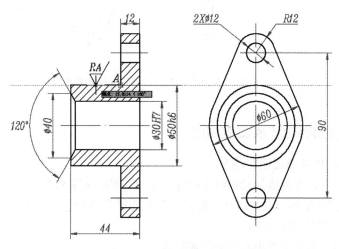

图 8-28 利用临时追踪点捕捉标注表面粗糙度

8.6.2 利用临时追踪点捕捉标注表面粗糙度

在水平或垂直方向上标注表面粗糙度，除了可以利用对象捕捉追踪外，还可以利用临时追踪点捕捉。标注直径为 Ø30h7 的内圆柱的表面粗糙度。操作步骤如下：

（1）单击"绘图"工具栏中的"插入"按钮，弹出"插入"对话框，此时在"名称"文本框中仍然显示块的名称为"加工面粗糙度"。保留"比例"文本框中的"1"不变，在"旋转"选项栏的"角度"文本框中输入 180，单击"确定"按钮。

（2）进入绘图区后，根据 AutoCAD 的提示：

命令: _insert
指定插入点或 [基点(B)/比例(S)/旋转(R)/预览比例(PS)/预览旋转(PR)]: _tt　　　　　（单击"对象捕捉"工具栏"临时追踪点捕捉"按钮）
指定临时对象追踪点:　　　　（捕捉端点 B 为临时追踪点，向左水平移动光标，出现水平追踪轨迹，如图 8-29 所示）
指定插入点或 [基点(B)/比例(S)/旋转(R)/预览比例(PS)/预览旋转(PR)]:　　　　（在直径为 Ø30H7 的内圆柱表面轮廓线上适当位置单击）
输入属性值
请输入粗糙度值 <RA>: 3.2✓　　　　（输入粗糙度值 3.2，回车）

（3）同样方法可以标注零件左端面粗糙度，旋转角度设置为 90°，表面粗糙度值为 12.5。

（4）同样方法可以标注零件右端面粗糙度，旋转角度设置为 270°，表面粗糙度值为 25。

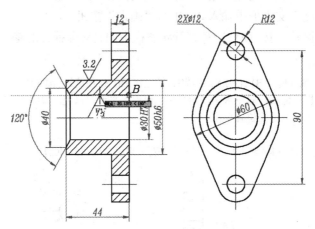

图 8-29　利用临时追踪点捕捉标注粗糙度

8.6.3　利用对象捕捉标注表面粗糙度

1．标注 120°内圆锥表面粗糙度

先在 120°的下尺寸界线的延长线上绘制一条辅助线，辅助线的右下方端点相对于 120°的下尺寸界线端点的坐标为@15<240。粗糙度块的旋转角度设置为 60°，捕捉辅助线的中点为插入点，表面粗糙度值为 6.3。

2．在左视图中标注两个小孔的表面粗糙度

由于两个小孔的直径尺寸线的倾斜方向是任意的，要在该尺寸线上标注表面粗糙度，需

要先将该尺寸分解。操作步骤如下：

（1）单击"修改"工具栏中的"分解"按钮⏚，分解左视图中两个小孔的直径尺寸 2×Ø12。

（2）单击"修改"工具栏中的"角度标注"按钮△，标注两个小孔的直径尺寸线与水平点画线的角度。

（3）单击"标准"工具栏中的"放弃"按钮⟲，放弃角度标注。通过以上两步操作，可以测量出两个小孔的直径尺寸线与水平点画线的角度为 38°（每位读者标注两个小孔直径尺寸的位置不同，则该倾斜角度也不同）。

（4）单击"绘图"工具栏中的"插入"按钮🖫，弹出 "插入"对话框，此时在"名称"文本框中仍然显示块的名称为"加工面粗糙度"。保持"比例"文本框中的"1"不变，在"旋转"选项栏的"角度"文本框中输入–38，单击"确定"按钮。

（5）进入绘图区后，根据 AutoCAD 的提示：

　　命令: _insert
　　指定插入点或 [基点(B)/比例(S)/旋转(R)/预览比例(PS)/预览旋转(PR)]: _ext 于　　（单击"对象捕捉"工具栏中的"延长捕捉"按钮⊢，将光标移到圆周内尺寸线的左上方端点后，沿尺寸线方向左上方移动光标，出现延长捕捉轨迹，如图 8-30 所示）
　　输入属性值
　　请输入粗糙度值 <RA>: 25✓　　（输入粗糙度值 25，回车）

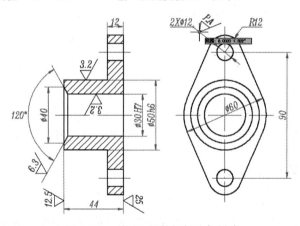

图 8-30　利用延长捕捉标注粗糙度

8.6.4　在零件图右上角标注表面粗糙度

在零件图右上角标注表面粗糙度，表面粗糙度符号和表面粗糙度值的高度应比视图中的表面粗糙度符号和表面粗糙度值的高度大一号，即应放大 1.4 倍。

操作步骤如下：

（1）单击"绘图"工具栏中的"插入块"按钮🖫，在弹出的"插入"对话框的"名称"下拉列表中选择"非加工面粗糙度"选项，"比例"文本框中输入 1.4，在"旋转"选项栏的"角度"文本框中输入 0。在零件图右上方适当位置单击指定块的插入点即可。

（2）单击"文字"工具栏或"绘图"工具栏中的"多行文字"按钮A，在弹出的文字格式对话框中输入"其余"，并将二字的字高设置为 7，单击"确定"按钮。

（3）单击"修改"工具栏中的"移动"按钮✛，利用移动命令调整"其余"二字的位置。

以上操作的初步标注结果如图 8-31 所示。图中直径为 Ø30h7 的内圆柱表面的表面粗糙度标注、零件左端面和右端面粗糙度标注不符合国家标准的规定，利用属性编辑命令可以修改这两个属性的方向。

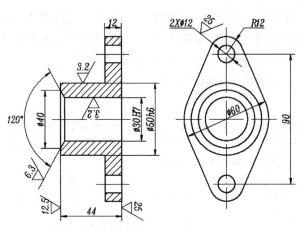

图 8-31　表面粗糙度初步标注结果

8.7　编辑属性

本节以修改图 8-31 中不符合要求的属性为例，说明编辑属性的方法。

8.7.1　修改表面粗糙度值的大小

将 120° 内圆锥表面的表面粗糙度值修改为 3.2，操作步骤如下：

（1）选择菜单"修改"→"对象"→"属性"→"单一"选项，单击 120° 内圆锥表面的属性"6.3"，或双击该属性，弹出"增强属性编辑器"对话框。

（2）打开"属性"选项卡，将"值"文本框中输入 3.2，如图 8-32 所示。单击"确定"按钮，即可完成修改。

8.7.2　修改表面粗糙度值的位置和方向

1. 修改直径为 Ø30h7 的内圆柱表面的表面粗糙度标注

操作步骤如下：

（1）双击直径为 Ø 30h7 的内圆柱的表面粗糙度的属性"3.2"，弹出"增强属性编辑器"对话框。

（2）打开"文字选项"选项卡，在"对正"的下拉列表中选择"右上"选项，即属性的顶线的右端点与属性的插入点对正。在"旋转"文本框中输入 0，即属性不旋转。"文字选项"

选项卡的设置如图 8-33 所示。单击"确定"按钮,即可完成修改。

图 8-32 "增强属性编辑器"对话框 　　　　图 8-33 设置"文字选项"选项卡

2. 修改零件左端面粗糙度标注

操作步骤如下:

双击零件右端面粗糙度的属性"12.5",弹出"增强属性编辑器"对话框,打开"文字选项"选项卡,在"对正"的下拉列表中选择"居中"选项,即属性的中心与属性的插入点对正。单击"确定"按钮,即可完成修改。

3. 修改零件右端面粗糙度标注

操作步骤如下:

双击零件右端面粗糙度的属性"25",弹出"增强属性编辑器"对话框,打开"文字选项"选项卡,在"对正"的下拉列表中选择"右上"选项,即属性的顶线的右端点与属性的插入点对正。在"旋转"文本框中输入 90,即属性旋转 90°。单击"确定"按钮,即可完成修改。

通过上述操作,可以在图 8-31 所示的图形上标注出完全符合国家标准规定的表面粗糙度,如图 8-34 所示。

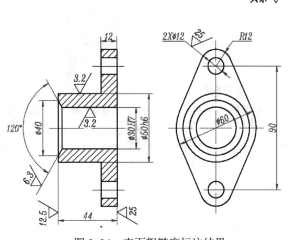

图 8-34 表面粗糙度标注结果

8.8 小结

本章主要介绍了将机械图样中常用的符号，如表面粗糙度符号、基准符号、箭头、沉孔标注符号、视图旋转符号等创建为块，以及保存、插入块的方法。

表面粗糙度符号是机械图样中最常用的符号，其中非加工面的粗糙度符号可以创建为不带属性的块，而加工面的表面粗糙度需要创建为带属性的块。在机械图样中插入带属性的表面粗糙度符号块后，需要对属性进行编辑，以使表面粗糙度的标注符合设计和国家标准的要求。

8.9 习题

1. 简答题

简述如何创建块？如何创建带属性的块？如何保存块？如何编辑块的属性？

2. 操作题

绘制如图 8-35 所示主动齿轮轴零件图（标注尺寸、边框及标题栏可在后面章节完成），要求绘制主视图和断面图，标注剖切位置和投影方向、基准符号和表面粗糙度，输入技术要求。

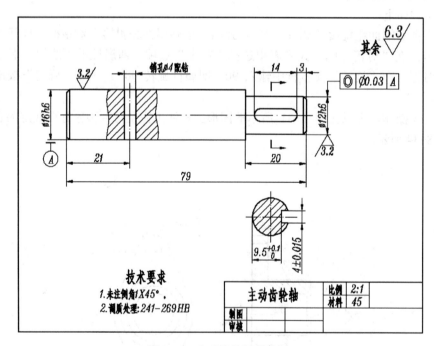

图 8-35　主动齿轮轴零件图

第9章 创 建 标 注

完成图形的绘制后，并不意味着设计工作的结束，因为图形只能反映零件的形状，不能反映零件的实际大小。要使生产人员了解更多的信息，设计人员必须在图形中添加文字、数字和符号，以表达有关设计元素的尺寸、材料及对制造工艺的注解。尺寸作为加工、检验和装配零件的依据，是机械图样中不可缺少的内容。

标注尺寸是在图形中添加测量注释的过程，AutoCAD 提供了许多标注尺寸的方法，可以标注出各种形式的尺寸。在进行标注前应先设置标注样式，以使标注的尺寸符合国家标准要求。

本章包括以下内容：

- 设置标注样式
- 创建标注
- 编辑标注

9.1 设置标注样式

尺寸包括延伸线、尺寸线、标注文字和箭头 4 个基本要素，根据国家标准对这 4 个要素的规定、利用尺寸样式管理器可以进行标注样式的设置，创建符合国家标准要求的标注样式。

9.1.1 创建机械标注样式

创建机械标注样式的步骤如下：

（1）单击"标注"工具栏或"样式"工具栏中的"标注样式管理器"按钮 ✍，弹出如图 9-1 所示的"标注样式管理器"对话框。

（2）单击"新建"按钮，弹出如图 9-2 所示的"创建新标注样式"对话框。

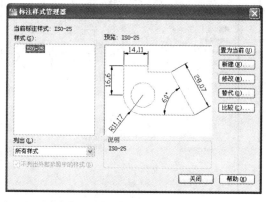

图 9-1 "标注样式管理器"对话框

图 9-2 "创建新标注样式"对话框

（3）在"新样式名"文本框中输入"机械标注样式"，单击"继续"按钮，弹出如图9-3所示的"新建标注样式"对话框。打开"线"选项卡，在"基线间距"文本框中输入"12"，即基线标注时尺寸线之间的距离为12mm；在"超出尺寸线"文本框中输入"3"，即延伸线超出尺寸线3mm；在"起点偏移量"文本框中输入"0"，即延伸线的起点和标注对象之间无偏移。

（4）打开"符号和箭头"选项卡，在"箭头大小"文本框中输入"4"，其他选项保留默认设置，如图9-4所示。

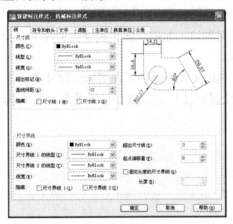

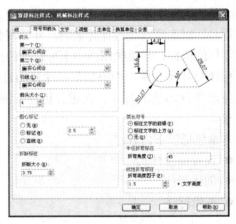

图9-3 "新建标注样式"对话框   图9-4 设置"符号和箭头"选项卡

（5）打开"文字"选项卡，在"文字样式"下拉文本框中选择"字母与数字样式"，在"文字高度"文本框中输入"5"，即标注文字的高度为5mm；在"从尺寸线偏移"文本框中输入"1"，即尺寸与尺寸线之间的间距为1mm；在"文字对齐"选项栏中选中"ISO标准"单选按钮，即当标注文字在延伸线以内时位于尺寸线的正中上方，当标注文字在延伸线以外时位于一条水平引线上。其他选项保留默认设置，如图9-5所示。

（6）打开"主单位"选项卡，在"线性标注"选项栏的"精度"下拉列表框中选择"0.0"，即线性尺寸精确到小数点后一位。在"小数点分隔符"下拉列表框中选择"'.'（句点）"选项。其他选项保留默认设置，如图9-6所示。

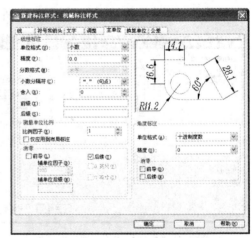

图9-5 设置"文字"选项卡   图9-6 设置"主单位"选项卡

其余选项卡保留默认设置不变，单击"新建标注样式"对话框中的"确定"按钮，完成设置"机械标注样式"。在"标注样式管理器"对话框中显示出该样式，如图9-7所示。

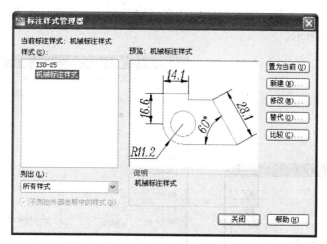

图9-7　创建机械标注样式

"机械标注样式"可以适用于一般线性尺寸和径向尺寸的标注，但当标注的线性尺寸较小时，尺寸文字也将像径向尺寸一样标注在一条水平线上，这就需要修改。在机械图样中标注径向尺寸包括半径尺寸和直径尺寸是最灵活的，且直径尺寸还可以标注在非圆的视图上。标注线性尺寸有时需要只标注一个延伸线和一个箭头，即另一个延伸线和箭头被隐藏。因此需要创建多个尺寸样式，以满足灵活标注尺寸的需要。

9.1.2　修改机械标注样式

1．修改线性标注样式

在"标注样式管理器"对话框的"样式"选项栏中选中"机械标注样式"，单击"新建"按钮，弹出"创建新标注样式"对话框，在"用于"下拉列表中选中"线性标注"选项，如图9-8所示。

单击"继续"按钮，弹出"新建标注样式"对话框，打开"文字"选项卡，在"文字对齐"选项栏中选中"与尺寸线对齐"单选按钮，如图9-9所示。

单击"确定"按钮，返回"标注样式管理器"对话框，在"机械标注样式"中增加了适用于"线性"的标注类型。

2．创建角度标注样式

国家标准规定角度标注文字应水平书写，既可以在尺寸线外侧，也可以在尺寸线中断处，但为和线性尺寸标注样式统一起见，角度标注文字一般设置在尺寸线外部。如果在延伸线内标注不下文字，则可以用引线引出并标注在水平线上。

和修改线性标注样式一样，可以利用"标注样式管理器"中的"新建"按钮，在"机械标注样式"中创建适用于"角度"的标注类型，再将其重新命名，成为一个独立的标注样式。

在"标注样式管理器"对话框的"样式"列表框中选中"机械标注样式"，单击"新建"按钮，弹出"创建新标准样式"对话框，在"用于"下拉列表中选中"角度标注"选项，如图 9-8 所示。单击"继续"按钮，弹出"新建标注样式"对话框，打开"文字"选项卡，如图 9-9 所示，在"文字位置"的"垂直"下拉列表中选择"外部"，在"文字对齐"选项栏中选中"水平"单选按钮，即将角度标注文字位于尺寸线外部且水平书写。"文字"选项卡的设置如图 9-10 所示。

图 9-8　选择适用的标注

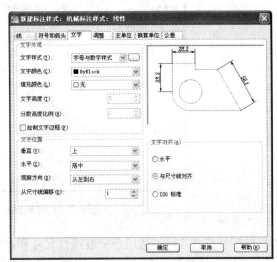

图 9-9　设置线性标注文字的对齐方式

打开"调整"选项卡，在"文字位置"选项栏中选中"尺寸线上方，带引线"单选按钮，即当尺寸文字在延伸线内放不下时，将其置于一条水平引线上。"调整"选项卡的设置如图 9-11 所示。

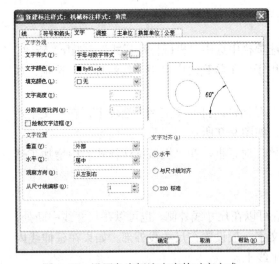

图 9-10　设置角度标注文字的对齐方式

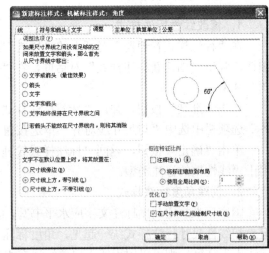

图 9-11　设置"调整"选项卡

单击"确定"按钮，返回"标注样式管理器"对话框，在"机械标注样式"中增加了适用于"角度"的标注类型，如图 9-12 所示。

选中"机械标注样式"中的"角度"的标注类型，单击鼠标右键，在弹出的标注样式快捷菜单中选择"重命名"选项，如图 9-13 所示。将"角度"标注类型重新命名为"角度标注样式"，回车后该样式成为一个独立的标注样式，如图 9-14 所示。

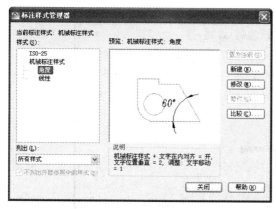

图 9-12　创建适用于"线性"和"角度"的标注类型　　　　图 9-13　标注样式快捷菜单

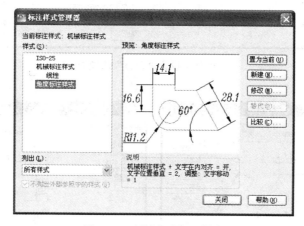

图 9-14　创建角度标注样式

9.1.3　创建径向标注补充样式

创建径向标注补充样式需要先创建标注替代样式，然后重新命名。

在"标注样式管理器"对话框的"样式"选项栏中选中"机械标注样式"，单击"置为当前"按钮，将"机械标注样式"置为当前样式。单击"替代"按钮，弹出"替代当前样式"对话框后，打开"调整"选项卡，在该选项卡的"调整选项"选项栏中选中"文字"单选按钮，即当标注文字在延伸线内放不下时将置于延伸线外，此时如果箭头能在延伸线内放下就被置于延伸线内，否则置于延伸线外。在"调整"选项栏勾选"手动放置文字"复选框并取消勾选"在尺寸界线之间绘制尺寸线"复选框，即在放置标注文字时可根据具体情况人工调整其位置。"调整"选项卡的设置如图 9-15 所示。

单击"确定"按钮，返回到"标注样式管理器"对话框，在样式列表框中显示出"样式替代"，如图 9-16 所示。选中"样式替代"使其亮显，单击鼠标右键，弹出尺寸替换样式快捷菜单后选择"重命名"选项，将"样式替代"重新命名为"径向标注样式"，该样式和原有的标注样式并列显示在样式列表框中，如图9-17所示。

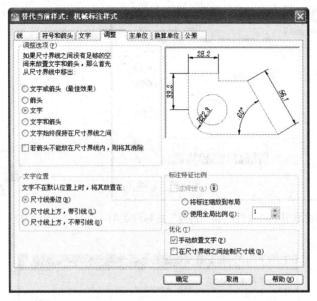

图9-15 设置"调整"选项卡

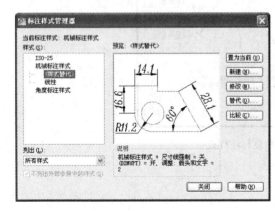

图9-16 创建样式替代

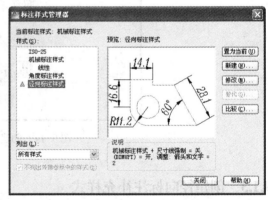

图9-17 创建径向标注样式

9.1.4 创建线性直径标注样式

机械图样中的直径尺寸经常标注在非圆的视图上，这需要利用线性标注命令或对齐标注命令进行标注。如果利用这两个命令中的"单行"或"多行"选项在尺寸文字前面添加符号"Ø"，就显得过于烦琐。用户可以创建一个"线性直径标注样式"，直接利用该样式在非圆视图上标注直径尺寸。

在"标注样式管理器"对话框中将"机械标注样式"设置为当前样式。单击"替代"按钮，弹出"替代当前样式"对话框后，打开"主单位"选项卡，在"前缀"文本框中用英文输入法输入"%%C"，如图9-18所示。

图 9-18　在"主单位"选项卡中添加前缀

由于在非圆视图上标注的直径尺寸为线性尺寸,所以其文字的对齐方式和线性标注相同。打开"文字"选项卡,在"文字对齐"选项栏中选中"与尺寸线对齐"单选按钮,如图 9-9 所示。

单击"确定"按钮,在"标注样式管理器"对话框中将"样式替代"重新命名为"线性直径标注样式",该样式和原有的标注样式并列显示在样式列表框中,如图 9-19 所示。

如图 9-20 所示是用"线性直径标注样式"标注直径尺寸的实例,利用该样式可以快速地标注出图中的直径尺寸 Ø24、Ø40 和 Ø56。长度尺寸 28 和 70 是用"机械标注样式"标注的。

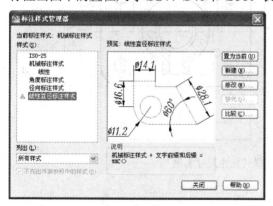

图 9-19　创建非圆视图直径标注样式

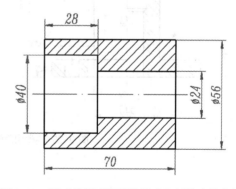

图 9-20　用"线性直径标注样式"标注直径实例

9.1.5　创建隐藏标注样式

创建隐藏标注样式的步骤如下:

(1)在"标注样式管理器"对话框中将"机械标注样式"设置为当前样式。单击"替代"按钮,弹出"替代当前样式"对话框后,打开"线"选项卡,在"尺寸线"选项栏的"隐藏"选项中勾选"尺寸线 2"复选框,在"尺寸界线"选项栏的"隐藏"选项中勾选"尺寸界线 2"复选框,即同时隐藏第二个箭头和第二个尺寸界线,如图 9-21 所示。

(2)单击"确定"按钮,返回到"标注样式管理器"对话框,将"样式替代"重新命名为"隐藏标注样式",该样式和原有的尺寸样式并列显示在样式列表框中,如图 9-22 所示。

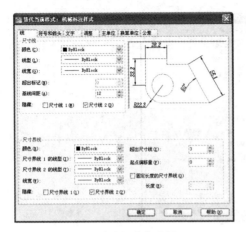

图 9-21 选择隐藏选项

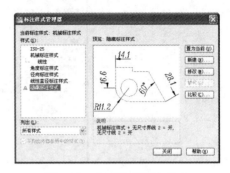

图 9-22 创建隐藏标注样式

如图 9-23 所示主视图中的直径尺寸中 Ø20 和 Ø24，俯视图中的尺寸 44 和 60 是用"隐藏标注样式"标注的。

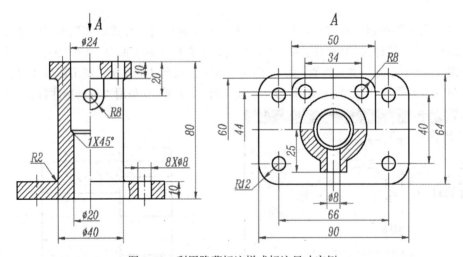

图 9-23 利用隐藏标注样式标注尺寸实例

9.2 创建标注

AutoCAD 2012 中文版中标注尺寸功能非常强大，利用这些尺寸标注命令可以完成任何尺寸的标注，并能根据用户的需要将尺寸标注在指定的位置。

9.2.1 利用"线性标注"命令标注齿轮尺寸

线性尺寸是机械图样中最为常见的尺寸。单击"标注"工具栏中的"线性标注"按钮卜，或选择菜单"标注"→"线性"选项，即可启动"线性标注"Dimlinear 命令。利用该命令可以标注水平线性尺寸和垂直线性尺寸。

下面通过标注齿轮的尺寸说明"线性标注"Dimlinear 命令的操作方法和应用。

在第 5 章中已经绘制了齿轮的主视图，如图 9-24 所示。利用"线性标注"命令中的选项可以完成该齿轮的标注。

1．利用标注样式直接标注尺寸

（1）利用"机械标注样式"标注齿轮的厚度尺寸 20。

操作步骤如下：

1）打开状态栏中的"对象捕捉"按钮□，将"标注"层设置为当前层，将"机械标注样式"设置为当前标注样式。

2）单击"标注"工具栏中的"线性标注"按钮┤，标注厚度尺寸 20。

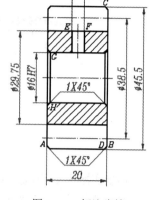

图 9-24　标注齿轮

　　命令：_dimlinear
　　指定第一条尺寸界线原点或 <选择对象>：　　　（捕捉端点 A 为第一条延伸线的原点）
　　指定第二条尺寸界线原点：　　（捕捉端点 B 为第二条延伸线的原点）
　　指定尺寸线位置或 [多行文字(M)/文字(T)/角度(A)/水平(H)/垂直(V)/旋转(R)]：　　（在齿轮主视图下方适当位置单击）
　　标注文字 = 20

（2）利用"线性直径标注样式"标注齿轮的齿顶圆直径 Ø45.5、分度圆直径 Ø38.5、齿根圆直径 Ø29.75。

操作步骤如下：

将"线性直径标注样式"设置为当前标注样式，单击"标注"工具栏中的"线性标注"按钮┤，标注齿顶圆直径 Ø45.5。

　　命令：_dimlinear
　　指定第一条尺寸界线原点或 <选择对象>：　　　（捕捉端点 C 为第一条延伸线的原点）
　　指定第二条尺寸界线原点：　　　（捕捉端点 D 为第二条延伸线的原点）
　　指定尺寸线位置或 [多行文字(M)/文字(T)/角度(A)/水平(H)/垂直(V)/旋转(R)]：　　　（在齿轮主视图右侧适当位置单击）
　　标注文字 = 45.5

用同样方法可以标注出分度圆直径 Ø38.5 和齿根圆直径 Ø29.75。

和在图板上绘图一样，使用 AutoCAD 2012 中文版标注尺寸时，也应遵循小尺寸在内，大尺寸在外，避免延伸线和尺寸线相交的原则。

2．利用"多行文字"选项在标注文字中添加汉字

齿轮的销孔直径尺寸"销孔 Ø4 配钻"可以利用"线性标注"命令中的"多行文字"选项标注。

操作步骤如下：

　　命令：_dimlinear　　　（单击"标注"工具栏中的"线性标注"按钮┤，启动"线性标注"命令）
　　指定第一条尺寸界线原点或 <选择对象>：　　　（捕捉端点 E 为第一条延伸线的原点）
　　指定第二条延伸线线原点：　　　（捕捉端点 F 为第二条延伸线的原点）
　　指定尺寸线位置或 [多行文字(M)/文字(T)/角度(A)/水平(H)/垂直(V)/旋转(R)]：M↙　　　（输入 M，回车，选择"多行文字"选项，弹出"文字格式"对话框，在文字框中的"Ø4"左侧单击后输入"销孔"，在"Ø4"右侧单击后输入"配钻"，如图 9-25 所示。单击"确定"按钮。）

　　　指定尺寸线位置或 [多行文字(M)/文字(T)/角度(A)/水平(H)/垂直(V)/旋转(R)]:　　　（在齿轮主视图
上方适当位置单击）
　　　标注文字 = 4

图 9-25　在"文字格式"对话框中添加汉字

　　需要在标注文字中添加汉字，还可以利用"机械标注样式"进行标注。但在选择"线性标注"
命令中的"多行文字"选项后，在"文字格式"对话框中既要添加汉字，又要添加"%%C"。

3．利用"单行文字"选项在标注文字中添加字母和数字

齿轮的轴孔直径尺寸"Ø16H7"可以利用"线性标注"命令中的"单行文字"选项标注。
操作步骤如下：

　　　命令: _dimlinear　　　（单击"标注"工具栏中的"线性标注"按钮┤）
　　　指定第一条尺寸界线原点或 <选择对象>:　　　（捕捉端点 G 为第一条延伸线的原点）
　　　指定第二条尺寸界线原点:　　　（捕捉端点 H 为第二条延伸线的原点）
　　　指定尺寸线位置或 [多行文字(M)/文字(T)/角度(A)/水平(H)/垂直(V)/旋转(R)]: T✓　　　（输入 T，
回车，选择"单行文字"选项）
　　　输入标注文字 <16>: %%C16H7✓　　　（输入新的标注文字，回车）
　　　指定尺寸线位置或 [多行文字(M)/文字(T)/角度(A)/水平(H)/垂直(V)/旋转(R)]:　　　（在齿轮主视图
左侧适当位置单击）
　　　标注文字 = 16

4．利用"隐藏标注样式"标注尺寸

利用"隐藏标注样式"标注如图 9-23 所示主视图中的直径尺寸 Ø20 和 Ø24，以及俯视图
中的尺寸 44 和 60。

（1）利用临时追踪点捕捉标注尺寸。

如图 9-23 所示主视图中的直径尺寸中 Ø20 和 Ø24 分别是两个内圆柱面的直径，由于这
两个内圆柱表面各只有一条素线，无法直接捕捉到延伸线的另一个原点，但可以利用临时追
踪点捕捉到。

操作步骤如下：

1）将"隐藏标注样式"设置为当前样式，单击"标注"工具栏中的"线性标注"按钮┤。

　　　命令: _dimlinear
　　　指定第一条尺寸界线原点或 <选择对象>:　　　（捕捉端点 I 为第一条延伸线的原点）
　　　指定第二条尺寸界线原点: _tt　　　（单击"对象捕捉"工具栏中的"临时追踪点捕捉"按钮）
　　　指定临时对象追踪点:　　　（捕捉端点 I 为临时追踪点）
　　　指定第二条尺寸界线原点: 24✓　　　（向右移动光标，出现追踪轨迹，如图 9-26a 所示，输入追

踪距离 24，回车）

    指定尺寸线位置或 [多行文字(M)/文字(T)/角度(A)/水平(H)/垂直(V)/旋转(R)]: T↙   （输入 T，回车，选择"单行文字"选项）

    输入标注文字 <24>: %%C24↙   （输入新的标注文字，回车）

    指定尺寸线位置或 [多行文字(M)/文字(T)/角度(A)/水平(H)/垂直(V)/旋转(R)]:   （在主视图上方适当位置单击）

    标注文字 = 24

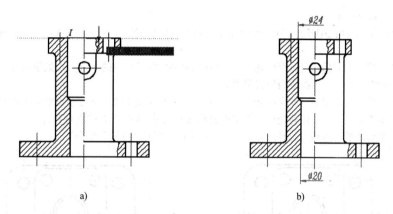

a)   b)

图 9-26 利用"隐藏标注样式"和临时追踪点捕捉标注尺寸

2）用同样方法可以标注出直径尺寸 Ø20，如图 9-26b 所示。

AutoCAD 的标注命令中都有"多行文字"和"单行文字"选项，利用"单行文字"选项只能在标注文字中添加字母和数字，不能添加汉字。利用"多行文字"命令既可以在标注文字中添加汉字，又可以添加字母和数字。

（2）利用修改命令编辑尺寸。

利用"隐藏标注样式"标注如图 9-23 所示俯视图中的尺寸 44 和 60，需要利用修改命令编辑后才能符合国家标准的要求。

操作步骤如下：

1）单击"标注"工具栏中的"线性标注"按钮┤，标注尺寸 44，如图 9-27a 所示。

    命令:_dimlinear

    指定第一条尺寸界线原点或 <选择对象>:   （捕捉端点 J 为第一条延伸线的原点）

    指定第二条尺寸界线原点: (在俯视图的下方适当位置单击，指定为第二条延伸线原点)

    指定尺寸线位置或 [多行文字(M)/文字(T)/角度(A)/水平(H)/垂直(V)/旋转(R)]: T↙   （输入 T，回车，选择"单行文字"选项）

    输入标注文字 <66.8>: 44↙   （输入新的标注文字，回车）

    指定尺寸线位置或 [多行文字(M)/文字(T)/角度(A)/水平(H)/垂直(V)/旋转(R)]:   （在俯视图左侧适当位置单击）

    标注文字 = 66.8

2）单击"修改"工具栏中的"分解"按钮，将尺寸 44 分解。

3）打开状态栏中的"正交"按钮，单击"修改"工具栏中的"移动"按钮，将标注文字 44 垂直向上移动，使其中间点与俯视图上下对称点画线对齐，如图 9-27b 所示。

4）用同样方法也可以标注出尺寸 60，如图 9-27c 所示。

5）单击"修改"工具栏中的"分解"按钮 ，将尺寸 60 分解。

6）单击"修改"工具栏中的"移动""移动"按钮 ，将标注文字 60 垂直向上移动，使其中间点与俯视图上下对称点画线对齐。

7）选择菜单"修改"→"拉长"选项，利用"动态"选项调整两个尺寸的尺寸线的长度，如图 9-27d 所示。

命令：_lengthen
选择对象或 [增量(DE)/百分数(P)/全部(T)/动态(DY)]: DY↙　　（输入 DY，回车，选择"动态"选项）

选择要修改的对象或 [放弃(U)]:　　（在尺寸 44 的尺寸线的下方端点处单击该尺寸线）
指定新端点：　　（在适当位置单击）
选择要修改的对象或 [放弃(U)]:　　（在尺寸 60 的尺寸线的下方端点处单击该尺寸线）
指定新端点：　　（移动光标，当水平光标线与尺寸 44 的下方端点对齐时单击）
选择要修改的对象或 [放弃(U)]:↙　　（回车，结束"拉长"命令）

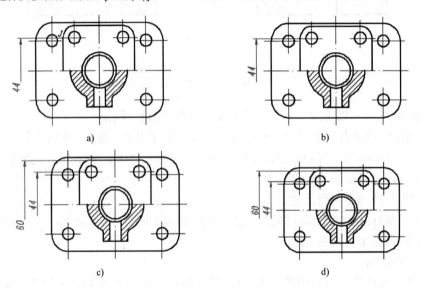

图 9-27　利用修改命令编辑尺寸

9.2.2　利用"对齐标注"命令标注斜视图尺寸

单击"标注"工具栏中的"对齐标注"按钮 ，或选择菜单"标注"→"对齐"选项，即可启动"对齐标注"Dimaligned 命令。利用该命令可以标注倾斜图形对象的尺寸，并使尺寸线和被标注的对象保持平行。

下面以标注斜板斜视图的尺寸为例说明"对齐标注"Dimaligned 命令的操作方法和应用。

斜板主视图、局部视图和斜视图如图 9-28 所示。

操作步骤如下：

（1）将"标注"层设置为当前层，将"机械标注样式"设置为当前标注样式。

（2）单击"标注"工具栏中的"对齐标注"按钮，在斜视图中标注长圆的宽度尺寸为10。

命令:_dimaligned
指定第一条尺寸界线原点或 <选择对象>:　（在斜视图中捕捉半圆的端点为第一条延伸线原点）
指定第二条尺寸界线原点:　（在斜视图中捕捉半圆的另一个端点为第二条延伸线原点）

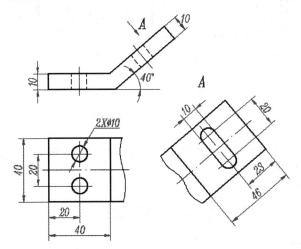

图 9-28　利用"对齐标注"命令标注斜视图尺寸

指定尺寸线位置或 [多行文字(M)/文字(T)/角度(A)]:　（在斜视图的上方适当位置单击）
标注文字 = 10

（3）用同样方法可以标注出斜视图中其余尺寸及主视图中的倾斜尺寸为10。

9.2.3　利用"基线标注"命令标注蜗杆轴定位尺寸

单击"标注"工具栏中的"基线标注"按钮，或选择菜单"标注"→"基线"选项，即可启动"基线标注"Dimbaseline 命令。利用该命令可以使多个尺寸从同一个延伸线上标注。机械图样上的定位尺寸是从定位基准出发进行标注的，实际上就是基线标注。

在启动基线标注命令之前，图形中必须至少有一个具有独立延伸线的线性尺寸，AutoCAD默认的基线是启动基线标注命令之前最后所标注的该尺寸的第一延伸线。

下面以标注蜗杆轴轴向定位尺寸为例说明"基线标注"Dimbaseline 命令的操作方法和应用。

蜗杆轴主视图如图 9-29 所示。

蜗杆轴主视图中的轴向定位尺寸18、37、139 和5，及右端圆柱的长度尺寸50 是利用"基线标注"命令标注的。

操作步骤如下:

（1）将"标注"层设置为当前层，将"机械标注样式"设置为当前标注样式。

（2）单击"标注"工具栏中的"线性标注"按钮，标注定位尺寸18。

命令:_dimlinear
指定第一条尺寸界线原点或 <选择对象>:　（捕捉端点 A 为第一条延伸线的原点）
指定第二条尺寸界线原点:　（捕捉端点 B 为第二条延伸线的原点）

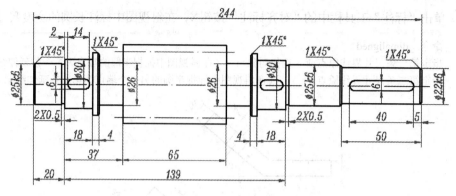

图 9-29　蜗杆轴主视图

指定尺寸线位置或 [多行文字(M)/文字(T)/角度(A)/水平(H)/垂直(V)/旋转(R)]:　　　　（在蜗杆轴主视图下方适当位置单击）

标注文字 = 18

（3）回车，再次启动"线性标注"命令，标注定位尺寸 5。

命令: _dimlinear
指定第一条尺寸界线原点或 <选择对象>:　　　（捕捉端点 C 为第一条延伸线的原点）
指定第二条尺寸界线原点:　　　（捕捉右端键槽长圆与蜗杆轴线的交点 D 为第二条延伸线的原点）
指定尺寸线位置或 [多行文字(M)/文字(T)/角度(A)/水平(H)/垂直(V)/旋转(R)]:　　　　（在蜗杆轴主视图下方适当位置单击）
标注文字 = 5

（4）单击"标注"工具栏中的"基线标注" 按钮，标注长度尺寸 50 和定位尺寸 37 和 139，如图 9-30 所示。

命令: _dimbaseline
指定第二条尺寸界线原点或 [放弃(U)/选择(S)] <选择>:　　　（捕捉端点 E 为第二条延伸线的原点）
标注文字 = 50
指定第二条尺寸界线原点或 [放弃(U)/选择(S)] <选择>:↙　　　（回车，结束指定第二条尺寸界线原点）

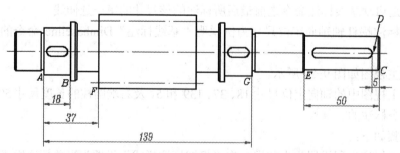

图 9-30　利用"基线标注"命令标注蜗杆轴定位尺寸

选择基准标注:　　　（单击定位尺寸 18 的左延伸线）
指定第二条尺寸界线原点或 [放弃(U)/选择(S)] <选择>:　　　（捕捉端点 F 为第二条延伸线的原点）
标注文字 = 37

指定第二条尺寸界线原点或 [放弃(U)/选择(S)] <选择>:　　（捕捉端点 G 为第二条延伸线的原点）
标注文字 = 139
指定第二条尺寸界线原点或 [放弃(U)/选择(S)] <选择>:↙　　　　（回车，结束指定第二条尺寸界线原点）。
选择基准标注:↙　　　（回车，结束"基线标注"命令）

9.2.4　利用"连续标注"命令标注蜗杆轴长度尺寸

单击"标注"工具栏中的"连续标注"按钮┉，或选择菜单"标注"→"连续"选项，即可启动"连续标注"Dimcontinue 命令。利用该命令可以对图形对象进行连续的尺寸标注，即前后两个尺寸共用中间一个延伸线。

在启动连续标注命令之前，图形中至少应有一个具有独立延伸线的线性尺寸，　AutoCAD 默认启动连续标注命令之前最后所标注的这样尺寸为连续标注的第一尺寸。

下面以标注蜗杆轴长度尺寸为例说明"连续标注"Dimcontinue 命令的操作方法和应用。

蜗杆轴主视图中的长度尺寸 40、65、4 和 20 是用"连续标注"命令标注的。

操作步骤如下：

（1）单击"标注"工具栏中的"线性标注"按钮┠，标注中间键槽所在圆柱的长度尺寸 18。

　　命令: _dimlinear
　　指定第一条尺寸界线原点或 <选择对象>:　　　（捕捉端点 G 为第一条延伸线的原点）
　　指定第二条尺寸界线原点:　　　（捕捉端点 H 为第一条延伸线的原点）
　　指定尺寸线位置或 [多行文字(M)/文字(T)/角度(A)/水平(H)/垂直(V)/旋转(R)]:　　　（捕捉左端定位尺寸 18 的右端点，使两个尺寸水平对齐）
　　标注文字 = 18

（2）回车，再次启动"线性标注"命令，标注左端键槽的长度尺寸 14。

　　命令: _dimlinear
　　指定第一条尺寸界线原点或 <选择对象>:　　　（捕捉左端键槽长圆与蜗杆轴线的交点 I 为第二条延伸线的原点）
　　指定第二条尺寸界线原点:　　　（捕捉左端键槽长圆与蜗杆轴线的交点 J 为第二条延伸线的原点）
　　指定尺寸线位置或 [多行文字(M)/文字(T)/角度(A)/水平(H)/垂直(V)/旋转(R)]:　　　（在蜗杆轴主视图上方适当位置单击）
　　标注文字 = 14

（3）单击"标注"工具栏中的"连续标注"按钮┉，标注蜗杆轴长度尺寸，如图 9-31 所示。

　　命令: _dimcontinue
　　指定第二条尺寸界线原点或 [放弃(U)/选择(S)] <选择>:　　　（捕捉端点 K 为第二条延伸线的原点）
　　标注文字 = 2
　　指定第二条尺寸界线原点或 [放弃(U)/选择(S)] <选择>:↙（回车,结束指定第二条尺寸界线原点）
　　选择连续标注:　　　（单击定位尺寸 139 的左延伸线）
　　指定第二条尺寸界线原点或 [放弃(U)/选择(S)] <选择>:　　　（捕捉端点 L 为第二条延伸线的原点）
　　标注文字 = 20
　　指定第二条尺寸界线原点或 [放弃(U)/选择(S)] <选择>:↙（回车,结束指定第二条尺寸界线原点）
　　选择连续标注:　　　（单击定位尺寸 18 的右延伸线）
　　指定第二条尺寸界线原点或 [放弃(U)/选择(S)] <选择>:　　　（捕捉端点 M 为第二条延伸线的原点）

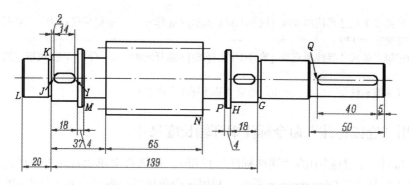

图 9-31　利用"连续标注"命令标注蜗杆轴长度尺寸

标注文字 = 4

指定第二条尺寸界线原点或 [放弃(U)/选择(S)] <选择>:↙　（回车，结束指定第二条尺寸界线原点）

选择连续标注：　（单击定位尺寸 37 的右延伸线）

指定第二条尺寸界线原点或 [放弃(U)/选择(S)] <选择>：　（捕捉端点 N 为第二条延伸线的原点）

标注文字 = 65

指定第二条尺寸界线原点或 [放弃(U)/选择(S)] <选择>:↙　（回车，结束指定第二条尺寸界线原点）

选择连续标注：　（单击位于中间的定位尺寸 18 的左延伸线）

指定第二条尺寸界线原点或 [放弃(U)/选择(S)] <选择>：　（捕捉端点 P 为第二条延伸线的原点）

标注文字 = 4

指定第二条尺寸界线原点或 [放弃(U)/选择(S)] <选择>:↙　（回车，结束指定第二条尺寸界线原点）

选择连续标注：　（单击定位尺寸 5 的左延伸线）

指定第二条尺寸界线原点或 [放弃(U)/选择(S)] <选择>：　（捕捉右端键槽长圆与蜗杆轴线的交点 Q 为第二条延伸线的原点）

标注文字 = 40

指定第二条尺寸界线原点或 [放弃(U)/选择(S)] <选择>:↙　（回车，结束指定第二条尺寸界线原点）

选择连续标注：↙　（回车，结束"连续标注"命令）

（4）单击"标注"工具栏中的"编辑标注文字" ⬏ 按钮，将定位尺寸 2、4、4 和 50 调整到如图 9-29 所示的位置，在 9.3 节会解决这个问题。

9.2.5　利用"半径标注"命令标注密封垫半径尺寸

单击"标注"工具栏中的"半径标注"按钮◎，或选择菜单"标注"→"半径"选项，即可启动"半径标注"Dimradius 命令。利用该命令可以在小于半圆的圆弧或半圆上标注半径尺寸。

下面以标注密封垫的半径尺寸为例说明"半径标注"Dimradius 命令的操作方法和应用。

密封垫的零件图及其三维实体如图 9-32 所示。

密封垫是机油泵中常用的垫片，装配在泵体和泵盖之间，起到密封的作用。其主视图中有 4 个半径尺寸，其中 R8 是用"机械标注样式"标注的，R22.75、R29 和 R2 是用"径向标注补充样式"标注的。

操作步骤如下：

（1）将"标注"层设置为当前层，将"机械标注样式"设置为当前标注样式。

（2）单击"标注"工具栏中的"半径标注"按钮◎，标注半径尺寸 R8。

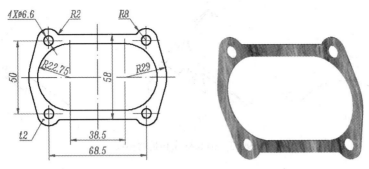

图 9-32   密封垫的零件图及其三维实体

命令: _dimradius
选择圆弧或圆: (单击密封垫零件图右上方的圆弧)
标注文字 = 8
指定尺寸线位置或 [多行文字(M)/文字(T)/角度(A)]:   (移动光标，在适当位置单击)

（3）将"径向标注补充样式"设置为当前标注样式，单击"标注"工具栏中的"半径标注"按钮◎，标注半径 R22.75。

命令: _dimradius
选择圆弧或圆: (单击左侧半圆)
标注文字 = 22.8
指定尺寸线位置或 [多行文字(M)/文字(T)/角度(A)]: T↙   (输入 T，回车，选择"文字"选项)
输入标注文字 <22.7>: R22.75↙   (输入新标注文字)
指定尺寸线位置或 [多行文字(M)/文字(T)/角度(A)]:   (在半圆内适当位置单击)

在设置标注样式时，已将标注文字的精度设置为 0.0，因此无法直接标注出半径 R22.75，需要利用"半径标注"命令中的"单行文字"选项输入。

（4）回车，再次启动"半径标注"命令，标注半径 R29。

命令: _dimradius
选择圆弧或圆: (单击外轮廓线上右侧圆弧)
标注文字 = 29
指定尺寸线位置或 [多行文字(M)/文字(T)/角度(A)]:   (在视图内适当位置单击)

（5）回车，再次启动"半径标注"命令，标注圆角半径 R2。

命令: _dimradius
选择圆弧或圆: (单击左上方圆角圆弧)
标注文字 = 2
指定尺寸线位置或 [多行文字(M)/文字(T)/角度(A)]:   (在视图上方适当位置单击)

"弧长标注" Dimarc 和 "折弯标注" Dimjogged 两个命令，分别用于标注圆弧的长度和大圆弧的半径，如图 9-33 所示。

弧长标注的操作步骤如下：

命令: _dimarc   (单击"标注"工具栏中的"圆弧标注"按钮，启动"弧长标注"命令)
选择弧线段或多段线弧线段: (单击圆弧)

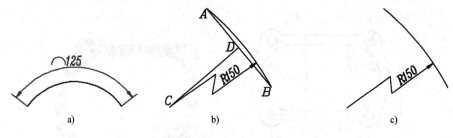

图 9-33　弧长标注和折弯标注

指定弧长标注位置或 [多行文字(M)/文字(T)/角度(A)/部分(P)/引线(L)]:　　　　　　（移动光标，在圆弧上方适当位置单击，结果如图 9-33a 所示）

在进行折弯标注之前需要连接圆弧的两个端点 AB，并绘制 AB 的中垂线 CD。折弯标注的操作步骤如下：

命令: _dimjogged　　　（单击"标注"工具栏中的"折弯标注"按钮，启动"折弯标注"命令）
选择圆弧或圆:　　（单击圆弧）
指定中心位置替代:　　（捕捉端点 C）
标注文字 = 150
指定尺寸线位置或 [多行文字(M)/文字(T)/角度(A)]:　　（在 CD 下方适当位置单击，折线不宜过长）
指定折弯位置:　　（移动光标，观察标注文字的位置适当时单击）

此时标注出的半径尺寸线的折弯角度为 45°，如图 9-33b 所示。

在"标注样式管理器"中可以修改折弯角度，操作方法如下：

单击"标注"工具栏或"样式"工具栏中的"标注样式管理器"按钮，弹出"标注样式管理器"对话框，单击"修改"按钮，在弹出的"修改标注样式"对话框中，打开"符号和箭头"选项卡，在"折弯角度"文本框中输入 60，如图 9-34 所示，单击"确定"按钮。

单击"标注"工具栏中"标注更新"按钮，单击用"折弯标注"命令标注的尺寸为更新对象，该尺寸线的折弯角度更新为 60°，如图 9-33c 所示，图中已将两条辅助线删除。

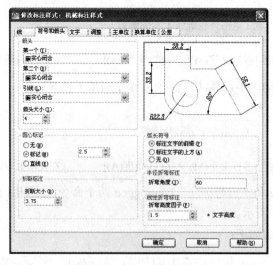

图 9-34　修改折弯角度

9.2.6 利用"直径标注"命令标注大垫片直径尺寸

单击"标注"工具栏中的"直径标注"按钮◎，或选择菜单"标注"→"直径"选项，即可启动"直径标注"Dimdiameter 命令。利用该命令可以在大于半圆的圆弧或整圆上标注直径尺寸。

下面以标注大垫片的直径尺寸为例说明"直径标注"Dimdiameter 命令的操作方法和应用。

大垫片的主视图及其三维实体如图 9-35 所示。

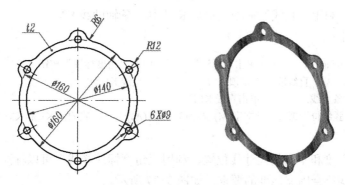

图 9-35　大垫片的主视图及其三维实体

该垫片是较为常见的垫片，其主视图中有 4 个直径尺寸，其中 6 个均布小孔的直径 6×Ø9 是用"机械标注样式"标注的，外圈直径 Ø160、内圈直径 Ø140 和 6 个均布小圆的定位尺寸 Ø160 是用"径向标注补充样式"标注的。

操作标注如下：

（1）将"标注"层设置为当前层，将"机械标注样式"设置为当前标注样式。

（2）单击"标注"工具栏中的"直径标注"按钮◎，标注 6 个均布小孔的直径 6×Ø9。

　　　命令: _dimdiameter
　　　选择圆弧或圆:　　（单击 6 个均布小圆之一）
　　　标注文字 = 9
　　　指定尺寸线位置或 [多行文字(M)/文字(T)/角度(A)]: T✓　　（输入 T，回车，选择"文字"选项）
　　　输入标注文字 <9>: 6X%%C9✓　　（输入新标注文字）
　　　指定尺寸线位置或 [多行文字(M)/文字(T)/角度(A)]:　　（在视图外适当位置单击）

输入乘号可用大写英文字母"X"代替。

（3）将"径向标注补充样式"设置为当前标注样式，单击"标注"工具栏中的"直径标注"按钮◎，标注外圈直径 Ø160。

　　　命令: _dimdiameter
　　　选择圆弧或圆:　　（单击外圈圆弧）
　　　标注文字 = 160
　　　指定尺寸线位置或 [多行文字(M)/文字(T)/角度(A)]:　　（在视图内适当位置单击）

（4）同样方法可以标注出内圈直径 Ø140 和 6 个均布小圆的定位尺寸 Ø160。

9.2.7 利用"角度标注"命令标注斜板倾斜角度

单击"标注"工具栏中的"角度标注"按钮△，或选择菜单"标注"→"角度"选项，即可启动"角度标注"Dimangular 命令。利用该命令可以标注相交的两条直线的夹角和圆弧的包含角。

下面以标注斜板倾斜角度为例说明"角度标注"Dimangular 命令的操作方法和应用。

斜板的主视图如图 9-36 所示。

在标注倾斜角度 40°之前，应先将"标注"层设置为当前层，将"角度标注样式"设置为当前标注样式，利用"直线"命令过端点 K 绘制一条辅助线 KM。

操作步骤如下：

命令: _dimangular   （单击"标注"工具栏中的"角度标注"按钮△）
选择圆弧、圆、直线或 <指定顶点>:   （单击直线 KL）
选择第二条直线: （单击直线 KM）
指定标注弧线位置或 [多行文字(M)/文字(T)/角度(A)]:   （在直线 KL 和 KM 之间适当位置单击）
标注文字 ＝40

根据不同的角度和不同的尺寸线位置，利用"角度标注样式"可以标注出三种不同的结果，这三种标注均符合国家标准的要求，如图 9-37 所示。

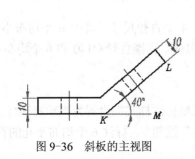

图 9-36　斜板的主视图　　　　　　　　图 9-37　三种角度标注结果

9.2.8 利用"引线标注"命令标注倒角和厚度

在命令行中输入 Qleader 后回车，即可启动"引线标注"Qleader 命令。利用"引线标注"命令可以从图形中指定的位置引出指引线，并在指引线的端部加注文字注释。绘制零件图时，利用引线标注命令可以标注倒角、薄板类零件的厚度；绘制装配图时，利用引线标注命令可以标注序号。

1. 利用"引线标注"命令标注轴类零件的倒角尺寸

下面以标注从动齿轮轴的倒角尺寸为例说明"引线标注"Qleader 命令的操作方法和应用。

从动齿轮轴的主视图及其三维实体如图 9-38 所示。

标注倒角尺寸一般沿倒角的延长线引出倾斜引线，标注文字位于水平引线上。

操作步骤如下：

（1）将"标注"层设置为当前层，将"机械标注样式"设置为当前标注样式。在命令行中输入 Qleader 后回车，启动"引线标注"命令。

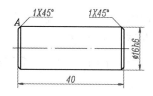

图 9-38　从动齿轮轴的主视图及其三维实体

命令:_qleader

指定第一个引线点或 [设置(S)] <设置>:✓　（回车，选择"设置"选项，弹出"引线设置"对话框）

（2）设置"注释"选项卡。

打开"引线设置"对话框中的"注释"选项卡，在"多行文字选项"选项栏中取消勾选"提示输入宽度"复选框，其他选项栏保留默认设置，如图 9-39 所示。

（3）设置"引线和箭头"选项卡。

打开"引线设置"对话框中的"引线和箭头"选项卡，在"箭头"下拉列表中选择箭头的样式为"无"，其他选项栏保留默认设置，如图 9-40 所示。

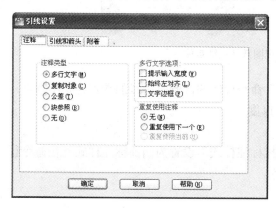

图 9-39　设置"注释"选项卡

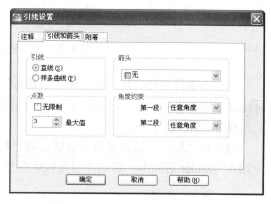

图 9-40　设置"引线和箭头"选项卡

（4）设置"附着"选项卡。

打开"引线设置"对话框中的"附着"选项卡，勾选"最后一行加下划线"复选框，如图 9-41 所示。

完成设置"引线设置"对话框中的三个选项卡后，单击"确定"按钮。

（5）指定引线位置，输入注释文字。

指定第一个引线点或 [设置(S)] <设置>:（捕捉端点 A）

指定下一点:_ext 于　　　（单击"对象捕捉"工具栏中的"延长捕捉"按钮—，将光标移到 A 点，然后沿倒角的倾斜方向向右上方移动光标，出现 45°延长线后在适当位置单击）

指定下一点: @2,0✓　（输入第三点相当于第二点的坐标，回车）

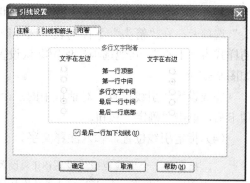

图 9-41　设置"附着"选项卡

输入注释文字的第一行 <多行文字(M)>: 1X45%%D↙　　　（输入注释文字，回车）
输入注释文字的下一行:↙　　（回车，结束"引线标注"命令）

指定引线第二点的位置时，也可以输入其相对于第一点的坐标，如@15<45。引线的第二点和第三点在一条水平线上。

（6）同样方法也可以标注出右端倒角尺寸。

2. 利用"引线标注"命令标注薄板类零件的厚度尺寸

下面以标注密封垫的厚度尺寸为例说明"引线标注"Qleader 命令的操作方法和应用。

该密封垫是机油泵中用于密封泵体的零件，其主视图和三维实体如图 9-42 所示。

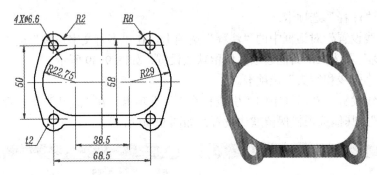

图 9-42　密封垫主视图及其三维实体

薄板类零件的厚度尺寸也是用"引线标注"命令标注的，倾斜引线的端点处是小圆点，标注文字位于水平引线上，其中字母"t"表示厚度。

操作步骤如下：

（1）将"标注"层设置为当前层，将"机械标注样式"设置为当前标注样式。在命令行中输入 Qleader 后回车，启动"引线标注"命令。

命令: _qleader
指定第一个引线点或 [设置(S)] <设置>:↙　（回车，选择"设置"选项，弹出"引线设置"对话框）

（2）"注释"选项卡和"附着"选项卡的设置同上，如图 9-39 和图 9-41 所示。

（3）设置"引线和箭头"选项卡。

打开"引线设置"对话框中的"引线和箭头"选项卡，在"箭头"下拉列表中选择箭头的样式为"小点"，其他选项栏保留默认设置，如图 9-43 所示。

完成设置"引线设置"对话框中的三个选项卡后，单击"确定"按钮。

（4）指定引线位置，输入注释文字。

指定第一个引线点或 [设置(S)] <设置>:
（在视图内适当位置单击，请注意不要在内孔轮廓线以内单击）

图 9-43　将引线的箭头的样式设置为"小点"

指定下一点:　　　　　（在视图外适当位置单击）
指定下一点:　@–2,0✓　　　　（输入第三点相当于第二点的坐标，回车）
输入注释文字的第一行 <多行文字(M)>: t2✓　　　（输入注释文字，回车）
输入注释文字的下一行:✓　　　（回车，结束"引线标注"命令）

9.2.9　标注齿轮的公差

公差的标注形式有两种，即用公差带代号标注或用上、下偏差的形式标注，如 Ø12H7 或 $Ø12^{+0.018}_{0}$。由于直径尺寸可以利用"线性标注"命令或"直径标注"命令标注，而这两个命令中均有"多行文字"和"单行文字"选项，利用这两个选项输入公差带代号较为容易。而标注成标注上、下偏差的形式，则需要创建公差标注样式。

下面以标注带轮键槽的公差为例说明标注公差的操作方法。

带轮零件图如图 9-44 所示。

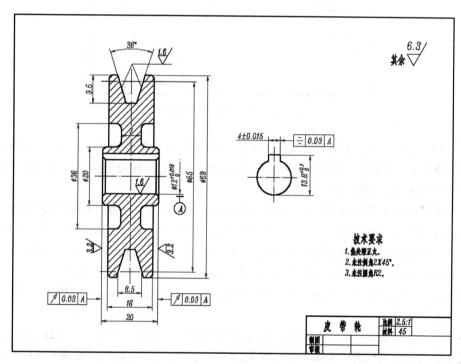

图 9-44　带轮零件图

该带轮可以和机油泵的主动轴装配在一起，将电机的动力传递给主动齿轮，带动机油泵工作。

首先标注带轮轴孔的直径及其公差，操作步骤如下：

单击"标注"工具栏中"标注样式管理器"按钮，弹出"标注样式管理器"对话框，在样式列表框中选中"线性直径标注样式"，单击"新建"按钮，弹出"创建新标注样式"对话框。单击"继续"按钮，弹出"新建标注样式"对话框，打开"公差"选项卡，在该选项卡中一般只需要设置"公差格式"选项栏。

在"方式"下拉列表中选择"极限偏差"选项，在"精度"下拉列表中选择"0.000"选项，在"上偏差"文本框中输入"0.018"，在"下偏差"文本框中输入"0"。在"高度比例"文本框中输入0.7，在"垂直位置"下拉列表中选择"中"选项，保留其他设置不变。"公差"选项卡的设置如图9-45所示。

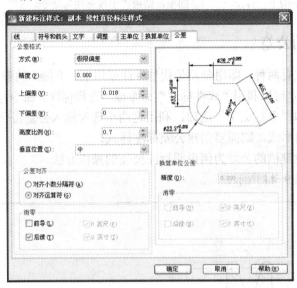

图 9-45　设置"公差"选项卡

创建轴孔直径公差的标注样式是从"线性直径标注样式"创建的，这是为了使标注文字中有直径符号∅。如果从"机械标注样式"开始创建轴孔的直径公差样式，则应在"主单位"选项卡的"前缀"文本框中输入"%%C"。

带轮零件图是用2.5:1的比例绘制的，要标注出实际尺寸，应将所有标注样式中的测量单位比例修改为绘图比例的倒数（在"主单位"选项卡中修改）。因轴孔直径尺寸的公差样式是从"线性直径标注样式"创建的，在带轮主视图上标注直径尺寸前已将该样式的测量单位比例修改为0.4，因此创建的公差样式的测量单位比例也为0.4，如图9-46所示。

带轮轴孔直径尺寸的一条延伸线和箭头被隐藏，因此还需要和设置"隐藏标注样式"一样设置"线"选项卡。

打开"线"选项卡，在"尺寸线"选项栏的"隐藏"选项中勾选"尺寸线2"复选框，在"尺寸界线"选项栏的"隐藏"选项中勾选"尺寸界线2"复选框，如图9-47所示。

单击"确定"按钮，回到"标注样式管理器"对话框，在"样式"列表中增加了一个新的标注样式"副本线性直径标注样式"，如图9-48所示。右击该样式，在弹出的快捷菜单中选择"重命名"选项，将该样式重新命名为"公差标注样式1"，如图9-49所示。

单击"确定"按钮，回到绘图区。由于带轮的轴孔在主视图中只有最低素线，没有最高素线，要标注出直径尺寸，需要先偏移出一条辅助线代替最高素线。该零件图是用2.5:1的绘制的，因此偏移距离为30mm。

单击"标准"工具栏的"窗口缩放"按钮，将轴孔部分放大显示。利用"线性标注"命令，分别捕捉轴孔最低素线的右端点和偏移出来的辅助线的右端点为两条延伸线的原点，在主视图右侧适当位置单击。

图 9-46　将测量单位比例修改为绘图比例的倒数

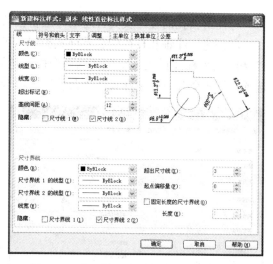

图 9-47　在"线"选项卡中设置隐藏选项

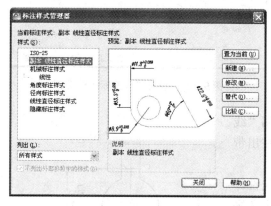

图 9-48　新标注样式

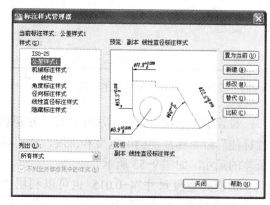

图 9-49　创建公差标注样式

单击"绘图"工具栏中的"直线"按钮/，利用"直线"命令绘制尺寸线，即可标注出轴孔的直径尺寸及其公差，如图 9-50 所示。

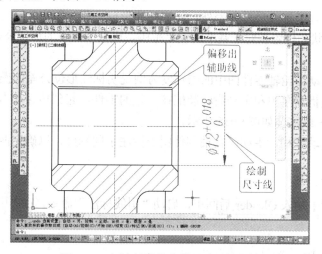

图 9-50　标注轴孔的直径尺寸及其公差

标注出轴孔的直径及其公差后，应将偏移出的辅助线删除。

和创建标注轴孔直径的公差样式类似，可以创建标注键槽宽度和深度的"公差标注样式2"和"公差标注样式3"。创建这两个样式是从"机械标注样式"创建的，且不需要设置隐藏选项，这两个公差标注样式在"公差"选项卡中的设置如图9-51和图9-52所示。

图9-51　设置"公差标注样式2"

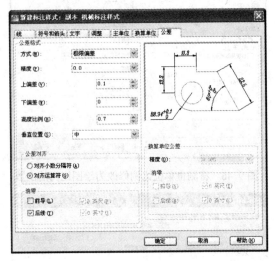

图9-52　　设置"公差标注样式3"

设置了以上两个公差标注样式后，分别利用"线性标注"命令标注键槽的宽度和深度，即可标注出带公差的尺寸，如图9-53所示。

键槽的宽度尺寸 4±0.015 也可以利用"线性标注"命令中的"文字"选项标注，输入标注文字4%%P0.015即可。

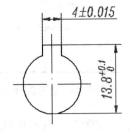

图9-53　标注键槽的宽度、深度及公差

9.2.10　标注主动齿轮轴的形位公差

在机械图样中除了标注尺寸公差外，还需标注形位公差，即实际加工的机械零件表面上的点、线、面的形状和位置相对于基准的误差范围。机械图样中的形位公差是用"引线标注"命令标注的。

下面以标注主动齿轮轴零件图中的同轴度为例说明标注形位公差的操作方法。

主动齿轮轴是机油泵中和主动齿轮装配在一起的零件，起到传递动力的作用，其零件图如图9-54所示，三维实体如图9-55所示。

为了使齿轮转动平稳，主动齿轮轴零件图中标注了同轴度，以确定两段圆柱轴线的最大偏差。

操作步骤如下：

（1）在命令行中输入 Qleader 后回车，启动"引线标注"命令，在"引线设置"对话框中进行设置。

命令：_qleader

指定第一个引线点或 [设置(S)] <设置>✓　（回车，选择"设置"选项，弹出"引线设置"对话框）

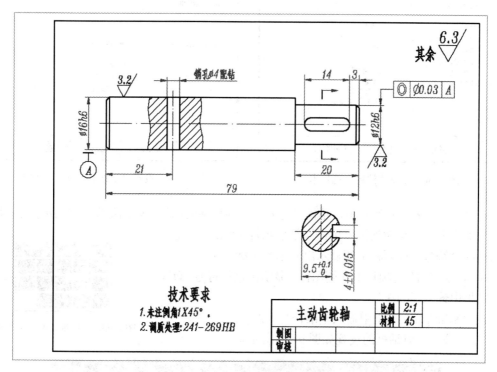

图 9-54　主动齿轮轴零件图

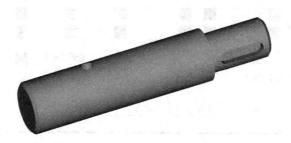

图 9-55　主动齿轮轴三维实体

　　打开"引线设置"对话框的"注释"选项卡，在"注释类型"选项栏中选中"公差"单选按钮，"重复使用注释"选项栏保留默认设置"无"不变，如图 9-56 所示。

　　打开"引线和箭头"选项卡，在"箭头"下拉列表中选择"实心闭合"选项，在"角度约束"选项栏的"第一段"和"第二段"下拉列表中选择"90°"选项，其他选项栏保留默认设置不变，如图 9-57 所示。

　　（2）单击"引线设置"对话框的"确定"按钮。

　　　　指定第一个引线点或 [设置(S)] <设置>:　　（捕捉直径尺寸 Ø12h6 的尺寸线的上方端点）
　　　　指定下一点:　（向上移动光标，在适当位置单击）
　　　　指定下一点:　（向右移动光标，在适当位置单击，弹出"形位公差"对话框）

　　（3）设置"形位公差"对话框。

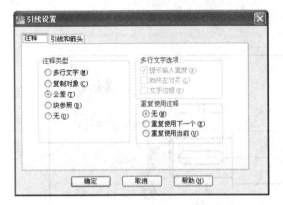

图 9-56　设置"注释"选项卡

图 9-57　设置"引线和箭头"选项卡

在"形位公差"对话框中,单击"符号"选项栏中的图标,弹出如图 9-58 所示的"特征符号"对话框,在该对话框中单击同轴度图标,"形位公差"对话框的"符号"选项栏中便显示出同轴度图标。

单击"公差 1"选项栏中左侧图标,显示出直径符号"Ø",在文本框中输入"0.03"。

图 9-58　"特征符号"对话框

在"基准 1"文本框中输入基准符号"A"。

"形位公差"对话框的设置如图 9-59 所示。

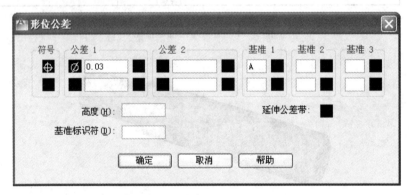

图 9-59　设置"形位公差"对话框

单击"确定"按钮,即可在主动齿轮轴零件图中标注出同轴度。

(4)标注了同轴度后,还要标注基准符号,利用"插入"命令,将保存的"基准符号"块插入到直径尺寸 Ø16h6 的延长线上。双击属性"A",在弹出的"增强属性编辑器"对话框的"文字选项"选项卡中将"对正"方式修改为"右上",将"旋转"角度设置为"0",从而标注出符号要求的基准符号,如图 9-54 所示。

9.3　编辑标注

利用标注编辑命令可以在不删除已标注尺寸的情况下,对尺寸进行修改。标注编辑命令包括"标注编辑"Dimedit 命令和"标注文字编辑"Dimtedit 命令。

9.3.1 利用"编辑标注"命令编辑标注文字和延伸线

单击"标注"工具栏中的按钮🔺，即可启动"编辑标注"Dimedit 命令，该命令最常用的功能是修改标注文字和使延伸线倾斜。

1．利用"编辑标注"命令编辑标注文字

将主动齿轮轴小端的直径尺寸"Ø12h6"修改为"Ø12f6"，操作步骤如下：

（1）单击"标注"工具栏中的按钮🔺，输入新的标注文字。

命令: _dimedit
输入标注编辑类型 [默认(H)/新建(N)/旋转(R)/倾斜(O)] <默认>: N↙　　　（输入 N，回车，选择"新建"选项，弹出"文字格式"对话框）

在"文字格式"对话框中输入"%%C12f6"，如图 9-60 所示。

Ø12f6

图 9-60　在"文字格式"对话框中输入新的标注文字

（2）单击"确定"按钮，修改标注文字，结果如图 9-61 所示。

选择对象:　　（单击直径尺寸"Ø12h6"）
找到 1 个
选择对象:↙　　（回车，结束"编辑标注"命令）

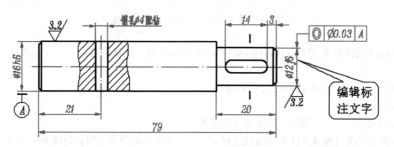

图 9-61　编辑标注文字的结果

2．利用"编辑标注"命令编辑标注延伸线

下面以编辑如图 9-62 所示的回转组合件的主视图中尺寸为例说明利用"编辑标注"命令使延伸线发生倾斜的操作方法。

如图 9-63a 所示是在该零件主视图中初步标注的结果，图中直径尺寸 Ø50 的两条延伸线与圆台面素线距离过近，显得不够清晰。按照国家标准的要求，其延伸线可以与尺寸线倾斜。

操作步骤如下：

单击"标注"工具栏中的"编辑标注"按钮🔺。

命令: _dimedit

图 9-62 回转组合件三维实体

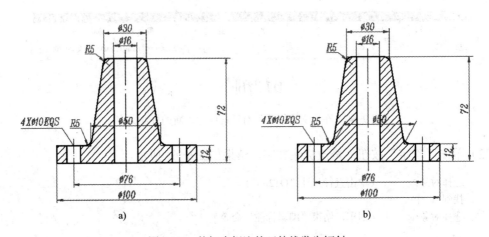

图 9-63 使初步标注的延伸线发生倾斜

输入标注编辑类型 [默认(H)/新建(N)/旋转(R)/倾斜(O)] <默认>: O✓　　　　（输入 O，回车，选择"倾斜"选项）

选择对象:　　（单击直径尺寸 Ø50）

找到 1 个

选择对象:✓　　（回车，结束选择编辑对象）

输入倾斜角度 (按 ENTER 表示无): 60✓　　（输入延伸线的倾斜角度 60，回车）

上述操作的结果如图 9-63b 所示，此时标注文字 Ø50 与轮廓线相交，这不符合国家标准的要求。利用"编辑标注文字"命令可以调整标注文字 Ø50 的位置。

选择菜单"标注"→"倾斜"选项，也可以使指定的尺寸对象发生倾斜。

9.3.2　利用"编辑标注文字"命令调整标注文字的位置

单击"标注"工具栏中的"编辑标注文字"按钮，即可启动"编辑标注文字"Dimtedit命令，利用该命令可以调整标注文字的位置，同时也调整延伸线的长度。

下面以调整图 9-63b 所示的标注文字 Ø50 的位置为例，说明"编辑标注文字"Dimtedit命令的操作方法。

操作步骤如下：

单击"标注"工具栏中的"编辑标注文字"按钮🗛，调整标注文字 Ø50 的位置，如图 9-64a 所示。

> 命令: _dimtedit
> 选择标注:　　（单击尺寸 Ø50，此时该尺寸被激活，移动光标，可以任意调整其位置）
> 指定标注文字的新位置或 [左(L)/右(R)/中心(C)/默认(H)/角度(A)]:　　（在内孔区域适当位置单击）

将标注文字 Ø50 调整到内孔 Ø16 的区域内后，又与回转组合件的轴线相交。关闭状态栏中的"对象捕捉"按钮🔲，单击"修改"工具栏中的"打断"按钮🔳，分别在标注文字 Ø50 的上方和下方单击回转组合件的轴线，将轴线打断即可，如图 9-64b 所示。

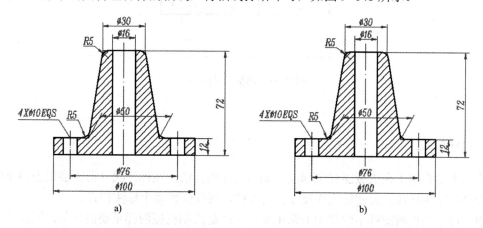

图 9-64　调整标注文字的位置，并打断点画线

利用"编辑标注文字"命令可以调整如图 9-31 所示的蜗杆轴主视图中初步标注的尺寸 2、4、4 和 50 的位置，结果如图 9-29 所示。

9.3.3　利用"标注间距"命令调整尺寸的位置

如图 9-64b 中，直径尺寸 Ø30 与 Ø16 的间距、直径尺寸 Ø100 与 Ø76 的间距、高度尺寸 72 与 12 的间距不一定相同，为了使标注的尺寸更加美观，可以利用 AutoCAD 2012 中文版新增加的"标注间距"命令使这三个间距相同。

操作步骤如下：

单击"标注"工具栏中的"等距标注"按钮🔳，启动"等距标注"命令。

> 命令: _DIMSPACE
> 选择基准标注:　　（单击直径尺寸 Ø16）
> 选择要产生间距的标注:　　（单击直径尺寸 Ø30）
> 找到 1 个
> 选择要产生间距的标注:↙　　（回车，结束选择要产生间距的标注对象）
> 输入值或 [自动(A)] <自动>:↙　　（回车，选择自动选项，将两个尺寸的间距调整为 10mm）

如果要将尺寸间距调整为其他值，在系统提示输入间距值时输入该值并回车即可。

同样方法可以将直径尺寸 Ø100 与 Ø76 的间距、高度尺寸 72 与 12 的间距调整为 10mm。

调整尺寸距的结果如图 9-65 所示。

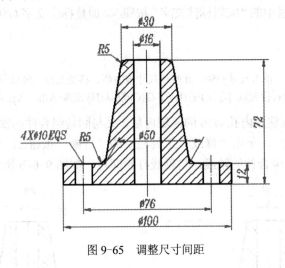

图 9-65　调整尺寸间距

9.4　小结

本章主要介绍了在机械图样中标注和编辑尺寸的方法，在标注尺寸前需要根据国家标准的要求设置标注样式。为使标注的尺寸灵活多样，需要创建多个标注样式。

由于尺寸在机械图样中的作用非常重要，标注是绘制机械图样重要的环节，因此读者应高度重视本章内容，熟悉设置标注样式的方法和各种标注命令的操作方法，以便熟练地在绘制的图样中进行尺寸标注。

9.5　习题

1．简答题

（1）根据国家标准的要求，创建"机械标注样式"时主要需要进行哪几项设置？

（2）为了标注出灵活多样的尺寸，满足不同标注的要求，需要创建哪几种标注样式？

（3）用于编辑标注的命令有几个？它们的功能有什么不同？

2．操作题

（1）在第 5 章和第 6 章范例和习题所绘制的图形中标注尺寸。

（2）完成第 8 章习题中主动齿轮轴零件图的尺寸标注。

第 10 章　创建样板图形

作为机械设计人员，利用 AutoCAD 进行机械设计的最终目的是要绘制出符合规范的机械图样，包括绘制零件图和装配图。

零件图一般从样板图形开始绘制，这样可以直接利用样板图形中的各种设置，省去了设置图层和各种样式的麻烦，而且可以使所有零件图具有统一的设置，为绘制装配图带来了方便。

本节将介绍创建样板图形的方法，包括以下内容：

- 设置绘图界限
- 绘制标题栏
- 创建 A3 样板图形

10.1　设置绘图界限

用户在使用 AutoCAD 2012 中文版绘图时，系统对绘图范围没有做任何设置，绘图区是一幅无穷大的图纸。而用户绘制图形的大小是有限的，为了便于绘图工作，需要设置绘图界限，即设置绘图的有效范围和图纸的边界。

绘制机械图样时所用的图纸型号共有 5 种，即 A0、A1、A2、A3 和 A4，其幅面尺寸分别是 1188×840mm、840×594mm、594×420mm、420×297mm 和 297×210mm，绘图界限应根据将来打印出图时所用标准图纸的幅面进行设置。

设置绘图界限的操作步骤如下：

选择菜单"格式"→"图形界限"选项，启动"绘图界限"Limits 命令。

> 命令: '_limits
> 重新设置模型空间界限:
> 指定左下角点或 [开(ON)/关(OFF)] <0.0000,0.0000>:↙　　　（回车，以系统默认的坐标原点为绘图界限的左下角点）
> 指定右上角点 <420.0000,297.0000>:↙　　　（回车，选择默认的图形界限）

AutoCAD 默认的绘图界限是 A3 图纸的幅面，因此如果是创建 A3 样板图形，可以选择默认的绘图界限。创建其他样板图形时，应根据所用图纸的幅面输入绘制界限右上角点的坐标并回车，即可完成绘图界限的设置。

10.2　绘制标题栏

标题栏是零件图和装配图中用于填写零件或部件名称、制图人名称、绘图日期、审核人名称、审核日期、绘图比例、材料名称、图号和工作单位等内容的表格，一般位于边框的右下角。

实际生产中的零件图和装配图中的标题栏非常复杂，在图纸中占有了很大的面积。本书建议按图 10-1 所示的尺寸绘制标题栏，其外框是用粗实线绘制的，内格是用细实线绘制的。

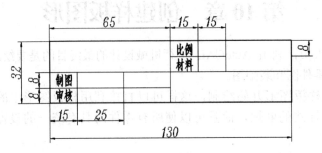

图 10-1　标题栏

绘制标题栏的操作步骤如下：

（1）新建图形文件，加载线型，恢复图层。

（2）将"粗实线"层设置为当前层，单击"绘图"工具栏的"矩形"按钮□，绘制标题栏外框，如图 10-2a 所示。

> 命令：_rectang
> 指定第一个角点或 [倒角(C)/标高(E)/圆角(F)/厚度(T)/宽度(W)]:　　　　（在适当位置单击）
> 指定另一个角点或 [面积(A)/尺寸(D)/旋转(R)]: @130,32✓　　　　（输入矩形的第二角点相对于第一角点的坐标，回车）

（3）将"细实线"层设置为当前层，分别单击"绘图"工具栏的"直线"按钮✐，绘制内格线，如图 10-2b 所示。

> 命令：_line
> 指定第一点：　　（捕捉矩形短边的中点）
> 指定下一点或 [放弃(U)]:　　（捕捉矩形另一条短边的中点）
> 指定下一点或 [放弃(U)]:✓　　（回车，结束"直线"命令）
>
> 命令：_line
> 指定第一点：　　（捕捉矩形长边的中点）
> 指定下一点或 [放弃(U)]:　　（捕捉矩形另一条长边的中点）
> 指定下一点或 [放弃(U)]:✓　　（回车，结束"直线"命令）

（4）单击"修改"工具栏的"偏移"按钮▵，偏移水平内格线，如图 10-2c 所示。

> 命令：_offset
> 当前设置: 删除源=否　图层=源　OFFSETGAPTYPE=0
> 指定偏移距离或 [通过(T)/删除(E)/图层(L)] <25.0000>: 8✓　　（输入偏移距离 8，回车）
> 选择要偏移的对象，或 [退出(E)/放弃(U)] <退出>:　　（单击水平内格线）
> 指定要偏移的那一侧上的点，或 [退出(E)/多个(M)/放弃(U)] <退出>:　　（在该水平内格线上方单击）
> 选择要偏移的对象，或 [退出(E)/放弃(U)] <退出>:　　（再次单击第一条水平内格线）
> 指定要偏移的那一侧上的点，或 [退出(E)/多个(M)/放弃(U)] <退出>:　　（在该水平内格线下方单击）
> 选择要偏移的对象，或 [退出(E)/放弃(U)] <退出>:✓　　（回车，结束"偏移"命令）

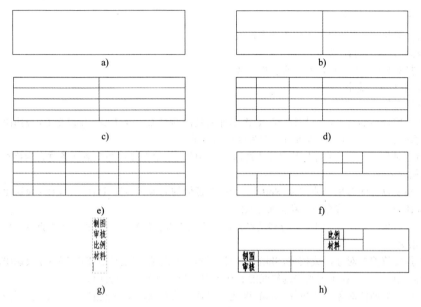

图 10-2　绘制标题栏流程

（5）单击"修改"工具栏的"偏移"按钮🗗，偏移垂直内格线，如图 10-2d 所示。

> 命令: _offset
> 当前设置: 删除源=否　图层=源　OFFSETGAPTYPE=0
> 指定偏移距离或 [通过(T)/删除(E)/图层(L)] <15.0000>: 25↙　　　（输入偏移距离25，回车）
> 选择要偏移的对象，或 [退出(E)/放弃(U)] <退出>:　　　（单击垂直内格线）
> 指定要偏移的那一侧上的点，或 [退出(E)/多个(M)/放弃(U)] <退出>:　　　（在该垂直内格线左侧单击）
> 选择要偏移的对象，或 [退出(E)/放弃(U)] <退出>:　　　（单击偏移出的垂直内格线）
> 指定要偏移的那一侧上的点，或 [退出(E)/多个(M)/放弃(U)] <退出>:　　　（在该垂直内格线左侧单击）
> 选择要偏移的对象，或 [退出(E)/放弃(U)] <退出>:↙　　　（回车，结束"偏移"命令）

（6）单击"修改"工具栏的"偏移"按钮🗗，再次偏移正中的垂直内格线，如图 10-2e 所示。

> 命令: _offset
> 当前设置: 删除源=否　图层=源　OFFSETGAPTYPE=0
> 指定偏移距离或 [通过(T)/删除(E)/图层(L)] <8.0000>: 15↙　　　（输入偏移距离15，回车）
> 选择要偏移的对象，或 [退出(E)/放弃(U)] <退出>:　　　（单击正中的垂直内格线）
> 指定要偏移的那一侧上的点，或 [退出(E)/多个(M)/放弃(U)] <退出>:（在该垂直内格线右侧单击）
> 选择要偏移的对象，或 [退出(E)/放弃(U)] <退出>:　　　（单击偏移出的垂直内格线）
> 指定要偏移的那一侧上的点，或 [退出(E)/多个(M)/放弃(U)] <退出>:（在该垂直内格线右侧单击）
> 选择要偏移的对象，或 [退出(E)/放弃(U)] <退出>:↙　　　（回车，结束"偏移"命令）

（7）单击"修改"工具栏的"修剪"按钮⊬，修剪内格线，结果如图 10-2f 所示。

> 命令: _trim
> 当前设置:投影=UCS，边=无
> 选择剪切边...
> 选择对象或 <全部选择>:　　　（单击正中水平内格线）

找到 1 个
选择对象: （单击正中垂直内格线）
找到 1 个，总计 2 个
选择对象: （单击右侧垂直内格线）
找到 1 个，总计 3 个
选择对象:
选择要修剪的对象，或按住 Shift 键选择要延伸的对象，或[栏选(F)/窗交(C)/投影(P)/边(E)/删除
(R)/放弃(U)]: （在零件或部件名称区域右侧单击）
指定对角点: （向左下方移动光标，拖出的虚线拾取窗口与左侧两条垂直内格线和上方水平
内格线相交）
选择要修剪的对象，或按住 Shift 键选择要延伸的对象，或[栏选(F)/窗交(C)/投影(P)/边(E)/删除
(R)/放弃(U)]: （在单位名称区域右侧单击）
指定对角点: （向左下方移动光标，拖出的虚线拾取窗口与右侧两条垂直内格线和下方水平
内格线相交）
选择要修剪的对象，或按住 Shift 键选择要延伸的对象，或[栏选(F)/窗交(C)/投影(P)/边(E)/删除
(R)/放弃(U)]: （在上方水平内格线的右端单击，修剪出图纸代号区域）
选择要修剪的对象，或按住 Shift 键选择要延伸的对象，或[栏选(F)/窗交(C)/投影(P)/边(E)/删除
(R)/放弃(U)]:✓ （回车，结束"修剪"命令）

（8）将"文字"层设置为当前层，单击"文字"工具栏的"单行文字" **A̲** 按钮，在标题栏中输入文字。

命令: _dtext
当前文字样式: 汉字样式 当前文字高度: 5.0000
指定文字的起点或 [对正(J)/样式(S)]: （在适当位置单击）
指定文字的旋转角度 <0>:✓ （回车，文字不旋转）

在绘图区的输入框内分别输入"制图"回车，输入"审核"回车，输入"比例"回车，输入"材料"回车，如图 10-2g 所示。回车，结束"单行文字"命令。

（9）分别单击"修改"工具栏的"移动"按钮✛，将输入的单行文字图纸到标题栏合适的位置。移动文字时，可以分别将"制图"和"审核"、"比例"和"材料"同时移动，结果如图 10-2h 所示，即完成绘制标题栏。

10.3 创建 A3 样板图形

绘制零件图最常用的图纸型号是 A3，本节将介绍创建绘图界限为 A3 幅面的样板图形的方法。如果需要以其他型号图纸的幅面为绘图界限，则可以在 A3 样板图形的基础上创建 A2、A4 等样板图形。

绘制了标题栏后，继续创建 A3 样板图形的操作步骤如下:

（1）将"边界线"层设置为当前层，单击"绘图"工具栏的"矩形"按钮口，绘制边界线。

命令: _rectang
指定第一个角点或 [倒角(C)/标高(E)/圆角(F)/厚度(T)/宽度(W)]: 0,0✓ （输入边界线第一角点的坐标，回车，以坐标原点为边界线第一角点）

指定另一个角点或 [面积(A)/尺寸(D)/旋转(R)]: 420,297✓　　　（输入边界线第二角点的坐标，回车）

（2）将"边框"层设置为当前层，单击"绘图"工具栏的"矩形"按钮□，绘制边框。

命令: _rectang
指定第一个角点或 [倒角(C)/标高(E)/圆角(F)/厚度(T)/宽度(W)]: 25,5✓　　　（输入边框第一角点的坐标，回车）
指定另一个角点或 [面积(A)/尺寸(D)/旋转(R)]: _from　　　（单击"对象捕捉"工具栏中的"捕捉自"按钮 ）
基点:　　　（捕捉边界线的右上角点为基点）
<偏移>: @-5,-5✓　　　（输入边框右上角点相对于基点的坐标，回车）

（3）单击"缩放"工具栏中的"全部缩放"按钮 ，或在命令行输入 Z 回车，输入 A 回车，将图形全部显示，如图 10-3a 所示。

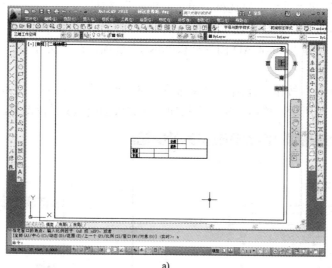

a)

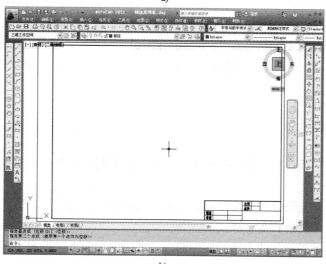

b)

图 10-3　创建 A3 样板图形流程

边框和边界线的左边距为 25，该处用于装订图纸。边框和边界线的其余边距为 10 或 5，大边距 10 用于 A0、A1、A2 三种幅面较大的图纸，小边距 5 用于 A3 和 A4 两种较小的图纸。

（4）单击"修改"工具栏中的"移动"按钮✛，捕捉标题栏的右下角点为移动基点，捕捉边框的右下角点为移动的第二点，将标题栏移到边框的右下角，如图 10-3b 所示。

（5）按照第 7 章介绍的设置文字样式的方法，创建"字母与数字样式"和"汉字样式"。

（6）按照第 9 章介绍的设置标注样式的方法，创建"机械标注样式"、"角度标注样式"、"径向标注补充样式"、"线形直径标注样式"和"隐藏标注样式"。

（7）打开状态栏中的"对象捕捉"按钮▢，再将光标移到该按钮上并单击鼠标右键，在弹出的"草图"设置对话框中打开"对象捕捉"选项卡，勾选"端点"、"中点"、"圆心"、"象限点"、"交点"和"垂足"复选框，单击"确定"按钮。

（8）单击"标准"工具栏中的"保存"按钮▣，弹出"图形另存为"对话框，在"文件类型"下拉列表中选择"AutoCAD 图形样板(*dwt)"选项，在"文件名"文本框中输入"A3 样板"，如图 10-4 所示。

（9）单击"保存"按钮，弹出"样板选项"对话框，在"说明"文本框中输入"A3 样板图形"，如图 10-5 所示。单击"确定"按钮，即完成创建 A3 样板图形。

图 10-4 保存样板图形　　　　　　　　图 10-5 "样板选项"对话框

10.4 小结

零件图一般从样板图形开始绘制，因此在下一章绘制零件图前，本章先介绍了创建样板图形的方法。

创建样板图形时需要设置绘图界限，还要绘制标题栏、边界线和边框，后者需要利用前面章节中已经设置的图层和文字样式。

根据绘图的需要可以创建多个样板图形，读者应掌握创建样板图形的方法，为后面绘制零件图做好准备。

10.5 习题

1. 简答题

简述创建样板图形的主要步骤。

2. 操作题

根据本章所介绍的创建样板图形的方法，创建 A4 样板图形，并利用该样板图形完成如图 8-35 所示的主动齿轮轴零件图。

第11章 绘制零件图

零件是组成机器或部件的基本单元，零件图是用于制造和检验零件的图样，一般包括表达零件形状的视图、表达零件各结构形状大小和相对位置的尺寸、技术要求和标题栏。

本章将以绘制较为复杂的泵盖和泵体零件图为例说明绘制零件图的方法和步骤，主要包括以下内容：

- 绘制泵盖零件图
- 绘制泵体零件图

11.1 绘制泵盖零件图

泵盖是机油泵中的主要零件之一，用于和密封垫一起装配在泵体上，使泵体的内腔形成一个封闭的空间。

泵盖零件图是用 2.5:1 的比例绘制在 A2 图纸上，如图 11-1 所示。

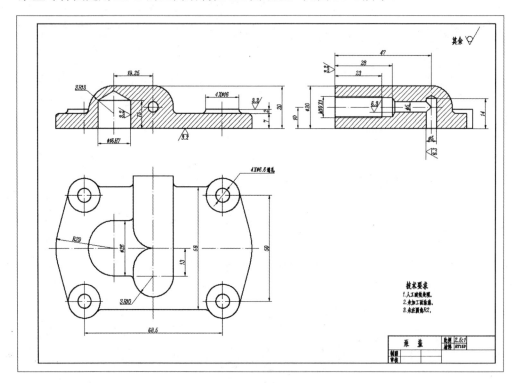

图 11-1　泵盖零件图

泵盖的三维实体如图 11-2 所示。

图 11-2　泵盖的三维实体

11.1.1　创建 A2 样板图形

A2 样板图形可以从 A3 样板图形开始创建，即将 A3 样板的边界线和边框删除，按照 A2 图纸的幅面 594×420mm 重新绘制边界线和边框，再另名保存即可。

操作步骤如下：

（1）单击"标准"工具栏中的"新建"按钮，在弹出的"选择样板"对话框中选中 "A3 样板"文件后，单击"打开"按钮，或在"选择样板"对话框中双击"A3 样板"文件，打开 A3 样板图形。

（2）选择菜单"格式"→"图形界限"选项，重新设置绘图界限。

> 命令:'_limits
> 重新设置模型空间界限：
> 指定左下角点或 [开(ON)/关(OFF)] <0.0000,0.0000>:✓　　　（回车，以系统默认的坐标原点为绘图界限的左下角点）
> 指定右上角点 <420.0000,297.0000>:594, 420✓　　（选择图形界限右上角点的坐标，回车）

（3）将"边界线"层设置为当前层，单击"绘图"工具栏的"矩形"按钮，绘制边界线。

> 命令:_rectang
> 指定第一个角点或 [倒角(C)/标高(E)/圆角(F)/厚度(T)/宽度(W)]: 0,0✓　　（输入边界线第一角点的坐标，回车，以坐标原点为边界线第一角点）
> 指定另一个角点或 [面积(A)/尺寸(D)/旋转(R)]: 594, 420✓　　（输入边界线第二角点的坐标，回车）

（4）单击"缩放"工具栏中的"全部缩放"按钮，或在命令行输入 Z 回车，输入 A 回车，将图形全部显示。

（5）将"边框"层设置为当前层，单击"绘图"工具栏的"矩形"按钮，绘制边框。

> 命令:_rectang
> 指定第一个角点或 [倒角(C)/标高(E)/圆角(F)/厚度(T)/宽度(W)]: 25,10✓　　（输入边框第一角点的坐标，回车）
> 指定另一个角点或 [面积(A)/尺寸(D)/旋转(R)]: _from　　（单击"对象捕捉"工具栏中的"捕捉自"按钮）
> 基点:　　（捕捉边界线的右上角点为基点）

<偏移>: @-10 ,-10↙　　　　（输入边框右上角点相对于基点的坐标，回车）

（6）单击"修改"工具栏中的"移动"按钮✛，捕捉标题栏的右下角点为移动基点，捕捉边框的右下角点为移动的第二点，将标题栏移到边框的右下角。

（7）单击"标准"工具栏中的"保存"按钮🖫，拖出"图形另存为"对话框，在"文件类型"下拉列表中选择"AutoCAD 图形样板(*dwt)"选项，在"文件名"文本框中输入"A2样板"。

（8）单击"保存"按钮，弹出"样板说明"对话框，在"说明"文本框中输入"A2 样板图形"，单击"确定"按钮，即完成创建 A2 样板图形。

11.1.2　绘制泵盖俯视图

俯视图中除了相贯线需要用半圆近似绘制外，其他轮廓线可以根据零件图中的尺寸绘制出。俯视图中的 4 个同心圆可以利用矩形阵列生成，左右两侧对称的圆弧和切线可以利用"镜像"命令生成。

操作步骤如下：

（1）将"粗实线"层设置为当前层，分别单击"绘图"工具栏中的"圆"按钮⊙，在边框内适当位置绘制直径分别是 16 和 6.6 的同心圆。

（2）打开状态栏中的"对象捕捉"按钮▢和"对象捕捉追踪"按钮∠，单击"标准"工具栏中的"窗口缩放"按钮🔍，将同心圆放大显示。

（3）将"点画线"层设置为当前层，分别单击"绘图"工具栏中的"直线"按钮，利用"直线"命令和对象捕捉追踪模式绘制同心圆的中心点画线，如图 11-3a 所示。

（4）单击"修改"工具栏中的"阵列"按钮▦，在弹出的下拉工具栏中选择"矩形阵列"按钮▦，利用"矩形阵列"命令阵列出其他同心圆，如图 11-3b 所示。

　　　命令: _arrayrect
　　　选择对象: 找到 1 个
　　　选择对象:
　　　类型 = 矩形　关联 = 是
　　　为项目数指定对角点或 [基点(B)/角度(A)/计数(C)] <计数>:↙　　　（回车，选择"计数"选项）
　　　输入行数或 [表达式(E)] <4>: 2↙　　　（输入行数 2，回车）
　　　输入列数或 [表达式(E)] <4>: 2↙　　　（输入列数 2，回车）
　　　指定对角点以间隔项目或 [间距(S)] <间距>: S↙　　　（输入 S，回车，选择"间距"选项）
　　　指定行之间的距离或 [表达式(E)] <761.3001>: 50↙　　　（输入行距 50，回车）
　　　指定列之间的距离或 [表达式(E)] <761.3001>: 68.5↙　　　（输入列距 68.5，回车）
　　　按 Enter 键接受或 [关联(AS)/基点(B)/行(R)/列(C)/层(L)/退出(X)] <退出>:↙　　　　　（回车，结束矩形阵列命令）

（5）将"粗实线"层设置为当前层，单击"绘图"工具栏中的"直线"按钮，绘制底板后端面轮廓线，如图 11-3c 所示。

　　　命令:_line
　　　指定第一点: 4↙　　　（将光标移到区左上方的同心圆的圆心处，出现圆心捕捉标记，向上移动光标，出现追踪轨迹后输入追踪距离 4，回车）

指定下一点或 [放弃(U)]:　　　（向右移动光标，在绘图区右上方的同心圆的垂直点画线上捕捉垂足）

指定下一点或 [放弃(U)]:✓　　（回车，结束"直线"命令）

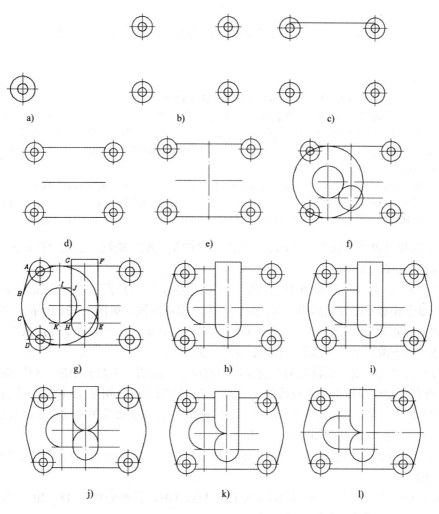

图 11-3　绘制泵盖俯视图流程

（6）单击"修改"工具栏中的"修剪"按钮￢，修剪底座后端面轮廓线。

命令:_trim

当前设置:投影=UCS，边=无

选择剪切边...

选择对象或 <全部选择>:　　　（点击绘图区左上方直径为 16 的圆）

找到 1 个

选择对象:　　　（点击绘图区右上方直径为 16 的圆）

找到 1 个，总计 2 个

选择对象:✓　　　（回车，结束选择修剪边界对象）

　　选择要修剪的对象，或按住 Shift 键选择要延伸的对象，或[栏选(F)/窗交(C)/投影(P)/边(E)/删除(R)/放弃(U)]:　　　（在绘图区左上方直径为 16 的圆周内点击直线）

　　选择要修剪的对象，或按住 Shift 键选择要延伸的对象，或[栏选(F)/窗交(C)/投影(P)/边(E)/删除

(R)/放弃(U)]:　　　（在绘图区右上方直径为 16 的圆周内点击直线）

选择要修剪的对象，或按住 Shift 键选择要延伸的对象，或[栏选(F)/窗交(C)/投影(P)/边(E)/删除
(R)/放弃(U)]:↙　　　（回车，结束"修剪"命令）

（7）单击"修改"工具栏中的"偏移"按钮，偏移底座后端面轮廓线，如图 11-3d
所示。

　　　　命令: _offset
　　　　当前设置: 删除源=否　图层=源　OFFSETGAPTYPE=0
　　　　指定偏移距离或 [通过(T)/删除(E)/图层(L)] <通过>: 29↙　　　（输入偏移距离 29，回车）
　　　　选择要偏移的对象，或 [退出(E)/放弃(U)] <退出>:　　　（单击底座后端面轮廓线）
　　　　指定要偏移的那一侧上的点，或 [退出(E)/多个(M)/放弃(U)] <退出>:　　　（在底座后端面轮廓线
　下方点击）
　　　　选择要偏移的对象，或 [退出(E)/放弃(U)] <退出>:　　　（单击偏移出的直线）
　　　　指定要偏移的那一侧上的点，或 [退出(E)/多个(M)/放弃(U)] <退出>:　　　（在该直线的下方单击）
　　　　选择要偏移的对象，或 [退出(E)/放弃(U)] <退出>:↙　　　（回车，结束"偏移"命令）

（8）选择菜单"格式"→"图层工具"→"图层匹配"选项，利用"图层匹配"命令将
位于中间的直线变为点画线。

（9）将"点画线"层设置为当前层，单击"绘图"工具栏中的"直线"按钮，利用
"直线"命令和对象捕捉追踪模式绘制底座左右对称点画线，如图 11-3e 所示。

（10）分别单击"修改"工具栏中的"偏移"按钮，向左偏移垂直点画线，偏移距离
为 19.25。向下偏移水平点画线，偏移距离为 13。

（11）将"粗实线"层设置为当前层，分别单击"绘图"工具栏中的"圆"按钮，以偏
移出的垂直点画线与原水平点画线的交点为圆心，绘制半径分别是 13 和 29 的同心圆。

（12）回车，再次启动"圆"命令，以偏移出的水平点画线和原垂直点画线的交点为圆
心，绘制半径为 10 的圆，如图 11-3f 所示。

（13）分别单击"绘图"工具栏中的"直线"按钮，利用切点捕捉绘制左侧两条公切
线 AB、CD。

（14）利用"直线"命令，绘制直线 EF、FG、GH，长度分别是 47、20、47，E 点和 H
点是半径为 10 的圆的右象限点和左象限点。

（15）分别利用"直线"命令绘制直线 IJ、KH，I 点和 K 点是半径为 13 的圆的上下象
限点，J 点是在直线 GH 上捕捉的垂足，如图 11-3g 所示。

（16）单击"修改"工具栏中的"修剪"按钮，修剪底座后端面轮廓线以及半径分别
是 29、13、10 的圆，如图 11-3h 所示。

（17）单击"修改"工具栏中的"镜像"按钮，做左侧两条公切线和圆弧的垂直镜
像，如图 11-3i 所示。

　　　　命令: _mirror
　　　　选择对象:　　　（单击公切线 AB）
　　　　找到 1 个
　　　　选择对象:　　　（单击半径为 29 的圆弧）
　　　　找到 1 个，总计 2 个
　　　　选择对象:　　　（单击公切线 CD）

找到 1 个，总计 3 个

选择对象:↙ （回车，结束选择镜像对象）

指定镜像线的第一点: （捕捉底座左右对称点画线的上方端点）

指定镜像线的第二点: （捕捉底座左右对称点画线的下方端点）

要删除源对象吗？[是(Y)/否(N)] <N>:↙ （回车，不删除源对象）

（18）单击"修改"工具栏中的"复制"按钮，复制半径为 10 的半圆。

命令: _copy

选择对象: （单击半径为 10 的圆）

找到 1 个

选择对象:↙ （回车，结束选择复制对象）

指定基点或 [位移(D)] <位移>: （捕捉该半圆的中点）

指定第二个点或 <使用第一个点作为位移>: （捕捉底座水平和垂直对称点画线的交点）

指定第二个点或 [退出(E)/放弃(U)] <退出>:↙ （回车，结束"复制"命令）

（19）单击"修改"工具栏中的"镜像"按钮，将复制的半圆做水平镜像，镜像线为底座水平对称点画线，如图 11-3j 所示。

（20）单击"修改"工具栏中的"修剪"按钮，修剪直线 GH、复制出的半圆和镜像出的半圆，如图 11-3k 所示。

（21）选择菜单"修改"→"拉长"选项，在命令行输入 DY 并回车，选择"动态"选项，调整俯视图中的点画线的长度，即完成绘制泵盖俯视图，如图 11-3l 所示。

11.1.3　绘制泵盖主视图

绘制出泵盖的俯视图后，可以利用对象捕捉追踪模式绘制另外两个视图，确保三个视图之间的投影关系正确。

操作步骤如下：

（1）单击"绘图"工具栏中的"矩形"按钮，绘制底板在主视图中的投影。

命令: _rectang

指定第一个角点或 [倒角(C)/标高(E)/圆角(F)/厚度(T)/宽度(W)]: （将光标移到俯视图左侧半径为 29 的圆弧的中点处，出现中点捕捉标记后，向上移动光标，出现追踪轨迹，如图 11-4 所示，在适当位置单击）

指定另一个角点或 [面积(A)/尺寸(D)/旋转(R)]: @96.5,7↙ （输入另一角点相对于第一角点的坐标，回车）

（2）单击"绘图"工具栏中的"直线"按钮，绘制底板凸台轮廓线。

命令: _line

指定第一点: （将光标移动俯视图左侧直径为 16 的圆的左象限点处，出现象限点捕捉标记，向上移动光标。当光标移到矩形上方水平边时出现交点捕捉标记时，单击后捕捉到该交点）

指定下一点或 [放弃(U)]: 2↙ （向上移动光标，输入垂直线的长度 2，回车）

指定下一点或 [放弃(U)]: 16↙ （向右移动光标，输入水平线的长度 16，回车）

指定下一点或 [闭合(C)/放弃(U)]: （向下移动光标，在矩形上方水平边上捕捉垂足）

指定下一点或 [闭合(C)/放弃(U)]:↙ （回车，结束"直线"命令）

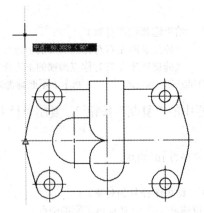

图 11-4　利用对象捕捉追踪模式绘制主视图

（3）同样方法可以绘制出另一侧凸台在主视图中的轮廓线。

（4）将"点画线"层设置为当前层，分别单击"绘图"工具栏中的"直线"按钮／，利用对象捕捉追踪模式在主视图中绘制凸台通孔的轴线、主动轴孔轴线和油路小孔轴线，如图 11-5a 所示。

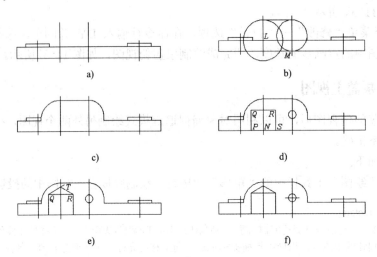

图 11-5　绘制泵盖主视图流程

（5）单击"绘图"工具栏中的"圆"按钮◎，以主动轴孔轴线与矩形上方水平边的交点 L 为圆心，绘制半径为 13 的圆。

（6）回车，再次启动"圆"命令，绘制半径为 10 的圆，如图 11-5b 所示。

> 命令:_circle
> 指定圆的圆心或 [三点(3P)/两点(2P)/相切、相切、半径(T)]: 10✓　　　（将光标移到油路小孔的轴线与矩形下方水平边的交点 M 处，出现交点捕捉标记后，向上移动光标，出现追踪轨迹，输入追踪距离 10，回车）
> 指定圆的半径或 [直径(D)]: 10✓　　（输入半径 10，回车）

（7）单击"修改"工具栏中的"修剪"按钮--，修剪半径为 13 和 10 的圆，以及底板的矩形轮廓线和凸台轮廓线，如图 11-5c 所示。

（8）单击"绘图"工具栏中的"圆"按钮⊙，捕捉半径为 10 的圆的圆心，绘制半径为2.5 的圆。

（9）单击"绘图"工具栏中的"直线"按钮╱，绘制主动轴孔轮廓线，如图 11-5d 所示。

命令: _line
指定第一点: 8↙　　　（将光标移到主动轴孔的轴线与泵盖底面轮廓线的交点 N 处，出现交点捕捉标记后，向左移动光标，出现追踪轨迹，输入追踪距离 8，回车）
指定下一点或 [放弃(U)]: 13↙　　（向上移动光标，输入垂直线 PQ 的长度 13，回车）
指定下一点或 [放弃(U)]: 16↙　　（向右移动光标，输入水平线 QR 的长度 16，回车）
指定下一点或 [闭合(C)/放弃(U)]:　　（向下移动光标，在泵盖底面轮廓线上捕捉垂足 S）
指定下一点或 [闭合(C)/放弃(U)]:↙　　（回车，结束"直线"命令）

（10）分别单击"绘图"工具栏中的"直线"按钮╱，绘制主动轴孔内 120° 钻角轮廓线，如图 11-5e 所示。

命令: _line
指定第一点:　　　（捕捉端点 Q）
指定下一点或 [放弃(U)]: @10<30↙　　（输入 T 点相对于 Q 点的坐标）
指定下一点或 [放弃(U)]:↙　　（回车，结束"直线"命令）

命令: _line
指定第一点:　　　（捕捉端点 R）
指定下一点或 [放弃(U)]:　　（捕捉直线 QT 与主动轴孔轴线的交点）
指定下一点或 [放弃(U)]:↙　　（回车，结束"直线"命令）

（11）单击"修改"工具栏中的"修剪"按钮╋，修剪直线 QT。

（12）将"点画线"层设置为当前层，利用"直线"命令和对象捕捉追踪模式绘制半径为2.5 的油路小孔的中心点画线。

（13）选择菜单"修改"→"拉长"选项，在命令行输入 DY 并回车，选择"动态"选项，适当调整主视图中的点画线的长度，即完成绘制泵盖主视图，如图 11-5f 所示。

11.1.4　绘制泵盖左视图

操作步骤如下：

（1）将"粗实线"层设置为当前层。单击"绘图"工具栏中的"圆"按钮⊙，将光标移到主视图半径为 2.5 的圆的水平中心点画线右端点处，出现端点捕捉标记后，向右移动光标，出现追踪轨迹，如图 11-6 所示。在适当位置点击，绘制半径为 10 的圆。

（2）单击"绘图"工具栏中的"直线"按钮╱，绘制左视图中的直线轮廓线。

命令: _line
指定第一点:　　（捕捉半径为 10 的圆的上象限点）
指定下一点或 [放弃(U)]: 47↙　　（向左移动光标，输入水平线的长度 47，回车）
指定下一点或 [放弃(U)]: 20↙　　（向下移动光标，输入垂直线的长度 20，回车）
指定下一点或 [闭合(C)/放弃(U)]: 63↙　　　（向右移动光标，输入水平线的长度 63，回车）
指定下一点或 [放弃(U)]: 7↙　　（向上移动光标，输入垂直线的长度 7，回车）
指定下一点或 [闭合(C)/放弃(U)]:　　（向左移动光标，在半径为 10 的圆周内点击）

指定下一点或 [闭合(C)/放弃(U)]:✓　　　　（回车，结束"直线"命令）

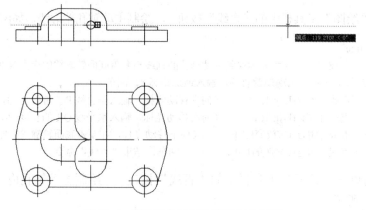

图 11-6　利用对象捕捉追踪绘制左视图

（3）回车，再次启动"直线"命令，捕捉半径为 10 的圆的右象限点，在与该圆相交的水平线上捕捉垂足，绘制一条垂直线。

（4）回车，再次启动"直线"命令，在左视图中绘制凸台轮廓线，如图 11-7a 所示。

命令:_line
指定第一点:　　　（捕捉下方水平直线的右端点）
指定下一点或 [放弃(U)]: 4✓　　（向右移动光标，输入水平线的长度 4，回车）
指定下一点或 [放弃(U)]: 9✓　　（向上移动光标，输入垂直线的长度 9，回车）
指定下一点或 [闭合(C)/放弃(U)]:　　（向左移动光标，在半径为 10 的圆周内单击）
指定下一点或 [闭合(C)/放弃(U)]:✓　　（回车，结束"直线"命令）

（5）单击"修改"工具栏中的"修剪"按钮▸−，修剪圆以及两条与圆相交的直线，如图 11-7b 所示。

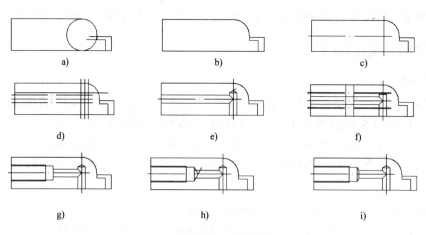

图 11-7　绘制泵盖左视图流程

（6）将"点画线"层设置为当前层，分别利用"直线"命令和对象捕捉追踪模式绘制螺孔的轴线和油路垂直小孔的轴线，如图 11-7c 所示。

（7）单击"修改"工具栏中的"偏移"按钮，对称偏移左视图中的两条点画线，偏移距离为2.5。

（8）回车，再次启动"偏移"命令，向上偏移下方水平轮廓线，偏移距离为14，如图11-7d所示。

（9）选择菜单"格式"→"图层工具"→"图层匹配"选项，利用"图层匹配"命令将4条偏移出的点画线变为粗实线。

（10）单击"修改"工具栏中的"修剪"按钮，修剪5条通过偏移得到的直线。

（11）分别利用"直线"命令绘制垂直小孔120°钻角轮廓线，方法与绘制主视图中主动轴孔120°钻角轮廓线类似。

（12）利用"直线"命令绘制垂直小孔和水平小孔的相贯线在左视图中的投影，如图11-7e所示。

（13）单击"修改"工具栏中的"修剪"按钮，修剪垂直小孔120°钻角轮廓线。

（14）分别单击"修改"工具栏中的"偏移"按钮，对称偏移螺孔的轴线，偏移距离为4.5和5。

（15）分别单击"修改"工具栏中的"偏移"按钮，向右偏移左侧垂直轮廓线，偏移距离为23和28，如图11-7f所示。

（16）选择菜单"格式"→"图层工具"→"图层匹配"选项，利用"图层匹配"命令将外侧两条偏移出的点画线变为细实线。

（17）选择菜单"格式"→"图层工具"→"图层匹配"选项，利用"图层匹配"命令将内侧两条偏移出的点画线变为粗实线。

（18）单击"修改"工具栏中的"修剪"按钮，修剪6条通过偏移得到的直线，如图11-7g所示。

（19）分别利用"直线"命令绘制螺孔120°钻角轮廓线，方法与绘制主视图中主动轴孔120°钻角轮廓线类似，如图11-8h所示。

（20）利用"直线"命令绘制螺孔与水平小孔的交线在左视图中的投影，即完成绘制泵盖左视图，如图11-7i所示。

11.1.5　完成泵盖零件图

三个视图中还需要绘制铸造圆角、将视图放大2.5倍及绘制剖面线。还要在零件图中标注尺寸、标注表面粗糙度、输入技术要求、填写标题栏。

操作步骤如下：

（1）绘制圆角。

零件图中的铸造圆角是为了便于拔模而设计的，由于数量过多，所以在绘制了三个视图后集中在一起绘制。

"圆角"命令中有"修剪"选项，用于设置是否修剪倒圆角的轮廓线，这要根据图形的具体情况进行设置。

以泵盖的俯视图为例，绘制底板前后端面与凸台圆柱面光滑过渡圆角时，"圆角"命令中的"修剪"选项应设置为"修剪"。而绘制底板后端面与带螺孔的圆柱面间的圆角及圆柱相贯处的圆角时，"圆角"命令中的"修剪"选项应设置为"不修剪"，如图 11-8 所示。但绘制了圆角后，还要利用"修剪"命令修剪其中一条倒圆角的轮廓线，如图 11-9 所示。

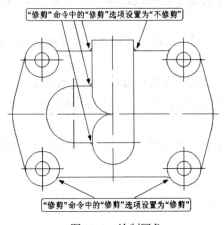

图 11-8　绘制圆角

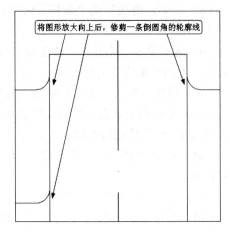

图 11-9　绘制圆角后，修剪一条倒圆角的轮廓线

（2）在命令行中输入 Z 回车，输入 A 回车，将图形全部显示，如图 11-10 所示。

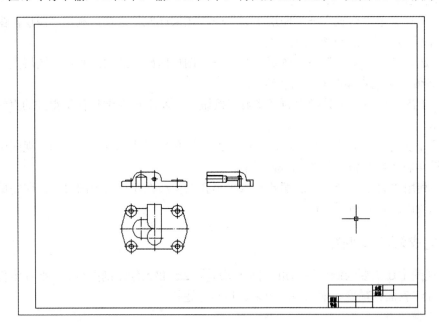

图 11-10　将图形全部显示

（3）单击"修改"工具栏中的"缩放"按钮，捕捉俯视图中两条对称点画线的交点为缩放基点，将三个视图放大 2.5 倍，如图 11-11 所示。

（4）单击"修改"工具栏中的"移动"按钮，调整三个视图的位置，如图 11-12 所示。

调整视图位置时，务必打开状态栏中的"正交"按钮，主视图和左视图要同时上下移动，主视图和俯视图要同时左右移动，以确保移动视图后仍然保持正确的投影关系。

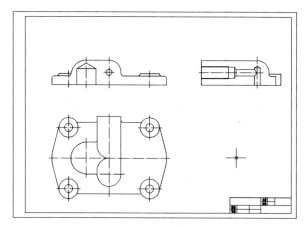

图 11-11 将三个视图放大 2.5 倍

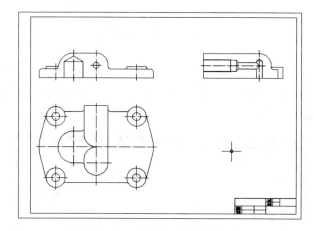

图 11-12 调整三个视图的位置

（5）将"细实线"层设置为当前层，单击"绘图"工具栏中的"图案填充"按钮，弹出的"图案填充和渐变色"对话框。打开"图案填充"选项卡。在"图案"下拉列表中选择ANSI31，在"角度"下拉文本框中选择 0，在"比例"下拉文本框中选择 1.25。单击"拾取点"按钮，在主视图和左视图中需要填充的区域点击，回车两次，即可绘制出剖面线。

需要特别注意的是点击填充区域时，不要忘记在内螺纹的牙顶线（细实线）和牙底线（粗实线）之间的区域单击，这个区域也应绘制剖面线，如图 11-13 所示。

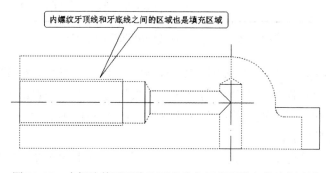

内螺纹牙顶线和牙底线之间的区域也是填充区域

图 11-13 内螺纹的牙顶线和牙底线之间的区域也是填充区域

绘制剖面线的结果如图 11-14 所示。

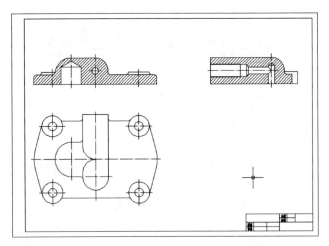

图 11-14　绘制剖面线

（6）将"标注"层设置为当前层，单击"样式"工具栏中的"标注样式管理器"按钮 ，在弹出的"标注样式管理器"对话框中将各标注样式中的测量比例因子修改为绘图比例的倒数，即 0.4，如图 11-15 所示。

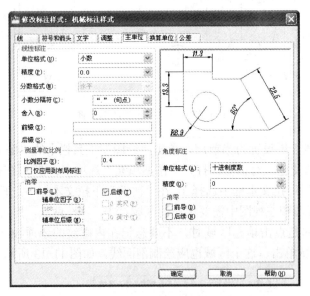

图 11-15　修改标注样式的中的测量比例因子

在泵盖零件图中标注尺寸的过程不再详细介绍，具体方法读者可参考第 9 章的内容。

（7）分别单击"绘图"工具栏中的"插入"按钮 ，在三个视图中插入"加工面粗糙度"块，并对方向和位置不正确的属性进行编辑。在零件图的右上角插入"非加工面粗糙度"块，插入的比例为 1.4。

（8）将"文字"层设置为当前层，利用"多行文字"命令输入技术要求及在标题栏中填写零件名称。将"汉字样式"设置为当前文字样式，利用"单行文字"命令在零件图右上角输入"其余"。将"字母与数字样式"设置为当前文字样式，利用"单行文字"命令在标题栏中输入比例"2.5:1"、材料"HT150"。

（9）分别单击"文字"工具栏中的"文字缩放"按钮 🔳，将"其余"二字的高度放大为7mm，将零件的材料名称"HT150"的高度缩小为 3.5mm。

（10）分别单击"修改"工具栏中的"移动"按钮 ⊹，调整"其余"二字和材料名称"HT150"的位置。

（11）选择菜单"文件"→"另存为"选项，将绘制的零件图另名保存为"泵盖.dwg"完成绘制泵盖零件图。

11.2 绘制泵体零件图

泵盖是机油泵中的主要零件之一，是容纳、支撑齿轮和齿轮轴转动的零件，形状较为复杂，需用主视图、俯视图、左视图和局部剖视图来表达。由于泵体、泵盖及密封垫是用螺栓连接在一起的，它们的端面形状有一部分是相同的，因此，绘制泵体零件图可以从泵盖零件图开始绘制，这样可以简化泵体零件图的绘制。

泵体零件图是用 2:1 的比例绘制在 A2 图纸上，如图 11-16 所示。

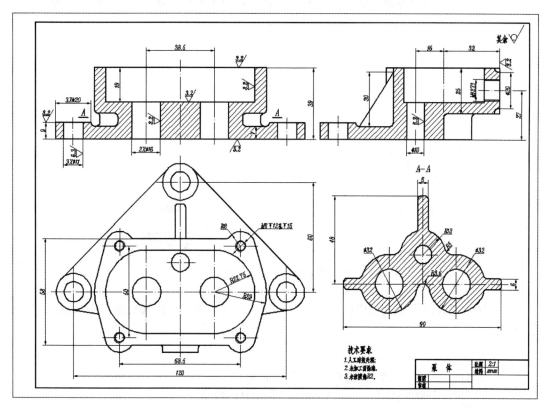

图 11-16　泵体零件图

泵体的三维实体如图 11-17 所示。

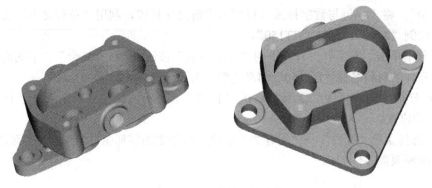

图 11-17　泵体的三维实体

11.2.1　编辑泵盖零件图

操作步骤如下：

（1）单击"标准"工具栏中的"打开"按钮🔍，打开保存的泵盖零件图"泵盖.dwg"。

（2）单击"修改"工具栏中的"删除"按钮✐，将泵盖零件图的主视图、左视图全部删除，将俯视图中部分轮廓线及标题栏中零件的名称和绘图比例删除，如图 11-18 所示。

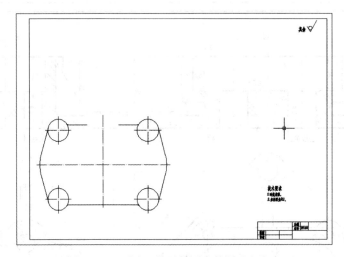

图 11-18　删除泵盖零件图中的图形和文字

（3）单击"修改"工具栏中的"合并"按钮➤，将俯视图中底板后端面两条断开的轮廓线合并。

> 命令: _join
> 选择源对象:　　（单击两条断开的轮廓线中的任意一条）
> 选择要合并到源的直线:　　（单击另一条断开的轮廓线中）
> 找到 1 个
> 选择要合并到源的直线:↙　　（回车，结束选择要合并到源的直线）
> 已将 1 条直线合并到源

（4）单击"修改"工具栏中的"修剪" ⊬ 按钮，修剪保留的泵盖俯视图中的四个圆。

（5）单击"修改"工具栏中的"缩放" ⊡ 按钮，将图形缩小 0.4 倍，得到泵体与泵盖连接端面的轮廓线。

（6）选择菜单"文件"→"另存为"选项，将编辑后的泵盖零件图另名保存为"泵体.dwg"，如图 11-19 所示。

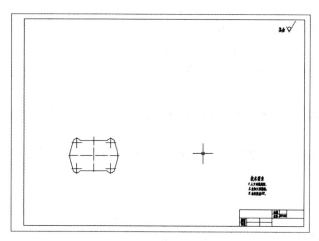

图 11-19　编辑泵盖俯视图的结果

11.2.2　绘制泵体局部剖视图

操作步骤如下：

（1）将"粗实线"层设置为当前层，打开状态栏中的"正交"按钮 ⊾ 、"对象捕捉"按钮 ⊡ 和"对象捕捉追踪"按钮 ∠ 。

（2）单击"绘图"工具栏中的"圆"按钮 ⊘ ，绘制直径分别为 32 和 16 的同心圆。

（3）单击"标准"工具栏中的"窗口缩放"按钮 ⊠ ，将同心圆放大显示。

（4）单击"修改"工具栏中的"复制"按钮 ⑬ ，复制该同心圆。

```
命令: _copy
选择对象:　　（单击直径为 32 的圆）
找到 1 个
选择对象:　　（单击直径为 16 的圆）
找到 1 个，总计 2 个
选择对象:↙　　（回车，结束选择复制对象）
指定基点或 [位移(D)] <位移>:　　（捕捉同心圆的圆心为复制基点）
指定第二个点或 <使用第一个点作为位移>: 38.5↙　　（将光标移到同心圆的圆心处，出现圆
心捕捉标记，向右移动光标，出现水平追踪根据，输入追踪距离 38.5，回车）
指定第二个点或 [退出(E)/放弃(U)] <退出>:↙　　（回车，结束"复制"命令）
```

（5）单击"绘图"工具栏中的"圆"按钮 ⊘ ，绘制直径为 13 的圆。

```
命令: _circle
指定圆的圆心或 [三点(3P)/两点(2P)/相切、相切、半径(T)]: _from　　（单击"对象捕捉"工
```

具栏中的"捕捉自"按钮 ）

　　基点：　　　　（捕捉左侧同心圆的圆心为基点）

　　<偏移>: @19.25, 16✓　　（输入直径为 13 的圆相对于基点的坐标，回车）

　　指定圆的半径或 [直径(D)] <8.0000>: 13✓　　（输入圆的半径 13，回车）

（6）回车，再次启动"圆"命令，绘制与半径为 13 的圆同心、直径为 10 的圆。

（7）将"点画线"层设置为当前层，利用"直线"命令、正交模式和象限点捕捉绘制三个同心圆的中心点画线，如图 11-20a 所示

（8）分别单击"修改"工具栏中的"圆角"按钮 ，在两个直径为 32 的圆的下方交点处绘制半径为 3.6 的圆角，在半径为 13 的圆与两个直径为 32 的圆的交点处绘制半径为 5 的圆角。

（9）单击"修改"工具栏中的"修剪"按钮 ，修剪两个直径为 32 的圆及半径为 13 的圆，如图 11-20b 所示。

（10）单击"修改"工具栏中的"偏移"按钮 ，对称偏移下方水平点画线和中间垂直点画线，偏移距离为 3。

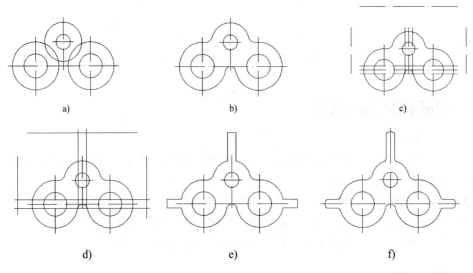

图 11-20　绘制泵体局部剖视图流程

（11）单击"修改"工具栏中的"偏移"按钮 ，对称偏移中间垂直点画线，偏移距离为 45。

（12）回车，再次启动"偏移"命令，向上偏移下方水平点画线，偏移距离为 48，如图 11-20c 所示。

（13）选择菜单"格式"→"图层工具"→"图层匹配"选项，利用"图层匹配"命令将 7 条偏移出的点画线变为粗实线。

（14）选择菜单"修改"→"拉长"选项，在命令行输入 DY 并回车，选择"动态"选项，适当调整通过偏移得到的轮廓线的长度，使水平线和垂直线相交，如图 11-20d 所示。

（15）单击"修改"工具栏中的"修剪"按钮 ，修剪这 7 条轮廓线，如图 11-20e 所示。

（16）分别单击"修改"工具栏中的"圆角"按钮□，绘制半径为2的铸造圆角。

（17）选择菜单"修改"→"拉长"选项，在命令行输入 DY 并回车，选择"动态"选项，适当调整下方水平点画线和中间垂直点画线的长度，如图 11-20f 所示，完成绘制泵体的局部剖视图。

11.2.3 绘制泵体俯视图

操作步骤如下：

（1）单击"修改"工具栏中的"复制"按钮□，选择局部剖视图中后方肋板轮廓线、直径为 10 的圆及其水平中心点画线、两个直径为 16 的圆、两个直径为 32 的圆弧及其垂直中心点画线为复制对象，捕捉下方水平点画线与中间垂直点画线的交点为复制基点。单击"标准"工具栏中的"实时偏移"按钮□，调整显示窗口，显示出编辑后的泵盖俯视图。捕捉两条点画线的交点为复制的第二点，结果如图 11-21a 所示。

（2）将"粗实线"层设置为当前层，单击"修改"工具栏中的"圆角"按钮□，绘制后方肋板的铸造圆角，半径为 2。

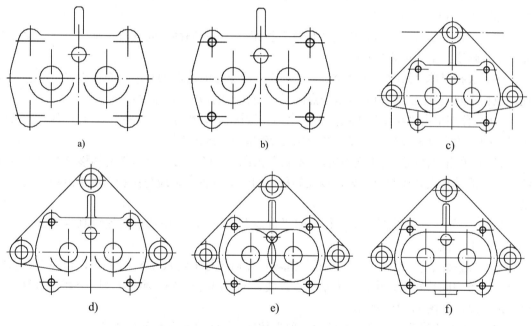

a)   b)   c)

d)   e)   f)

图 11-21   绘制泵体俯视图流程

（3）单击"标准"工具栏中的"窗口缩放"按钮□，将左上方圆弧部分图形放大显示。

（4）单击"绘图"工具栏中的"圆"按钮○，以点画线的交点为圆心绘制螺孔的牙顶圆，半径为 2.7。

（5）将"细实线"层设置为当前层，选择菜单"绘图"→"圆弧"→"圆心、起点、端点"选项，绘制为 3/4 细实线圆的牙底圆，如图 11-22 所示。

命令: _arc
指定圆弧的起点或 [圆心(C)]: _c✓

指定圆弧的圆心：　　　　　（捕捉牙顶圆的圆心）
指定圆弧的起点: @3<-10↙　　　（输入圆弧起点相对于圆心的坐标，回车）
指定圆弧的端点或 [角度(A)/弦长(L)]: @3<280↙　　　（输入圆弧端点相对于圆心的坐标，回车）

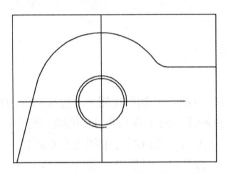

图 11-22　绘制螺孔的牙顶圆和牙底圆

（6）单击"标准"工具栏中的"缩放上一个"按钮，返回前一个显示窗口。

（7）单击"修改"工具栏中的"复制"按钮，复制出另外三个螺孔的牙顶圆和牙底圆，如图 11-21b 所示。

（8）单击"修改"工具栏中的"偏移"按钮，对称偏移中间垂直点画线、向上偏移下方水平点画线，偏移距离为 60。

（9）选择菜单"修改"→"拉长"选项，在命令行中输入 DY 并回车，选择"动态"选项，拉长中间垂直点画线和下方水平点画线，使其与偏移出的点画线相交。

（10）分别单击"绘图"工具栏中的"圆"按钮，以偏移出的左侧垂直点画线与拉长的水平点画线的交点为圆心，绘制直径分别为 20 和 11 的同心圆。

（11）单击"修改"工具栏中的"复制"按钮，将该同心圆复制到偏移出的水平点画线与拉长的垂直点画线的交点处，以及偏移出的右侧垂直点画线与拉长的水平点画线的交点处。

（12）分别单击"绘图"工具栏中的"直线"按钮，利用切点捕捉绘制四条公切线，如图 11-21c 所示。

（13）选择菜单"修改"→"拉长"选项，在命令行中输入 DY 并回车，选择"动态"选项，调整中间垂直点画线、下方水平点画线、偏移出的三条点画线以及四个螺孔的中心点画线的长度，如图 11-21d 所示。

（14）单击"修改"工具栏中的"修剪"按钮，修剪下方两条公切线。

（15）单击"修改"工具栏中的"删除"按钮，将两个从局部剖视图复制的圆弧删除。

（16）分别单击"绘图"工具栏中的"圆"按钮，分别以两条从局部剖视图复制的垂直点画线与下方水平点画线的交点为圆心，绘制两个半径为 22.75 的圆。

（17）分别单击"绘图"工具栏中的"直线"按钮，绘制两个半径为 22.75 的圆的公切线，如图 11-21e 所示。

（18）单击"修改"工具栏中的"修剪"按钮，修剪两个半径为 22.75 的圆。

（19）分别单击"绘图"工具栏中的"直线"按钮，绘制进油螺孔凸台轮廓线。

命令: _line

指定第一点: 10✓ （将光标移到腔体前表面水平轮廓线的中点处，出现中点捕捉标记后，向左移动光标，出现追踪轨迹，输入追踪距离 10，回车）

指定下一点或 [放弃(U)]: 4✓ （向下移动光标，输入垂直线的长度 4，回车）

指定下一点或 [放弃(U)]: 20✓ （向右移动光标，输入水平线的长度 20，回车）

指定下一点或 [闭合(C)/放弃(U)]: （向上移动光标，在腔体前表面水平轮廓线上捕捉垂足）

指定下一点或 [闭合(C)/放弃(U)]:✓ （回车，结束"直线"命令）

（20）分别单击"修改"工具栏中的"圆角"按钮◻，绘制螺孔凸台与腔体前表面间的圆角，半径为 2。

（21）单击"修改"工具栏中的"修剪"按钮⊱，将凸台的两条垂直轮廓线删除。

（22）选择菜单"修改"→"拉长"选项，在命令行中输入 DY 并回车，选择"动态"选项，拉长两条从局部剖视图复制的垂直点画线的长度，即完成绘制泵体俯视图，如图 11-21f 所示。

11.2.4 绘制泵体主视图和左视图

泵体的主视图和左视图可以利用构造线绘制，操作步骤如下：

（1）关闭状态栏中的"对象捕捉追踪"按钮∠，单击"绘图"工具栏中的"构造线"按钮✓，绘制第一条水平构造线。

命令: _xline

指定点或 [水平(H)/垂直(V)/角度(A)/二等分(B)/偏移(O)]: H✓ （输入 H，回车，选择"水平"选项）

指定通过点: （在泵体俯视图上方适当位置单击）

指定通过点:✓ （回车，结束"构造线"命令）

（2）回车，再次启动"构造线"命令，向上偏移第一条水平构造线，得到第二条水平构造线。

命令: _xline

指定点或 [水平(H)/垂直(V)/角度(A)/二等分(B)/偏移(O)]: O✓ （输入 O，回车，选择"偏移"选项）

指定偏移距离或 [通过(T)] <通过>: 7✓ （输入偏移距离 7，回车）

选择直线对象: （单击第一条水平构造线）

指定向哪侧偏移: （在第一条水平构造线的上方单击）

选择直线对象:✓ （回车，结束"构造线"命令）

（3）分别利用"构造线"命令中的"偏移"选项，向上偏移第一条水平构造线，偏移距离分别是 9 和 39，得到第三条和第四条水平构造线。

（4）分别利用"构造线"命令中的"偏移"选项，向下偏移第四条水平构造线，偏移距离分别是 19 和 25，得到第五条和第六条水平构造线。

（5）回车，再次启动"构造线"命令，在命令行中输入 V 并回车，选择"垂直"选项，分别捕捉俯视图中较长的水平点画线上所有圆和圆弧的象限点，绘制 16 条垂直构造线，如图 11-23 所示。

（6）回车，再次启动"构造线"命令，绘制一条倾斜角度为 135° 的构造线。

命令: _xline

指定点或 [水平(H)/垂直(V)/角度(A)/二等分(B)/偏移(O)]: A✓　（输入 A，回车，选择"角度"选项）

输入构造线的角度 (0) 或 [参照(R)]: 135✓　　（输入构造线的角度 135，回车）

指定通过点：　　（捕捉第一条水平构造线与最右侧垂直构造线的交点）

指定通过点：✓　（回车，结束"构造线"命令）

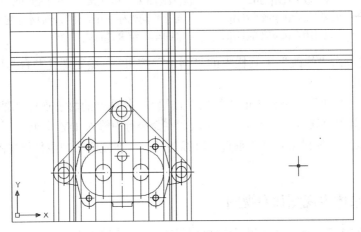

图 11-23　利用构造线绘制主视图

（7）回车，再次启动"构造线"命令，在命令行中输入 H 并回车，选择"水平"选项，分别捕捉俯视图中的左右对称点画线上所有象限点和交点，绘制 13 条水平构造线。

（8）回车，再次启动"构造线"命令，在命令行中输入 V 并回车，选择"垂直"选项，分别捕捉俯视图中 13 条水平构造线与倾斜构造线的交点，绘制 13 条垂直构造线，如图 11-24 所示。

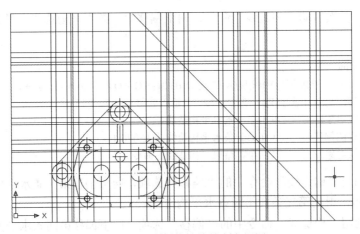

图 11-24　利用构造线绘制左视图

（9）单击"修改"工具栏中的"修剪"按钮✚，初步修剪出主视图和左视图中的轮廓线。

（10）单击"修改"工具栏中的"删除"按钮✍，将位于左视图下方、不能修剪构造线删除，如图 11-25 所示。

（11）分别单击"修改"工具栏中的"修剪"按钮✚，进一步修剪主视图和左视图中的轮廓线，如图 11-26 所示。

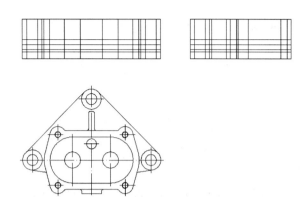

图 11-25　初步修剪出主视图和左视图的轮廓线

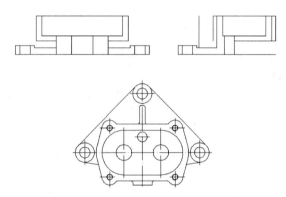

图 11-26　进一步修剪主视图和左视图的轮廓线

（12）单击"标准"工具栏中的"窗口缩放"按钮，将主视图放大显示。

（13）分别单击"修改"工具栏中的"偏移"按钮，向左偏移轮廓线 BC、向右偏移轮廓线 DE，偏移距离分别为 8 和 16，得到左右两侧肋板轮廓线，如图 11-27 所示。

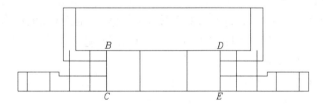

图 11-27　在主视图中偏移出肋板轮廓线

（14）单击"修改"工具栏中的"修剪" 按钮，修剪出主视图的所有轮廓线。

（15）单击"标准"工具栏中的"实时偏移"按钮，调整显示窗口，显示出左视图。

（16）单击"修改"工具栏中的"偏移"按钮，向上偏移直线 GH，偏移距离为 30，得到辅助线 IJ。

（17）单击"绘图"工具栏中的"直线"按钮，捕捉端点 I 以及与 IJ 相交的垂直辅助线的下方端点，绘制出泵体后方肋板的轮廓线。

（18）单击"修改"工具栏中的"偏移"按钮，将偏移距离设置为 8，向右偏移左视图中垂直出油孔的最前素线，得到泵体底座半径为 3.6 的光滑连接面的最后素线。然后以该素线为偏移对象，继续向右偏移，得到腔体与底座之间的支撑部分直径为 32 的圆柱面的最前素线。

（19）单击"修改"工具栏中的"打断于点"按钮 ⊏，将泵体上表面的轮廓线打断。

命令：_break
选择对象：　　　（点击泵体上表面的轮廓线）
指定第二个打断点 或 [第一点(F)]: _f
指定第一个打断点：　　（捕捉端点 K）
指定第二个打断点: @

（20）单击"修改"工具栏中的"偏移"按钮 ♨，向下偏移直线 KL，偏移距离为 2，得到直线 MN。

（21）回车，再次启动"偏移"命令，向下偏移直线 MN，偏移距离为 20，得到直线 PQ。

（22）回车，再次启动"偏移"命令，向下偏移直线 MN，向上偏移直线 PQ，偏移距离为 4，得到直线 RS 和 TU。

（23）回车，再次启动"偏移"命令，向下偏移直线 MN，向上偏移直线 PQ，偏移距离为 4.6，得到直线 R1S1 和 T1U1，如图 11-28 所示。

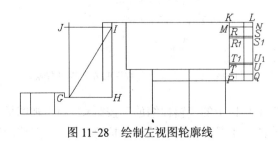

图 11-28　绘制左视图轮廓线

（24）单击"修改"工具栏中的"删除"按钮 ✍，将水平辅助线和垂直辅助线删除。

（25）单击"修改"工具栏中的"修剪"按钮 ⊬，修剪出左视图的所有轮廓线。

（26）选择菜单"格式"→"图层工具"→"图层匹配"选项，利用"图层匹配"命令将直线 RS 和 TU 变为细实线。

（27）双击"标准"工具栏中的"缩放上一个"按钮 ⚲，显示出主视图、左视图和俯视图，如图 11-29 所示。

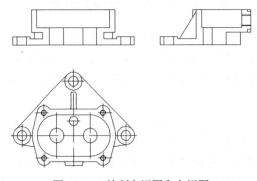

图 11-29　绘制主视图和左视图

（28）分别单击"修改"工具栏中的"圆角"按钮 ，利用"圆角"命令，在主视图和左视图中绘制圆角。其中绘制了泵体底座凸台圆角后，需要将凸台的垂直轮廓线删除。利用"不修剪"选项绘制的圆角，还要利用"修剪"命令修剪其中一条倒圆角的轮廓线。

（29）打开"状态栏"中的"对象捕捉追踪"按钮 ，将"点画线"层设置为当前层，利用"直线"命令和对象捕捉追踪模式绘制主视图和左视图中点画线，完成绘制泵体的主视图和左视图，如图 11-30 所示。

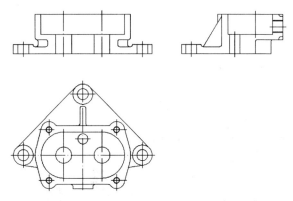

图 11-30　绘制主视图和左视图中的圆角和点画线

11.2.5　完成泵体零件图

绘制出三个视图和局部剖视图后，还要放大图形，绘制剖面线、标注尺寸和粗糙度、填写标题栏等。

操作步骤如下：

（1）在命令行中输入 Z 并回车，输入 A 并回车，将泵体零件图全部显示，如图 11-31 所示。

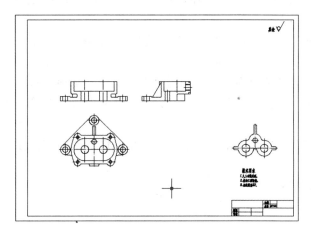

图 11-31　将泵体零件图全部显示

（2）分别单击"修改"工具栏中的"移动"按钮 ，调整局部剖视图和技术要求文字的位置。

（3）单击"修改"工具栏中的"缩放"按钮，将泵体主视图、俯视图、左视图和局部剖视图放大两倍。

（4）分别单击"修改"工具栏中的"移动"按钮，调整泵体主视图、俯视图、左视图和局部剖视图的位置，如图11-32所示。

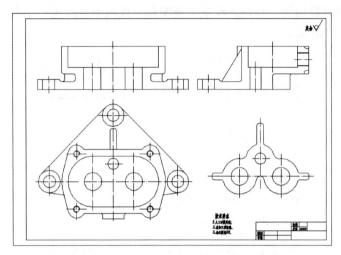

图11-32　将泵体所有视图放大后调整位置

（5）将"细实线"层设置为当前层，单击"绘图"工具栏中的"图案填充"按钮，弹出的"图案填充和渐变色"对话框。打开"图案填充"选项卡。在"图案"下拉列表中选择ANSI31，在"角度"下拉文本框中选择0，在"比例"下拉文本框中选择1.25。单击"拾取点"按钮，在主视图、左视图和局部剖视图中需要填充的区域单击，回车两次，即可绘制出剖面线。

（6）将"标注"层设置为当前层，单击"样式"工具栏中的"标注样式管理器"按钮，在弹出的"标注样式管理器"对话框中将各标注样式中的测量比例因子修改为绘图比例的倒数，即0.5。

（7）单击"绘图"工具栏中的"插入"按钮，在视图中插入"加工面粗糙度"块，并对方向和位置不正确的属性进行编辑。

（8）将"文字"层设置为当前层，利用"多行文字"命令在标题栏中填写零件名称。将"字母与数字样式"设置为当前文字样式，利用"单行文字"命令在标题栏中输入比例"2:1"。

（9）单击"标准"工具栏中的"保存"按钮，将绘制的零件图以现名"泵体.dwg"保存。

完成绘制泵体零件图。

11.3　小结

本章以绘制机油泵中两个较为复杂的零件即泵盖和泵体为例介绍了绘制零件图的方法，绘制零件图一般先绘制反映实形的视图，再绘制其他视图。为使各视图间保持正确的投影关系，可以利用对象捕捉追踪、临时追踪点捕捉或延长捕捉等绘图模式。绘制完视图后，还要进行缩放、标注尺寸和表面粗糙度、输入技术要求、填写标题栏等工作。

绘制零件图是前面所学知识的综合运用，希望读者多加练习，全面提高自己的绘图技能。

11.4 习题

1. 简答题
简述绘制零件图的方法和步骤。

2. 操作题
绘制一个典型部件如减速箱、阀门、气缸等中所有非标准件的零件图。

第12章　绘制装配图

装配图是表达机器或部件工作原理和参与装配的各零件的装配连接关系的图样，是表达机械设计人员的设计思想、指导生产装配和使用维修的重要技术文件。

装配图由一组视图、必要的尺寸、序号和明细表、技术要求和总标题栏组成，本章将介绍利用 AutoCAD 2012 中文版绘制机油泵装配图的方法，主要包括以下内容：

● 插入、编辑零件图
● 绘制装配图
● 标注尺寸
● 完成机油泵装配图

12.1　插入、编辑零件图

机油泵是机器润滑系统中的一个部件，利用泵体和泵盖所形成的密封腔内的两个相同齿轮的转动所产生的真空，在大气压的作用下将油液吸入机油泵内，并从出油孔排出，输送到机器需要润滑的部分。

机油泵装配图是用 2：1 的比例绘制在 A1 图纸上，如图 12-1 所示。

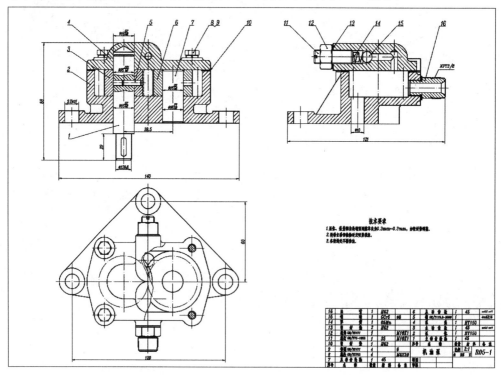

图 12-1　机油泵装配图

机油泵中的泵体、泵盖、主动齿轮轴、从动齿轮轴、齿轮、油嘴 6 个非标准件在装配图中需要绘制投影，第 11 章已经绘制了泵体和泵盖的零件图，在绘制装配图前还需要绘制主动齿轮轴、从动齿轮轴、齿轮、油嘴零件图，这几个零件图均是绘制在 A4 图纸上，分别如图 12-2、图 12-3、图 12-4 和图 12-5 所示。绘制装配图时可以利用"插入"命令将绘制的零件图插入到 A1 样板图形中，编辑后拼装在一起即可。

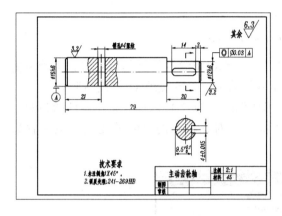

图 12-2　主动齿轮轴零件图

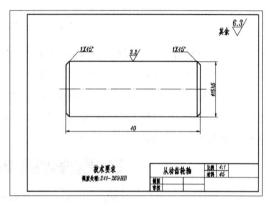

图 12-3　从动齿轮轴零件图

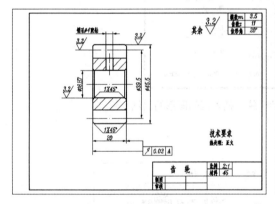

图 12-4　齿轮零件图

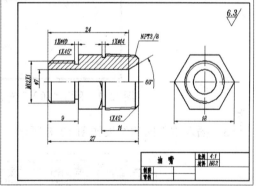

图 12-5　油嘴零件图

泵体和泵盖之间的密封垫、油嘴和泵体之间的密封垫、泵盖和螺母之间的密封垫虽然也是非标准件，但它们在装配图中只是用涂黑表示。弹簧也是非标准件，但在装配图是用折线表示，因而绘制装配图用不到这几个非标准件的零件图。

螺栓、螺母、钢球、柱端紧定螺钉是标准件，其中螺栓和螺母可以调用 AutoCAD 符号库中的图形。钢球在装配图中的投影仅是一个圆，利用"圆"命令绘制即可。AutoCAD 符号库中没有柱端紧定螺钉的图形，所以在绘制装配之前还要绘制柱端紧定螺钉的主视图，如图 12-6 所示。

插入、编辑零件图的操作步骤如下：

（1）创建 A1 样板图形。

创建过程与创建 A2 样板图形类似，但 A1 样板图形的绘图界限为 840×594mm。

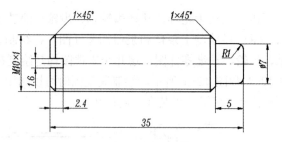

图 12-6　柱端紧定螺钉主视图

（2）分别单击"绘图"工具栏中的"插入"按钮，将绘制的泵体、泵盖、主动齿轮轴、从动齿轮轴、齿轮、油嘴零件图和柱端紧定螺钉的主视图插入到 A1 样板图形中。

在插入对话框中注意要将所有插入后的图形比例统一为 2:1，以插入泵盖零件图为例，由于泵盖零件图的绘图比例为 2.5:1，因此"插入"对话框中的"缩放比例"应设置为0.8，如图 12-7 所示。

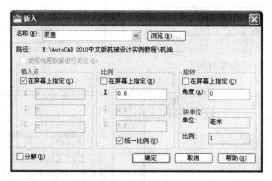

图 12-7　利用"插入"对话框统一插入后的图形的比例

（3）插入零件图的结果如图 12-8 所示。

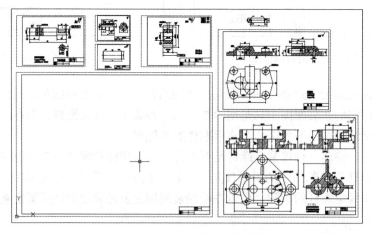

图 12-8　插入零件图的结果

（4）单击"修改"工具栏中的"分解"按钮，将插入的零件图分解。

（5）单击"修改"工具栏中的"删除"按钮，将零件图中的边界线、边框、尺寸、形位公差、表面粗糙度、技术要求、标题栏等对象删除，零件图可以保留在装配图中需要标注的尺寸。其中还要将主动齿轮轴零件图的移出断面、油嘴零件图的左视图、泵体零件图的局部剖视图删除，将柱端紧定螺钉主视图中的所有尺寸删除，结果如图 12-9 所示。

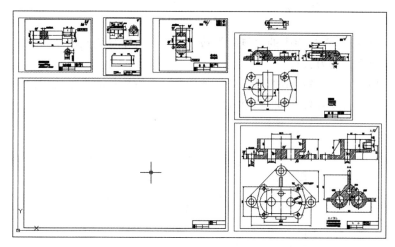

图 12-9　分解零件图后将无用的对象删除

（6）按照装配图中零件的装配关系，有的零件需要进行旋转、镜像等操作才能拼装在一起。单击"修改"工具栏中的"旋转"按钮○将主动齿轮轴、从动齿轮轴和齿轮的主视图旋转-90°，其中齿轮的分度线还要利用"拉长"命令适当缩短（零件图中为标注齿形的粗糙度，将分度线拉长了），如图 12-10 所示。

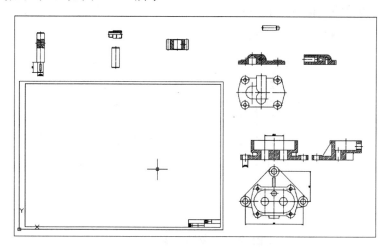

图 12-10　将零件图旋转到装配方向

12.2　绘制装配图

插入并编辑了零件图后，利用"移动"和"复制"命令将零件图拼装在一起，经过编辑后，即可绘制出装配图。

12.2.1 拼装主视图

拼装机油泵主视图可以按照装配次序进行，即先拼装齿轮和齿轮轴，再将齿轮和齿轮轴拼装在泵体中，最后拼装泵盖。

操作步骤如下：

（1）单击"修改"工具栏中的"复制"按钮 🔾，将齿轮复制到从动齿轮轴上，复制的基点为 A1，复制的第二点为 A2。

（2）单击"修改"工具栏中的"移动"按钮 ✛，将齿轮移动到主动齿轮轴上，移动的基点为 B1，移动的第二点为 B2，如图 12-11 所示。

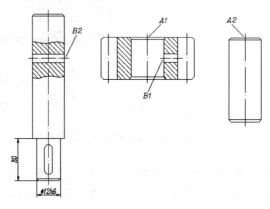

图 12-11　复制、移动齿轮的基点和第二点

复制和移动齿轮的结果如图 12-12 所示。

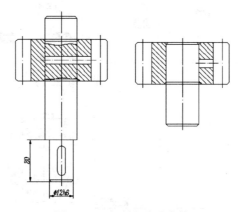

图 12-12　复制和移动齿轮

（3）单击"修改"工具栏中的"修剪"按钮 ⊬，修剪被主动齿轮轴和从动齿轮轴遮挡的齿轮轮廓线。

（4）单击"修改"工具栏中的"删除"按钮 ✐，将被主动齿轮轴和从动齿轮轴遮挡的齿轮内倒角轮廓线删除。

（5）单击"标准"中的"窗口缩放"按钮 ◱，将主动齿轮放大显示。

（6）单击"修改"工具栏中的"修剪"按钮 ⊬，修剪被销遮挡的主动齿轮轴轮廓线。

（7）将"粗实线"层设置为当前层，单击"绘图"工具栏中的"矩形"按钮▢，绘制销。

命令: _rectang
指定第一个角点或 [倒角(C)/标高(E)/圆角(F)/厚度(T)/宽度(W)]: C↙ （输入 C，回车，选择
"倒角"选项）
指定矩形的第一个倒角距离 <0.0000>: 1↙ （输入第一倒角距离 1，回车）
指定矩形的第二个倒角距离 <0.0000>: 1↙ （输入第一倒角距离 1，回车）
指定第一个角点或 [倒角(C)/标高(E)/圆角(F)/厚度(T)/宽度(W)]: _tt （单击"对象捕捉"工
具栏中的"临时追踪点捕捉"⊷ 按钮）
指定临时对象追踪点: （捕捉端点 C 为临时追踪点）
指定第一个角点或 [倒角(C)/标高(E)/圆角(F)/厚度(T)/宽度(W)]: 2↙ （向左移动光标，出现
水平追踪轨迹，输入追踪距离 2，回车）
指定另一个角点或 [面积(A)/尺寸(D)/旋转(R)]: @-30, 8↙ （输入矩形另一角点相对于第一角
点的坐标，回车）

（8）单击"绘图"工具栏中的"直线"按钮╱，绘制销两端倒角轮廓线，如图 12-13
所示。

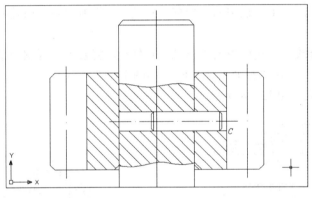

图 12-13　绘制销

（9）单击"标准"工具栏中的"缩放上一个"按钮🔍，返回上一个显示窗口。

（10）单击"修改"工具栏中的"移动"按钮✛，将拼装在一起的主动齿轮和主动齿轮
轴与拼装在一起的从动齿轮和从动齿轮轴按传动关
系移动到一起，移动的基点为从动齿轮的左分度线
与齿轮轮廓线的交点，移动的第二点为主动齿轮的
右分度线与齿轮轮廓线的相应交点。

（11）用光标单击啮合区内从动齿轮的齿顶线和
倒角，将"虚线"层设置为当前层，啮合区内从动
齿轮的齿顶线和倒角变为虚线，如图 12-14 所示。

（12）单击"修改"工具栏中的"移动"按钮
✛，将啮合在一起的两个齿轮与泵体主视图移动到
一起，移动的基点为 D1，移动的第二点为 D2，如
图 12-15 所示。

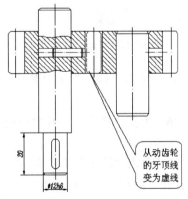

从动齿轮
的牙顶线
变为虚线

图 12-14　拼装齿轮传动

235

移动啮合在一起的齿轮的结果如图 12-16 所示。

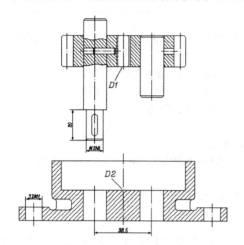
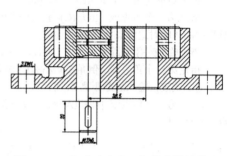

图 12-15　移动啮合在一起的齿轮的基点和第二点　　　图 12-16　移动啮合在一起的齿轮的结果

（13）单击"修改"工具栏中的"修剪"按钮┿，修剪被两个齿轮和两个齿轮轴遮挡的泵体轮廓线。

（14）单击"修改"工具栏中的"移动"按钮✛，将泵盖主视图与泵体主视图移动到一起，移动的基点为 E1，移动的第二点为 E2，如图 12-17 所示。

移动泵盖的结果如图 12-18 所示。

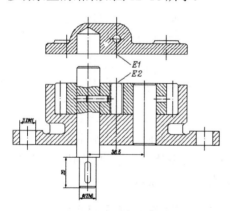
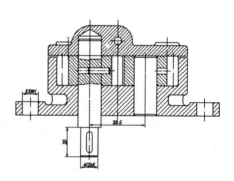

图 12-17　移动泵盖的基点和第二点　　　　　图 12-18　移动泵盖的结果

（15）单击"修改"工具栏中的"修剪"按钮┿，修剪被主动齿轮轴遮挡的泵盖轮廓线。

（16）单击"修改"工具栏中的"延伸"按钮┤，将泵体外壁轮廓线延伸至泵盖底面轮廓线。

（17）单击"绘图"工具栏中的"图案填充"按钮▨，弹出 "图案填充和渐变色"对话框。打开"图案填充"选项卡。在"图案"下拉列表中选择 SOLID 选项，如图 12-19 所示，单击"拾取点"按钮▣，在泵体和泵盖之间的密封垫区域单击，回车两次，即可将密封垫涂黑，拼装出机油泵主视图，如图 12-20 所示。

图 12-19　利用 SOLID 图案选项涂黑

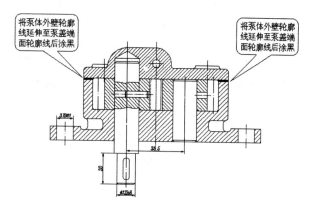

图 12-20　拼装主视图

12.2.2　拼装左视图

机油泵的左视图需要拼装泵体、泵盖、柱端紧定螺钉、油嘴，还要绘制密封垫、钢球、弹簧以及齿轮的分度线。

操作步骤如下：

（1）单击"标准"工具栏中的"实时平移"按钮 ✋，显示出油嘴主视图。

（2）单击"标准"工具栏中的"窗口缩放"按钮 ⬚，将油嘴主视图放大显示，如图 12-21a 所示。

（3）单击"修改"工具栏中的"删除"按钮 ✎，将油嘴主视图下半部分视图中的垂直轮廓线和圆弧删除。

（4）单击"修改"工具栏中的"镜像"按钮 ⚖，将油嘴主视图上半部分剖视图中通孔的轮廓线和剖面线做水平镜像，如图 12-21b 所示。

（5）用光标双击油嘴主视图下半部分的剖面线，弹出"图案填充编辑"对话框，单击"确定"按钮，统一油嘴主视图上半部分和下半部分剖面线的方向，如图 12-21c 所示。

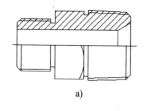
a)

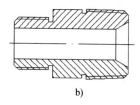
b)

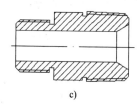
c)

图 12-21　编辑油嘴主视图

（6）单击"标准"工具栏中的"缩放上一个"按钮 ⬚，返回上一个显示窗口。

（7）单击"修改"工具栏中的"移动"按钮 ✛，利用临时追踪点捕捉将泵盖左视图和泵体左视图移到一起，移动的基点为 F1，捕捉 F2 点为临时追踪点，向上的追踪距离为 2。

（8）单击"修改"工具栏中的"移动"按钮 ✛，利用临时追踪点捕捉将柱端基点螺钉和泵盖左视图移到一起，移动的基点为 G1，捕捉 G2 点为临时追踪点，向左的追踪距离为 6。

（9）单击"修改"工具栏中的"移动"按钮✛，利用临时追踪点捕捉将油嘴主视图和泵盖左视图移到一起，移动的基点为 H1（需要绘制油嘴六棱柱端面辅助轮廓线，辅助线与轴线的交点为 H1），捕捉 H2 点为临时追踪点，向右的追踪距离为 2。

移动基点和第二点如图 12-22a 所示，移动的结果如图 12-22b 所示。

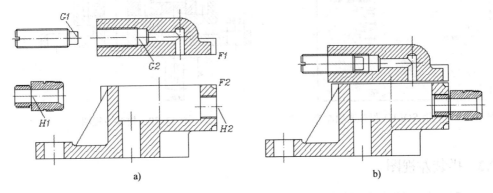

图 12-22　移动零件图，拼装左视图

（10）单击"标准"工具栏中的"窗口缩放"按钮🔍，将泵体与油嘴的连接部分及泵盖与柱端紧定螺钉的连接部分放大显示。

（11）单击"修改"工具栏中的"删除"按钮✍，将泵体和泵盖的剖面线及内螺纹的牙顶线和牙底线删除。

（12）分别利用"直线"命令和临时追踪点捕捉，绘制泵体与油嘴间密封垫的投影、螺母与泵盖间密封垫的投影，两个密封垫完全相同，外径为 18，内径为 11，厚度为 1。

（13）单击"修改"工具栏中的"修剪"按钮✄，修剪被齿轮遮挡的泵体上表面轮廓线。

（14）单击"修改"工具栏中的"延伸"按钮⊣，将泵体的轮廓线延伸至泵盖端面轮廓线，将泵盖轮廓线延伸至泵体上表面轮廓线，绘制出泵盖和泵体间的密封垫的投影。

（15）分别利用"直线"命令和临时追踪点捕捉，绘制齿轮的分度线，齿轮分度圆的直径为 38.5。

绘制密封垫和齿轮分度线的结果如图 12-23 所示。

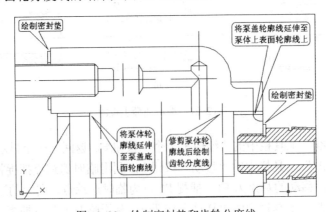

图 12-23　绘制密封垫和齿轮分度线

（16）将"粗实线"层设置为当前层，利用"直线"命令和端点捕捉重新绘制没有与油嘴和柱端紧定螺钉旋合部分内螺纹的牙顶线。

（17）将"细实线"层设置为当前层，利用"直线"命令和端点捕捉重新绘制没有与油嘴和柱端紧定螺钉旋合部分内螺纹的牙底线。

（18）分别单击"绘图"工具栏中的"图案填充"按钮，重新绘制泵体和泵盖的剖面线。泵体剖面线的比例仍然设置为1.25，泵体剖面线的比例设置为1。

绘制剖面线时要注意外螺纹的牙顶线和牙底线的区域不是填充区域。

（19）将"粗实线"层设置为当前层，单击"绘图"工具栏中的"图案填充"按钮，利用SOLID图案选项将三个密封垫涂黑，如图12-24所示。

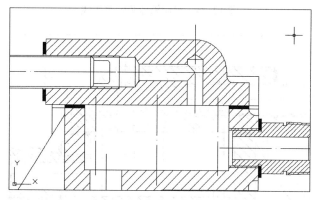

图12-24　重新绘制内螺纹和剖面线，将密封垫涂黑

（20）单击"绘图"工具栏中的"圆"按钮，捕捉端点I为圆心，绘制一个半径为8的辅助圆。

（21）回车，重复"圆"命令，捕捉辅助圆与柱端紧定螺钉轴线的交点J为圆心，绘制半径为8的圆，该圆为钢球的投影。

（22）单击"绘图"工具栏中的"直线"按钮，绘制细压缩弹簧折线，如图12-25所示。

```
命令: _line
指定第一点:          （捕捉端点K）
指定下一点或 [放弃(U)]: @4, -16↙    （输入第二点相对于K点的坐标，回车）
指定下一点或 [放弃(U)]: @4, 16↙     （输入第三点相对于第二点的坐标，回车）
指定下一点或 [闭合(C)/放弃(U)]: @4, -16↙   （输入第四点相对于第三点的坐标，回车）
指定下一点或 [闭合(C)/放弃(U)]: @4, 16↙    （输入第五点相对于第四点的坐标，回车）
指定下一点或 [闭合(C)/放弃(U)]: @0, 16↙    （输入第六点相对于第五点的坐标，回车）
指定下一点或 [闭合(C)/放弃(U)]:↙    （回车，结束"直线"命令）
```

（23）单击"修改"工具栏中的"删除"按钮，将辅助圆和被钢球遮挡的轮廓线删除。

（24）单击"修改"工具栏中的"修剪"按钮，修剪被钢球遮挡的轮廓线。

（25）将"点画线"层设置为当前层，利用"直线"命令、正交模式和象限点捕捉绘制钢球的垂直中心线，完成绘制安全阀，如图12-26所示。

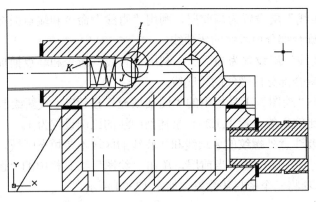

图 12-25　绘制钢球和弹簧折线

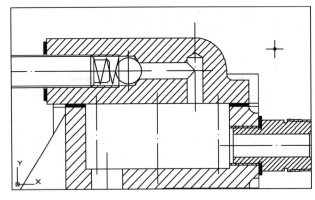

图 12-26　完成绘制安全阀

（26）单击"标准"工具栏中的"缩放上一个"按钮，返回上一个显示窗口。

（27）单击"修改"工具栏中的"合并"按钮，将被打断的泵体上的出油孔的轴线合并为一条点画线，拼装出左视图，如图 12-27 所示。

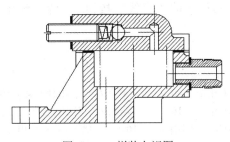

图 12-27　拼装左视图

12.2.3　拼装俯视图

机油泵的俯视图需要拼装泵体、泵盖、柱端紧定螺钉、油嘴，还要绘制齿轮的齿顶圆、分度圆及螺栓的剖断面。

操作步骤如下：

（1）单击"修改"工具栏中的"删除"按钮，将泵体俯视图和泵盖俯视图中的部分轮廓线和点画线删除，如图 12-28 所示。

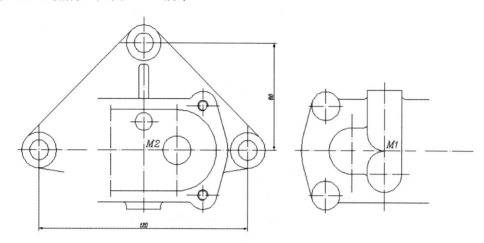

图 12-28　编辑泵体和泵盖俯视图

（2）单击"修改"工具栏中的"移动"按钮，将编辑后的泵盖俯视图和泵体俯视图移到一起，移动的基点为 M1，移动的第二点为 M2。结果如图 12-29 所示。

（3）单击"修改"工具栏中的"镜像"按钮，做泵体内腔表面半圆轮廓线的垂直镜像，得到从动齿轮的齿顶圆。

（4）单击"修改"工具栏中的"镜像"按钮，做从动齿轮的齿顶圆的垂直镜像，得到主动齿轮的齿顶圆。

（5）将"点画线"层设置为当前层，绘制两个半径为 38.5 的点画线圆，即两个齿轮的分度圆。

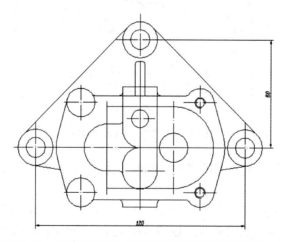

图 12-29　将编辑后的泵盖俯视图和泵体俯视图移到一起

（6）单击"修改"工具栏中的"修剪"按钮，修剪被泵盖遮挡的轮廓线，如图 12-30 所示。

（7）将"细实线"层设置为当前层，单击"绘图"工具栏中的"样条曲线"按钮，绘制局部剖视图的波浪线，波浪线的起点和端点指定在泵盖轮廓线外。

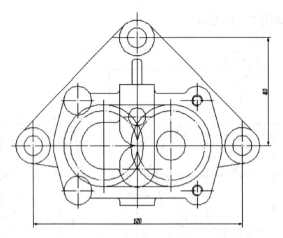

图 12-30 绘制齿顶圆和分度圆，修剪轮廓线

（8）单击"修改"工具栏中的"修剪"按钮⊬，修剪波浪线左侧的轮廓线和被齿轮遮挡的轮廓线。

（9）单击"修改"工具栏中的"删除"按钮✍，将波浪线左侧无法修剪的轮廓线删除，如图 12-31 所示。

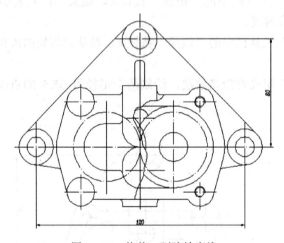

图 12-31　修剪、删除轮廓线

（10）单击"标准"工具栏中的"窗口缩放"按钮🔍，将俯视图中的出油孔圆和泵体螺孔放大显示。

（11）将"虚线"层设置为当前层，选择菜单"绘图"→"圆弧"→"圆心、起点、端点"选项，捕捉出油孔粗实线圆弧的圆心 O 为圆心，再分别捕捉该圆弧的端点 O1 和 O2，绘制出油孔被齿轮遮挡的不可见的轮廓线。

（12）单击"修改"工具栏中的"删除"按钮✍，将泵体螺孔的牙底圆（3/4 细实线圆）删除。

（13）将"粗实线"层设置为当前层，单击"绘图"工具栏中的"圆"按钮◎，绘制半径为 6 的圆，即螺栓的牙顶圆。

（14）单击泵体螺孔的牙顶圆（粗实线圆），将"细实线"层设置为当前层，按〈Esc〉键，将粗实线圆变为细实线圆。

（15）关闭状态栏中的"对象捕捉"按钮，单击"修改"工具栏中的"打断"按钮，将细实线圆打断，得到螺栓的牙底圆（3/4细实线圆）。

（16）将"细实线"层设置为当前层，单击"绘图"工具栏中的"图案填充"按钮，弹出的"图案填充和渐变色"对话框。打开"图案填充"选项卡。在"图案"下拉列表中选择 ANSI31，在"角度"下拉文本框中选择 90，在"比例"下拉文本框中选择 0.75。单击"拾取点"按钮，在螺栓牙顶圆内单击，回车两次，即可绘制出螺栓剖断面的剖面线，如图 12-32 所示。

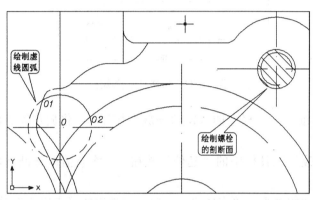

图 12-32　绘制出油孔不可见轮廓线和螺栓剖断面

（17）单击"标准"工具栏中的"缩放上一个"按钮，返回上一个显示窗口。

（18）单击"修改"工具栏中的"删除"按钮，将右下方螺孔圆删除。

（19）单击"修改"工具栏中的"复制"按钮，将绘制的螺栓剖断面复制到右下方螺孔圆的中心线交点处。

（20）利用"直线"命令和临时追踪点捕捉绘制螺母与泵盖间密封垫的轮廓线，外径为18，厚度为2。

（21）单击"修改"工具栏中的"偏移"按钮，向下偏移泵盖前方凸台的端面轮廓线，偏移距离为2。

（22）回车，再次启动"偏移"命令，向下继续偏移泵盖前方凸台的端面轮廓线，偏移距离为16。

（23）单击"修改"工具栏中的"复制"按钮，复制左视图中油嘴和柱端紧定螺钉处于泵体和泵盖外的轮廓线和点画线，如图 12-33 所示。

（24）单击"标注"工具栏中的"编辑标注文字"按钮，调整尺寸 120 的位置。

（25）分别单击"修改"工具栏中的"旋转"按钮，将复制的油嘴和柱端紧定螺钉轮廓线和点画线旋转-90°，旋转的基点分别为 N1 和 P1（P1 是辅助线与柱端紧定螺钉轴线的交点，该辅助线与柱端紧定螺钉端面的距离为 14mm）。

（26）分别单击"修改"工具栏中的"移动"按钮，将复制的油嘴和柱端紧定螺钉轮廓线和点画线移到泵体俯视图中，移动的基点分别为 N1 和 P1，移动的第二点分别为中点 N2 和端点 P2。

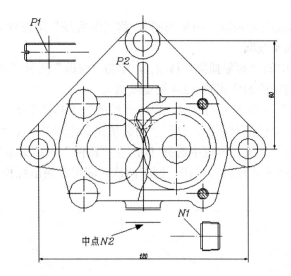

图 12-33 偏移复制轮廓线

（27）单击"标准"工具栏中的"窗口缩放"按钮，将俯视图中油嘴部分图形放大显示。

（28）单击"修改"工具栏中的"延伸"按钮，将泵盖前方凸台轮廓线延伸至直线Q1Q2。

（29）选择菜单"格式"→"点样式"选项，在弹出的"点样式"对话框中设置点的样式，如图 12-34 所示。

（30）选择菜单"绘图"→"点"→"定数等分"选项，将直线 S1S2 做 4 等分。

命令: _divide
选择要定数等分的对象:　　　（单击直线 S1S2）
输入线段数目或 [块(B)]: 4✓　　（输入等分数 4，回车）

（31）将"粗实线"层设置为当前层，利用"直线"命令、节点捕捉和垂足捕捉，过等分点 S3 和 S5 绘制垂直线 S3Q3 和 S5Q4，如图 12-35 所示。

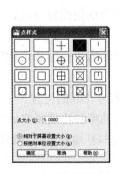

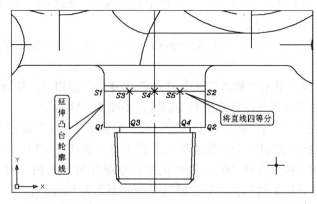

图 12-34　设置点的样式　　　图 12-35　将直线 4 等分，绘制油嘴六棱柱部分轮廓线

（32）选择菜单"绘图"→"圆弧"→"起点、端点、半径"选项，过端点 Q3 和 Q4，

244

绘制半径为 36 的圆弧，如图 12-36a 所示。

（33）单击"修改"工具栏中的"移动"按钮✛，移动半径为 36 的圆弧，移动的基点为圆弧的中点，第二点为直线 Q1Q2 的中点。

（34）利用"直线"命令、端点捕捉和垂足捕捉，过圆弧的端点 T1 绘制辅助线 T1T3。

（35）利用"直线"命令、正交模式和中点捕捉，过 T1T3 的中点 T4 绘制辅助线 T4T5。

（36）单击"绘图"工具栏中的"圆弧"按钮✏，捕捉端点 T3、直线 T4T5 与 Q1Q2 的交点、端点 T1 绘制小圆弧。

（37）单击"修改"工具栏中的"复制"按钮❀，复制小圆弧，复制的基点为该圆弧的端点 T3，第二点为大圆弧的端点 T2，如图 12-36b 所示。

（38）单击"修改"工具栏中的"删除"按钮✐，将辅助线删除。

（39）单击"修改"工具栏中的"修剪"按钮┿，以三个圆弧为修剪边界修剪轮廓线，结果如图 12-36c 所示。

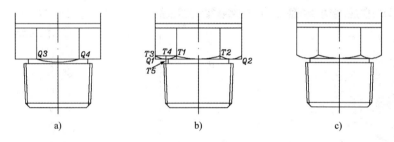

a)　　　　　　　　　b)　　　　　　　　　c)

图 12-36　绘制油嘴六棱柱部分轮廓线

（40）单击"标准"工具栏中的"缩放上一个"按钮❀，返回上一个显示窗口。

（41）单击"修改"工具栏中的"修剪"按钮┿，修剪被柱端紧定螺钉遮挡的泵体后方肋板轮廓线，拼装出泵体的俯视图，如图 12-37 所示。

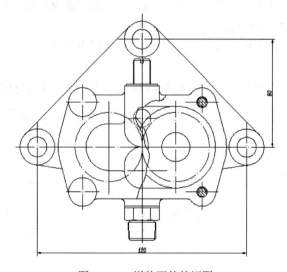

图 12-37　拼装泵体俯视图

12.2.4 拼装紧固件

装配图中的螺栓、螺母和螺钉这样的标准件，可以从 AutoCAD 符号库中调用，经编辑后拼装在装配图相应的视图中即可。

机油泵中用了 4 个螺栓，尺寸是 M6×20，还用了一个螺母，尺寸是 M10×1。机油泵中的 4 个垫圈也是标准件，但 AutoCAD 符号库中没有垫圈图形，需要单独绘制。

1．插入、编辑紧固件

操作步骤如下：

（1）单击"绘图"工具栏中的"插入"按钮🖼，单击"浏览"按钮，在弹出的"选择图形文件"对话框中的"查找范围"下拉列表中依次打开"AutoCAD 2012 中文版"→"Sample"→"DesignCenter"→"Fasteners-Metric"文件，如图 12-38 所示。在泵体装配图中的适当位置单击，即可将符号库中的紧固件图形插入到装配图中，如图 12-39 所示。

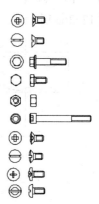

图 12-38　打开符号库中的紧固件图形文件　　图 12-39　插入紧固件图形

（2）单击"修改"工具栏中的"分解"按钮🗗，将插入的紧固件图形分解。

（3）单击"修改"工具栏中的"删除"按钮🖋，保留螺栓和螺母的俯视图和侧视图，将其他图形删除，如图 12-40a 所示。

（4）单击保留的螺栓和螺母图形，将"粗实线"层设置为当前层，将螺栓和螺母的轮廓线变为粗实线。

（5）单击"修改"工具栏中的"分解"按钮🗗，将螺栓侧视图分解。

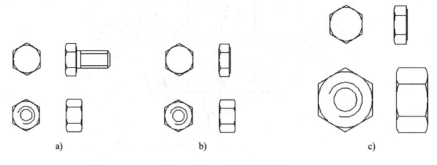

a)　　　　　　　　　　　b)　　　　　　　　　　　c)

图 12-40　编辑紧固件图形

（6）单击"修改"工具栏中的"删除"按钮✐，将螺栓的螺杆部分删除，保留螺栓头部的侧视图，如图 12-40b 所示。

（7）分别单击"修改"工具栏中的"缩放"按钮🖼️，将保留的螺栓图形放大 1.2 倍，将螺母图形放大 2 倍，如图 12-40c 所示。

AutoCAD 符号库中紧固件图形定义在 0 图层上，且公称直径为 10mm。

2．在主视图中拼装紧固件

操作步骤如下：

（1）单击"修改"工具栏中的"旋转"按钮⟳，将螺栓头部侧视图旋转-90°。

（2）单击"修改"工具栏中的"复制"按钮❀，利用临时追踪点捕捉将螺栓头部复制到机油泵主视图中，复制的基点为 U1，捕捉 U2 点为临时追踪点，如图 12-41 所示，向上的追踪距离为 3.2。

（3）单击"修改"工具栏中的"移动"按钮✛，利用临时追踪点捕捉将螺栓头部移到机油泵主视图中，移动的基点为 U1，捕捉 U2 点为临时追踪点，向上的追踪距离为 3.2。

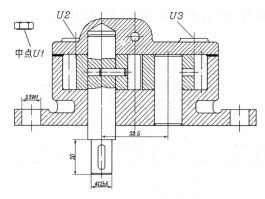

图 12-41　复制、移动螺栓头部的基点和螺栓追踪点

（4）单击"标准"工具栏中的"窗口缩放"按钮🔍，将机油泵主视图中螺栓部分图形放大显示。

（5）单击"绘图"工具栏中的"矩形"按钮▭，绘制弹簧垫圈轮廓线。

命令: _rectang
指定第一个角点或 [倒角(C)/标高(E)/圆角(F)/厚度(T)/宽度(W)]: _tt　　　　（单击"对象捕捉"工具栏中的"临时追踪点捕捉"按钮⊷）
指定临时对象追踪点:　　（捕捉交点 U3 为临时追踪点）
指定第一个角点或 [倒角(C)/标高(E)/圆角(F)/厚度(T)/宽度(W)]: 9.4✓　　　　（向左移动光标，出现水平追踪轨迹，输入追踪距离 9.4，回车）
指定另一个角点或 [面积(A)/尺寸(D)/旋转(R)]: @18.8, 3.2✓　　（输入矩形另一角点相对于第一角点的坐标，回车）

（6）分别利用"直线"命令过交点 U3 和 U4 绘制两条倾斜线，如图 12-42 所示。两条倾斜的端点相对于 U3 和 U4 的坐标分别是@5<110 和@5<-70。

（7）单击"修改"工具栏中的"修剪"按钮⊹，修剪两条倾斜线。

（8）单击"标准"工具栏中的"缩放上一个"按钮🔍，返回上一个显示窗口。

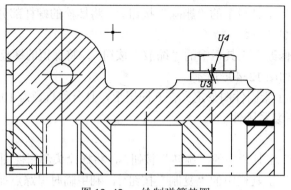

图 12-42　绘制弹簧垫圈

（9）单击"修改"工具栏中的"复制"按钮，将绘制的弹簧垫圈复制到 U2 处，复制的基点为 U3。

（10）单击"修改"工具栏中的"修剪"按钮，修剪被泵盖遮挡的螺栓头部和垫圈轮廓线，完成在机油泵主视图中拼装紧固件，如图 12-43 所示。

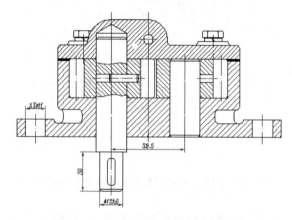

图 12-43　机油泵主视图中拼装紧固件

3. 在左视图中装配紧固件

操作步骤如下：

（1）单击"修改"工具栏中的"移动"按钮，将螺母侧视图移到机油泵左视图中，移动的基点为 V1，移动的第二点为 V2（V2 是过密封垫断面轮廓线的端点绘制的复制线与紧定螺钉轴线的交点），如图 12-44 所示。

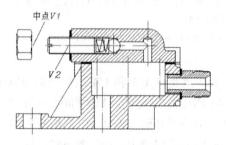

图 12-44　移动螺母的基点和第二点

（2）单击"标准"工具栏中的"窗口缩放"按钮🔍，将螺母部分图形放大显示。

（3）单击"修改"工具栏中的"删除"按钮✍，将辅助线删除。

（4）单击"修改"工具栏中的"修剪"按钮↠，修剪被螺母遮挡的紧定螺钉轮廓线，如图 12-45 所示。

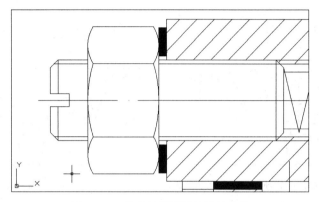

图 12-45　修剪被螺母遮挡的轮廓线

（5）单击"标准"工具栏中的"缩放上一个"按钮🔍，返回上一个显示窗口，完成在左视图中拼装紧固件，如图 12-46 所示。

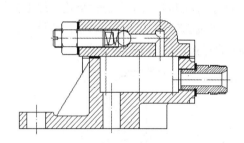

图 12-46　在左视图中拼装紧固件

4．在俯视图中装配紧固件

操作步骤如下：

（1）单击"修改"工具栏中的"旋转"按钮⟳，将螺栓俯视图旋转 90°。

（2）单击"修改"工具栏中的"复制"按钮🗐，将螺栓俯视图复制到机油泵俯视图中，复制的基点为螺栓俯视图的圆心 W1，复制的第二点为 W2，如图 12-47 所示。

（3）单击"修改"工具栏中的"移动"按钮✢，将螺栓俯视图移动到机油泵俯视图中，移动的基点为螺栓俯视图的圆心 W1，移动的第二点为 W3。

（4）单击"修改"工具栏中的"移动"按钮✢，将螺母俯视图移动到机油泵俯视图正上方，移动的基点为端点 W4，移动的第二点为端点 W5。

复制和移动螺栓俯视图、移动螺母俯视图的结果如图 12-48 所示。

（5）单击"标准"工具栏中的"窗口缩放"按钮🔍，将机油泵俯视图中紧定螺钉部分图形放大显示。

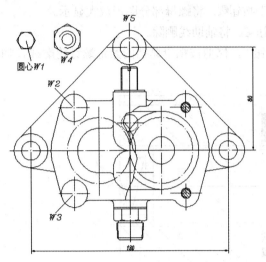

图 12-47　复制、移动螺栓俯视图的基点和第二点　　　图 12-48　复制和移动螺栓俯视图

（6）单击"修改"工具栏中的"偏移"按钮🔁，将密封垫后端面轮廓线向上偏移18mm，得到螺母后端面轮廓线。

（7）分别单击"绘图"工具栏中的"直线"按钮✏️，连接交点 W6 和 W7、过螺母俯视图的端点绘制两条垂直线，两条直线的端点是在密封垫轮廓线上捕捉的垂足。

（8）选择菜单"绘图"→"圆弧"→"起点、端点、半径"选项，分别捕捉交点 W6 和W8，绘制一个半径为 18mm 的圆弧，如图 12-49 所示。

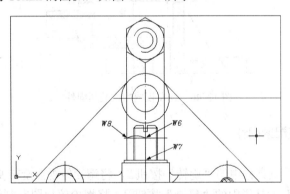

图 12-49　绘制螺母棱线和圆弧

（9）单击"修改"工具栏中的"移动"按钮✥，移动圆弧，基点为圆弧的中点，第二点为在直线 W6W8 上捕捉的垂足。

（10）单击"修改"工具栏中的"复制"按钮🗐，复制圆弧，复制的基点为圆弧的左端点，第二点为圆弧的右端点，如图 12-50 所示。

（11）单击"修改"工具栏中的"修剪"按钮✂️，修剪出螺母在俯视图中的投影。被螺母遮挡的紧定螺钉轮廓线也要修剪。

（12）单击"修改"工具栏中的"删除"按钮✐，将螺母俯视图删除。

（13）单击"标准"工具栏中的"缩放上一个"按钮🔍，返回上一个显示窗口，完成在俯视图中拼装紧固件。

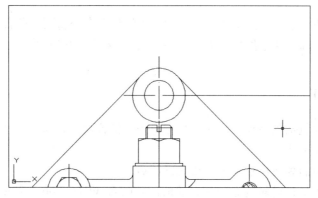

图 12-50　移动、复制圆弧后修剪出螺母在俯视图中的投影

（14）打开"边界线"层和"边框"层，在命令行中输入 Z 回车，输入 A 回车，将装配图全部显示，如图 12-51 所示。

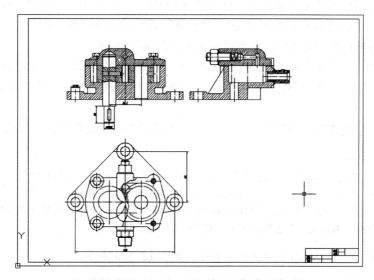

图 12-51　拼装零件图和紧固件的结果

12.2.5　编辑剖面线和点画线

装配图中相邻的两个零件剖面线的方向应该尽量相反，无法做到相反则应间隔不同，使剖面线错开。

双击零件的剖面线，在弹出的"图案填充编辑"对话框中可以修改剖面线的方向和间距。

有的零件的剖面线在绘制零件图时由于视图内标注有尺寸，因而剖面线在该尺寸处自动断开，如泵盖主视图中的剖面线。这样的剖面线应删除并重新绘制。

多个零件图拼装在一起后，点画线也重合在一起，造成装配图中的点画线不合要求，应当删除并重新绘制。为了绘制方便，可以只保留重合在一起的点画线中的一条，利用"拉长"命令拉长即可。

主视图中螺栓的头部没有点画线，需要利用"拉长"命令将泵盖凸台的点画线拉长。

编辑剖面线和点画线的结果如图 12-53、图 12-54 和图 12-55 所示。

12.3 标注尺寸

装配图中的尺寸包括规格尺寸、配合尺寸、相对位置尺寸、安装尺寸和外形尺寸等，并不是标注每个零件的尺寸。

机油泵装配图中的规格尺寸是出油孔的直径 Ø10。

配合尺寸包括主动齿轮轴与泵体和泵盖的间隙配合 Ø16G7/h6、主动齿轮轴与主动齿轮的过渡配合 Ø16Js7/h6、从动齿轮轴与泵体的过盈配合 Ø16P7/h6、从动齿轮轴与从动齿轮的间隙配合 Ø16G7/h6。

相对位置尺寸是两个齿轮的中心距 38.5。

安装尺寸包括泵体底座安装孔的直径尺寸 3×Ø11 及其定位尺寸 120 和 60，主动齿轮轴输入端的直径尺寸 Ø12h6 和长度尺寸 20，油嘴圆锥螺纹的公称直径 NPT3/8。

外形尺寸包括总长尺寸 140、总宽尺寸 121 和总高尺寸 88。

这些尺寸的标注方法在第 9 章中已经详细介绍过了，这里仅以主动齿轮轴与泵盖的间隙配合 Ø16G7/h6 为例说明在装配图中标注出上下分子分母形式的配合尺寸的方法。

操作步骤如下：

将"标注"层设置为当前层，单击"标注"工具栏中的"线性标注"按钮。

命令：_dimlinear
指定第一条延伸线原点或 <选择对象>:   （在主视图中捕捉泵盖轴孔素线的上端点）
指定第二条延伸线原点: （在主视图中捕捉泵盖轴孔另一条素线的上端点）
指定尺寸线位置或[多行文字(M)/文字(T)/角度(A)/水平(H)/垂直(V)/旋转(R)]: M↙   （输入M，回车，选择"多行文字"选项，弹出"文字格式"对话框）

在"文字格式"对话框中输入 Ø16G7/h6，如图 12-52a 所示。

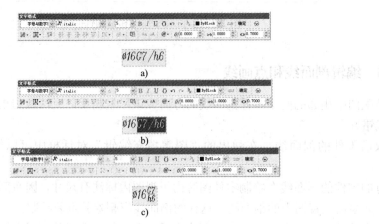

图 12-52 在装配图中标注上下分子分母形式的配合尺寸流程

252

将光标移到字母"G"前面，按住鼠标左键移动光标，选中"G7/h6"，对话框中的"堆叠"按钮亮显，如图 12-52b 所示。

单击"堆叠"按钮，在对话框中左右分子分母形式的配合尺寸变为上下分子分母形式的配合尺寸，如图 12-52c 所示。单击"文字格式"对话框中的"确定"按钮。

　　指定尺寸线位置或[多行文字(M)/文字(T)/角度(A)/水平(H)/垂直(V)/旋转(R)]:　　　（向上移动光标，在主视图上方适当位置单击）
　　标注文字 = 16

在主视图中标注尺寸的结果如图 12-53 所示。

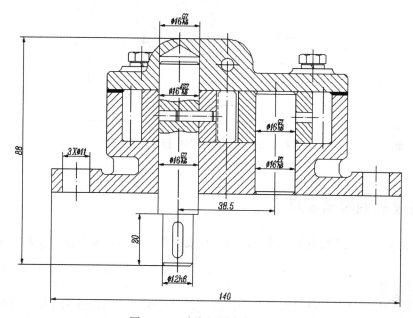

图 12-53　在主视图中标注尺寸

在左视图中标注尺寸的结果如图 12-54 所示。

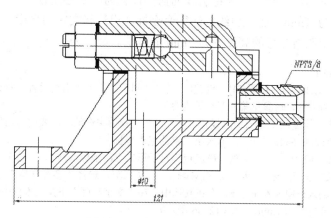

图 12-54　在左视图中标注尺寸

在俯视图中标注尺寸的结果如图 12-55 所示。

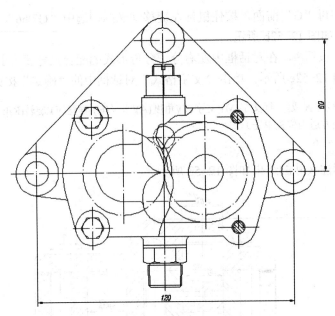

图 12-55　在俯视视图中标注尺寸

12.4　完成机油泵装配图

完成了装配图的视图绘制和尺寸标注后，还需要标注序号、输入技术要求、填写明细表和主标题栏。

1. 标注序号

在装配图中标注序号，就是给参与装配的零件进行编号，无论标准件还是非标准件一般都要标注序号。

标注序号需要利用"引线标注"命令，一般需要将引线的箭头设置为"小点"，而标注较薄的零件如密封垫的序号时，需要将引线的箭头设置为"实心闭合"。

序号的高度应为 7mm，而"引线标注"命令标注出注释文字的高度一般为 5mm，下面以标注序号 5 为例说明将序号的高度变为 7mm 的方法。

　　　命令: _qleader
　　　指定第一个引线点或 [设置(S)] <设置>:　　　（回车，弹出"引线设置"对话框，在对话框中设置箭头类型和附着方式，可参见第 9 章有关内容）
　　　指定第一个引线点或 [设置(S)] <设置>:　　　（在主视图中销的轮廓线内适当位置单击）
　　　指定下一点: 260, 540✓　　（输入第二点的绝对坐标）
　　　指定下一点: @2, 0✓　　（输入第三点相对于第二点的坐标，回车）
　　　输入注释文字的第一行 <多行文字(M)>:　　　（回车，选择"多行文字"选项，弹出"文字格式"对话框，在输入框中输入序号 5，在将其选中。在"文字高度"下拉文本框中输入 7，在输入框中单击，序号 5 的高度变为 7mm，如图 12-56 所示）
　　　输入注释文字的下一行:✓　　（回车，结束"引线标注"命令）

装配图中的序号必须顺时针或逆时针排列，且应上下对正、左右对齐，要做到这一点，必须输入绝对坐标指定引线标注的第二点。第二点 Y 坐标相同则序号上下对正，第二点 X 坐标相同则序号左右对齐。

图 12-56　利用"文字格式"对话框改变序号的高度

为了使水平引线的长度一致（5mm 为佳），第三点相对于第二点的坐标可为(@2,0)或 (@-2,0)，这两个相对坐标分别表示向右方画水平引线和向左方画水平引线。

利用引线标注命令标注序号的结果可参见图 12-1。

2．输入技术要求

将"文字"层设置为当前层，利用多行文字命令输入技术要求内容。其中"技术要求"四个字的高度为 7，其余字的高度为 5，如图 12-57 所示。

技术要求
1.泵体、泵盖和齿轮端面间隙单向为0.2mm~0.3mm，由密封垫调整。
2.转动主动齿轮轴时无咬紧现象。
3.各密封处不得渗油。

图 12-57　机油泵装配图中的技术要求

3．填写明细表和主标题栏

利用"直线"命令和"偏移"命令绘制明细表，请注意明细表中左边线为粗实线，上边线和内格线为细实线。

利用"单行文字"命令和"多行文字"命令输入明细表内容。

输入序号时可以利用"单行文字"命令连续输入，然后打开"正交"按钮 ，利用"移动"命令上下调整位置，这样可以保证序号上下对正。

也可以巧妙利用"复制"命令，例如利用"单行文字"命令只输入序号"16"，并利用"移动"命令调整其为位置。然后利用"复制"命令复制到其他序号栏中，再双击序号修改即可。这样操作的好处是既使序号上下对正，又免去了反复使用"移动"命令调整序号位置的麻烦。

输入相同文字时也可以利用"复制"命令复制。例如泵体和箱盖的材料均为 HT150，可以利用"单行文字"命令输入箱体的材料"HT150"，然后复制"HT150"即可。

输入类似的零件名称时，也可以利用"复制"命令复制，再双击修改即可，如齿轮轴和齿轮的名称、标准件的标准名称等。

在主标题栏的部件名称栏用"多行文字"命令输入"机油泵"，高度为 7。

利用"分解"命令分解标题栏，删除标题栏内的"材料"二字，并修剪其内格，重新输入"共 页第 页"，字高为 3.5mm。

填写明细表和主标题栏的结果如图 12-58 所示。

16	油　　　嘴	1	H62		6	从 动 齿 轮	1	45	m3.5 z=11
15	钢　　　球	1	GCr6	ø8	5	销 GB/T119.2-2000	1		4m6X15
14	弹　　　簧	1	65Mn		4	泵　　　盖	1	HT150	
13	密　封　垫	2	H62		3	主 动 齿 轮	1	45	m3.5 z=11
12	螺母 GB/T6171	1		M10X1	2	泵　　　体	1	HT150	
11	螺钉 GB/T75-1985	1	35	M10X1	1	主 动 齿 轮 轴	1	45	
10	密　封　垫	1	H62		序号	名　　称	数量	材料	备注
9	垫圈 GB/T6171	4		6		**机 油 泵**	比例	2:1	**R05-1**
8	螺栓 GB/T5783	4		M6X20			共 页第 页		
7	从 动 齿 轮 轴	1	45		制图				
序号	名　　称	数量	材料	备注	审核				

图 12-58　明细表和主标题栏

选择菜单"文件"→"另存为"选项，将绘制的装配图保存为"机油泵.dwg"。

至此完成绘制机油泵装配图。

12.5　小结

本章以绘制机油泵的装配图为例介绍了绘制装配图的方法。

绘制装配图一般先将零件图插入到所需的样板图形中，经编辑后拼装在一起。再从 AutoCAD 的符号库中调用紧固件符号，经编辑后拼装在装配图中。零件图拼装在一起后，还要编辑剖面线的点画线，最后标注尺寸和序号、输入技术要求、填写主标题栏和明细表，即可完成装配图。

12.6　习题

1. 简答题

简述绘制装配图的方法和步骤。

2. 操作题

将上一章习题中所绘制的零件图拼装为部件装配图。

第 13 章　绘制正等轴测图

机械图样是用多个正投影即多个视图表达零件的形状，每个视图只能表达零件一个面的形状，因而缺乏立体感，没有一定读图基础的人难以看懂机械图样。

轴测图是用斜投影法得到的在同一个视图上同时反映三个方向形状的平面投影图，虽然不反映立体的实际形状，但富有立体感，能够帮助读图人员迅速看懂图样。

本章将介绍利用 AutoCAD 中的正等轴测模式绘制正等轴测图的方法，主要包括以下内容：

- 设置正等轴测图的绘图环境
- 绘制轴承座正等轴测图
- 在正等轴测图上标注尺寸

13.1　设置正等轴测图的绘图环境

设置正等轴测图的绘图环境的步骤如下：

（1）单击"标准"工具栏中的"新建"按钮，弹出"选择样板"对话框。单击"打开"按钮右侧的下拉按钮，在弹出的菜单中选择"无样板打开－公制(M)"选项，打开一张未做任何设置的图形文件。

（2）选择菜单"格式"→"线型"选项，加载三种不连续的线型，即 ACAD_ISO04W100、ACAD_ISO05W100、HIDDEN2。

（3）单击"图层"工具栏中的"图层状态管理器"按钮，在弹出的"图层状态管理器"对话框中恢复"我的图层"所保存的图层状态和特性。

（4）设置对象捕捉模式。

打开状态栏"正交"按钮和"对象捕捉"按钮，将光标移到"对象捕捉"按钮上，单击鼠标右键，弹出状态栏快捷菜单，选择"设置"选项，弹出"草图设置"对话框，勾选"端点"、"中点"、"圆心"、"象限点"、"交点"复选框，如图 13-1 所示。利用对象捕捉模式绘制正等轴测图一般常用到这 5 种捕捉模式。

图 13-1　设置对象捕捉模式

（5）设置对象捕捉追踪模式。

打开"草图设置"对话框中的"极轴追踪"选项卡，在"增量角"下拉列表框中选择
30，并在"对象捕捉追踪设置"选项栏选中"用所有极轴角设置追踪"单选按钮，如图 13-2
所示。

（6）启动等轴测模式。

打开"草图设置"对话框中的"捕捉和栅格"选项卡，在"捕捉类型"选项栏中选中
"等轴测捕捉"单选按钮，如图 13-3 所示。

图 13-2　设置对象捕捉追踪

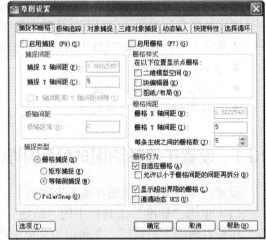

图 13-3　启动等轴测模式

单击"确定"按钮，完成设置自动对象捕捉模式和对象捕捉追踪模式，并启动等轴测捕
捉模式，原来的十字光标变为轴测光标，如图 13-4 所示。

图 13-4a 表示上轴测面为当前绘图面，光标线平行于轴测轴 X1、Y1。

图 13-4b 表示右轴测面为当前绘图面，光标线平行于轴测轴 X1、Z1。

图 13-4c 表示左轴测面为当前绘图面，光标线平行于轴测轴 Y1、Z1。

按〈F5〉键可以切换三种光标模式，即切换不同的绘图面。

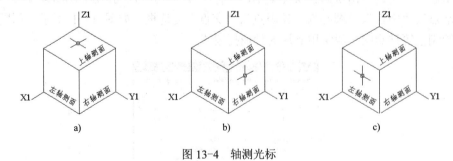

图 13-4　轴测光标

13.2　绘制轴承座正等轴测图

本节将以绘制轴承座轴测图为例，说明绘制正等轴测图的方法。

轴承座是较常见的零件，其三视图和三维实体如图 13-5 所示。

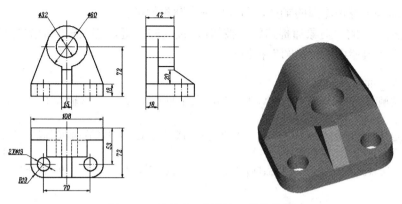

图 13-5　轴承座三视图和三维实体图

13.2.1　绘制底座

轴承座由底座、空心圆柱、支板和肋板 4 部分组成，可分别绘制它们的轴测图。首先绘制底座的轴测图。

绘图步骤如下：

（1）打开状态栏中的"正交"按钮 和"对象捕捉"按钮 ，将"粗实线"层设置为当前层，单击"绘图"工具栏中的"直线"按钮 ，连续绘制底座轮廓线，如图 13-6 所示。

命令:_line
指定第一点:　　　（按〈F5〉键，使上轴测面成为当前绘图面，在适当位置点）
指定下一点或 [放弃(U)]: 108✓　　（向右上方移动光标，输入直线长度 108，回车）
指定下一点或 [放弃(U)]: 72✓　　（向右下方移动光标，输入直线长度 72，回车）
指定下一点或 [闭合(C)/放弃(U)]: 108✓　　（向左下方移动光标，输入直线长度 108，回车）
指定下一点或 [闭合(C)/放弃(U)]:　　（向左上方移动光标，捕捉起点 A）
指定下一点或 [闭合(C)/放弃(U)]: <等轴测平面 左> 18✓　　（按〈F5〉键，使左轴测面成为当前绘图面，向下移动光标，输入直线长度 18，回车）
指定下一点或 [闭合(C)/放弃(U)]: 72✓　　（向右下方移动光标，输入直线长度 72，回车）
指定下一点或 [闭合(C)/放弃(U)]: <等轴测平面 右> 108✓　　（按〈F5〉键，使右轴测面成为当前绘图面，向右上方移动光标，输入直线长度 108，回车）
指定下一点或 [闭合(C)/放弃(U)]:　　（向上移动光标，捕捉端点 B）
指定下一点或 [闭合(C)/放弃(U)]:✓　　（回车，结束直线命令）

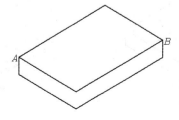

图 13-6　连续绘制底座轮廓线

（2）正等轴测图中 120°角处的圆角可以用等轴测圆直接绘制，轴测椭圆的中心到 120°角顶点的距离等于等轴测圆的半径，即零件图中圆角的半径。

打开状态栏中的"对象捕捉追踪"按钮∠，按〈F5〉键，使上轴测面成为当前绘图面。单击"绘图"工具栏中的"椭圆"按钮⊙。

命令: _ellipse

指定椭圆轴的端点或 [圆弧(A)/中心点(C)/等轴测圆(I)]: I✓　　　　（输入 I，回车，选择"等轴测圆"选项）

指定等轴测圆的圆心: 19✓　　　　（将光标移到端点 C 处，出现端点捕捉标记，向上移动光标，如图 13-7 所示，输入追踪距离 19，回车）

指定等轴测圆的半径或 [直径(D)]: 19✓　　　　（输入等轴测圆的半径 19，回车）

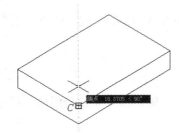

图 13-7　利用对象捕捉追踪模式绘制圆角

（3）关闭状态栏中的"对象捕捉追踪"按钮∠，利用"复制"命令复制等轴测圆，如图 13-8a 所示。

命令: _copy

选择对象:　　　　（选择等轴测圆为复制对象）

找到 1 个

选择对象:✓　　　　（回车，结束选择复制对象）

指定基点或 [位移(D)] <位移>:　　　　（捕捉等轴测圆的圆心为复制基点）

指定第二个点或 <使用第一个点作为位移>: 70✓　　　　（向右上方移动光标，输入复制距离 70，回车）

指定第二个点或 [退出(E)/放弃(U)] <退出>: <等轴测平面 右> 18✓　　　　（按〈F5〉键，使右轴测面成为当前绘图面，向下移动光标，输入复制距离 18，回车）

指定第二个点或 [退出(E)/放弃(U)] <退出>:✓　　　　（回车，结束"复制"命令）

（4）按〈F5〉键，使上轴测面成为当前绘图面。利用"复制"命令复制底座下表面的等轴测圆，复制距离为 70，如图 13-8b 所示。

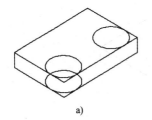
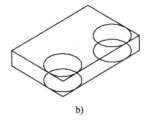

a)　　　　　　　　　　　　　　　　b)

图 13-8　复制轴测圆

（5）分别单击"绘图"工具栏中的"直线"按钮✐，利用"直线"命令，并捕捉两个 60°角处的两个轴测圆的象限点，绘制这两个轴测圆的公切线，如图 13-9a 所示。

（6）分别单击"修改"工具栏中的"修剪"按钮✂和"删除"按钮✐，利用"修剪"命令和删除命令修剪、删除多余线条，修剪过程中可以利用"窗口缩放"命令放大显示图形，结果如图 13-9b 所示。

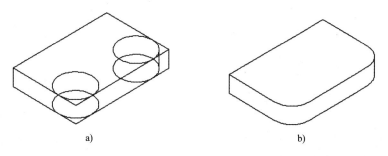

图 13-9　绘制轴测圆公切线，修剪、删除多余线条

（7）按〈F5〉键，使上轴测面成为当前绘图面。单击"绘图"工具栏中的"椭圆"按钮⬭，绘制底座上的圆孔轴测圆。

命令: _ellipse
指定椭圆轴的端点或 [圆弧(A)/中心点(C)/等轴测圆(I)]: I✐　　（输入 I，回车，选择"等轴测圆"选项）
指定等轴测圆的圆心:　　（捕捉圆角的中心为等轴测圆的圆心）
指定等轴测圆的半径或 [直径(D)]: 9.5✐　　（输入等轴测圆的半径 9.5，回车）

（8）单击"修改"工具栏中的"复制"按钮⬭，利用"复制"命令，将等轴测圆复制到另外两个圆角的中心处，如图 13-10 所示。

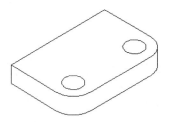

图 13-10　绘制底座可见轮廓线

13.2.2　绘制空心圆柱

绘图步骤如下：

（1）打开状态栏中的"对象捕捉追踪"按钮∠，按〈F5〉键，使右轴测面成为当前绘图面。单击"绘图"工具栏中的"椭圆"按钮⬭，绘制空心圆柱后端面轴测圆。

命令: _ellipse
指定椭圆轴的端点或 [圆弧(A)/中心点(C)/等轴测圆(I)]: I✐　　（输入 I，回车，选择"等轴测

圆"选项)

  指定等轴测圆的圆心: 54✓   （将光标移到底座后端面轮廓线中点 D 处，出现中点捕捉标记，向上移动光标，如图 13-11a 所示，输入追踪距离 54，回车）

  指定等轴测圆的半径或 [直径(D)]: 30✓   （输入等轴测圆的半径 30，回车）

绘制的轴测圆如图 13-11b 所示。

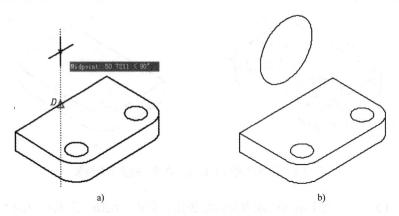

a)   b)

图 13-11 绘制空心圆柱后端面轴测圆

  （2）关闭状态栏中的"对象捕捉追踪"按钮∠，按〈F5〉键，使左轴测面成为当前绘图面。

  （3）单击"修改"工具栏中的"复制"按钮 ⊗，利用"复制"命令复制该等轴测圆，向右下方复制的距离为 42，如图 13-12a 所示。

  （4）利用"直线"命令，并捕捉两个轴测圆的象限点，绘制这两个轴测圆的公切线，如图 13-12b 所示。

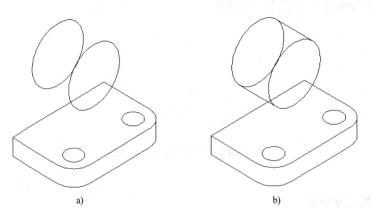

a)   b)

图 13-12 复制轴测圆并绘制公切线

  （5）单击"绘图"工具栏中的"椭圆"按钮 ⌀，绘制空心圆柱内孔前表面的等轴测圆，半径为 16，如图 13-13a 所示。

  （6）单击"修改"工具栏中的"修剪"按钮 ⊬，利用"修剪"命令修剪不可见的轮廓线，结果如图 13-13b 所示。

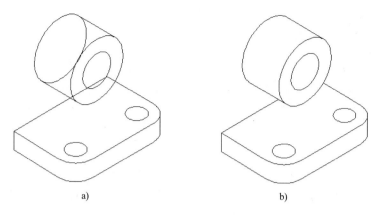

图 13-13　绘制空心圆柱

13.2.3　绘制支板和肋板

绘图步骤如下：

（1）单击"绘图"工具栏中的"直线"按钮 ✐，利用"直线"命令，过端点 A 绘制空心圆柱后端面轴测圆的切线 AE，如图 13-14a 所示。

（2）按〈F5〉键，使左轴测面成为当前绘图面。单击"修改"工具栏中的"复制"按钮 ％，利用"复制"命令复制空心圆柱前表面的等轴测圆，向左上方复制的距离为 24。

（3）单击"修改"工具栏中的"复制"按钮 ％，利用"复制"命令复制直线 AE，向右下方复制的距离为 18，得到轮廓线 FG，如图 13-14b 所示。

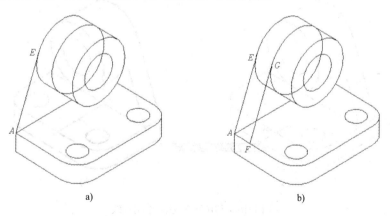

图 13-14　利用"复制"命令绘制支板

（4）单击"绘图"工具栏中的"直线"按钮 ✐，利用"直线"命令绘制直线 FH，长度为 108。

（5）单击"绘图"工具栏中的"直线"按钮 ✐，利用"直线"命令，过端点 H 绘制与直线 FG 相切的轴测圆的切线 HI，如图 13-15a 所示。

（6）单击"修改"工具栏中的"修剪"按钮 ✄，利用"修剪"命令修剪不可见的轮廓线，结果如图 13-15b 所示。

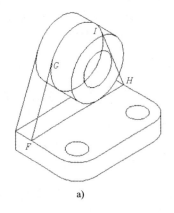

图 13-15 绘制支板

（7）打开状态栏中的"对象捕捉追踪"按钮∠，按〈F5〉键，使上轴测面成为当前绘图面。单击"绘图"工具栏中的"直线"按钮∕，绘制肋板轮廓线。

命令: _line
指定第一点: 7.5∠   （将光标移到底座前表面轮廓线中点处，出现中点捕捉标记后，向左下方移动光标，如图 13-16a 所示，输入追踪距离 7.5 后回车，捕捉到 J 点）
指定下一点或 [放弃(U)]: 54∠   （向左上方移动光标，输入直线 JK 的长度 54，回车）
指定下一点或 [放弃(U)]: <等轴测平面 右>   （按〈F5〉键，使上轴测面成为当前绘图面，向上移动光标，在适当位置单击，绘制直线 KL，如图 13-16b 所示）
指定下一点或 [闭合(C)/放弃(U)]: ∠   （回车，结束"直线"命令）

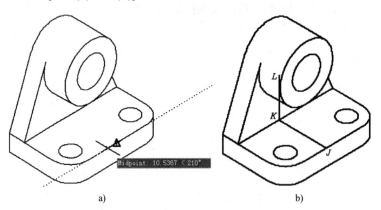

图 13-16 利用对象追踪绘制直线

（8）按〈F5〉键，使右轴测面成为当前绘图面。单击"绘图"工具栏中的"直线"按钮∕，利用"直线"命令，继续绘制肋板轮廓线。

命令: _line
指定第一点: 34∠   （将光标移到空心圆柱前表面轴测圆的中心处，出现圆心捕捉标记后向下方移动光标，如图 13-17a 所示，输入追踪距离 34 后回车，捕捉到 M 点）
指定下一点或 [放弃(U)]: 7.5∠   （向左下方移动光标，输入直线 MN 的长度 7.5，回车）
指定下一点或 [放弃(U)]:   （向上移动光标，在适当位置单击，绘制直线 NP）
指定下一点或 [闭合(C)/放弃(U)]: ∠   （回车，结束"直线"命令）

（9）单击"绘图"工具栏中的"直线"按钮╱，利用"直线"命令连接直线 NJ，如图 13-17b 所示。

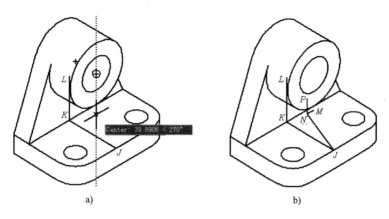

图 13-17　绘制肋板轮廓线

（10）单击"修改"工具栏中的"复制"按钮，利用"复制"命令向右上方复制直线 JK 和 KL，复制的距离为 15，得到直线 QR 和 RS，如图 13-18a 所示。

（11）单击"绘图"工具栏中的"直线"按钮╱，利用"直线"命令连接端点 M、R。

（12）单击"修改"工具栏中的"修剪"按钮，利用"修剪"命令修剪不可见的轮廓线和多余的线条，即可绘制出轴承座的正等轴测图，如图 13-18b 所示。

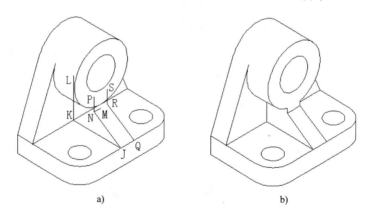

图 13-18　复制后修剪线条

13.3　在正等轴测图上标注尺寸

在正等轴测图上标注尺寸前，要设置尺寸样式，可以只设置工程图样尺寸样式和隐藏样式。这是由于在正等轴测图上很少标注公差，也没有真正意义上的直径标注和半径标注。

也可以将绘制的轴测图复制到剪贴板，然后粘贴在样板图形上，直接利用样板图形中的尺寸样式进行尺寸标注。

在正等轴测图上标注尺寸，尺寸线必须与轴测轴平行，利用尺寸标注命令标注尺寸后，还需要对尺寸进行编辑。

下面以在轴承座的轴测图为例图说明在正等轴测图上标注线性尺寸、直径尺寸和半径尺寸的方法。

13.3.1　在轴测图上标注线性尺寸和直径尺寸

标注尺寸的步骤如下：

（1）单击"标准"工具栏中的"复制"按钮，选择轴承座的轴测图为复制对象，回车，将其复制到剪贴板。

（2）打开 A3 样板图形，单击"标准"工具栏中的"粘贴"按钮，在适当位置单击，将轴承座的轴测图粘贴到 A3 样板图形。

（3）在命令行中输入 Z 回车，输入 A 回车，显示出全图。

（4）单击"修改"工具栏中的"移动"按钮，将轴承座的轴测图移动到边框内。

（5）再次在命令行中输入 Z 回车，输入 A 回车，显示出全图。

（6）打开"草图设置"对话框，启动等轴测模式，如图 13-19 所示。

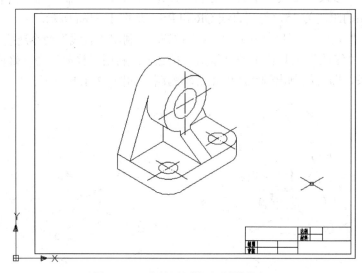

图 13-19　将轴测图粘贴到样板图形

（7）将"点画线"层设置为当前层，打开状态栏中的"对象捕捉追踪"按钮。用"直线"命令和对象捕捉追踪模式绘制等轴测圆的中心线，如图 13-20a 所示。其中底座孔等轴测圆中心线是在上轴测面上绘制的，空心圆柱前端面中心线是在右轴测面上绘制的。

（8）选择菜单"修改"→"拉长"选项，在命令行中输入 DY 后回车，利用"动态"选项拉长底座孔等轴测圆中心线和空心圆柱前端面中心线，如图 13-20b 所示。

（9）按〈F5〉键，使左轴测面成为当前绘图面，将"标注"层设置为当前层。单击"标注"工具栏中的"线性标注"按钮，分别捕捉端点 A 和 S，可以标注出底座的厚度 18。

（10）单击"标注"工具栏中的"线性标注"按钮，利用"线性标注"命令和对象捕捉追踪模式标注空心圆柱的轴线到底座底面的距离 72。

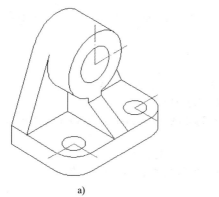
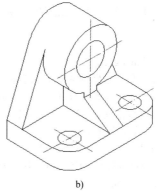

a)

b)

图 13-20　绘制等轴测圆的中心线

命令: _dimlinear

指定第一条尺寸界线原点或 <选择对象>:42↙　　　　（将光标移到端点 S 处，出现端点捕捉标记，向右下方移动光标，输入追踪距离 42，回车）

指定第二条尺寸界线原点：　　　（捕捉空心圆柱前表面轴测圆的水平中心线的左端点）

指定尺寸线位置或 [多行文字(M)/文字(T)/角度(A)/水平(H)/垂直(V)/旋转(R)]: T↙　　　　（输入 T，回车，选择"单行文字"选项）

输入标注文字 <79.1>: 72↙　　　（输入尺寸文字 72，回车）

指定尺寸线位置或 [多行文字(M)/文字(T)/角度(A)/水平(H)/垂直(V)/旋转(R)]: （在适当位置单击）

标注文字 = 79.1

（11）单击"标注"工具栏中的"线性标注"按钮 ⊢ ，利用"线性标注"命令标注肋板倾斜面的高度 20，如图 13-21 所示。

命令: _dimlinear

指定第一条尺寸界线原点或 <选择对象>: 24↙　　　　（将光标移到端点 U 处，出现端点捕捉标记，向右下方移动光标，输入追踪距离 24，回车）

指定第二条尺寸界线原点：　　　（捕捉肋板倾斜面轮廓线的上端点）

指定尺寸线位置或 [多行文字(M)/文字(T)/角度(A)/水平(H)/垂直(V)/旋转(R)]: （在适当位置单击）

标注文字 = 20

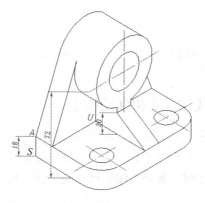

图 13-21　利用线性标注命令标注尺寸

（12）按〈F5〉键，使上轴测面成为当前绘图面，单击"标注"工具栏中的"对齐标注"按钮。

命令: _dimaligned
指定第一条尺寸界线原点或 <选择对象>:　　　　（捕捉交点 A1）
指定第二条尺寸界线原点:　　　　（捕捉交点 B1）
指定尺寸线位置或 [多行文字(M)/文字(T)/角度(A)/水平(H)/垂直(V)/旋转(R)]: T↙　　　（输入 T，回车，选择"文字"选项）
输入标注文字 <60>: %%C60↙　　　（输入尺寸文字，回车）
指定尺寸线位置或 [多行文字(M)/文字(T)/角度(A)/水平(H)/垂直(V)/旋转(R)]:　　　（在适当位置单击）
标注文字 = 60

（13）同样方法可以标注尺寸 ∅32、2×∅19、70、108、53。

（14）利用"对齐标注"命令标注空心圆柱的长度 42 时，需要先过交点 A1 绘制一条辅助线 A1C1。

（15）利用"对齐标注"命令标注底座宽度 72 时，需要先过交点 D1 绘制一条辅助线 D1E1。

（16）利用"对齐标注"命令标注支板厚度 18 和肋板厚度 15 时，需要利用中点捕捉，即捕捉倾斜轮廓线的中点。

利用"对齐标注"命令标注尺寸的结果如图 13-22 所示。

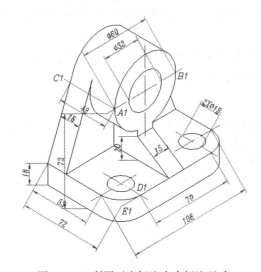

图 13-22　利用对齐标注命令标注尺寸

13.3.2　在轴测图上编辑线性尺寸和直径尺寸

利用"线性标注"命令和"对齐标注"命令标注的尺寸，尺寸线与延伸线垂直。而在轴测图中标注尺寸，尺寸线应与轮廓线平行，即尺寸线与延伸线倾斜。利用"编辑标注"命令可以使延伸线倾斜，编辑尺寸时一般同时编辑尺寸线平行的尺寸。

编辑尺寸的步骤如下：

（1）编辑长度方向的尺寸。

长度方向的尺寸既可以标注在上轴测面上，延伸线倾斜的角度为 150°或–30°；也可以标注在右轴测面上，延伸线倾斜的角度为 90°或–90°。

单击"标注"工具栏中的"编辑标注"按钮 ✍。

命令:_dimedit
输入标注编辑类型 [默认(H)/新建(N)/旋转(R)/倾斜(O)] <默认>: O✓ （输入 O，回车，选择
"倾斜"选项）
　　选择对象: （单击尺寸 70）
　　找到 1 个
　　选择对象: （单击尺寸 108）
　　找到 1 个，总计 2 个
　　选择对象:✓ （回车，结束选择编辑对象）
　　输入倾斜角度 (按 ENTER 表示无): 150✓ （输入尺寸线倾斜角度 150，回车）

单击"标注"工具栏中的"编辑标注"按钮 ✍。

命令:_dimedit
输入标注编辑类型 [默认(H)/新建(N)/旋转(R)/倾斜(O)] <默认>: O✓ （输入 O，回车，选择
"倾斜"选项）
　　选择对象: （单击尺寸 Ø32）
　　找到 1 个
　　选择对象: （单击尺寸 Ø60）
　　找到 1 个，总计 2 个
　　选择对象:✓ （回车，结束选择编辑对象）
　　输入倾斜角度 (按 ENTER 表示无): 90✓ （输入尺寸线倾斜角度 90，回车）

（2）编辑宽度方向的尺寸。

宽度方向的尺寸既可以标注在上轴测面上，延伸线倾斜的角度为 30°或 210°；也可以标注在左轴测面上，延伸线倾斜的角度为 90°或–90°。

单击"标注"工具栏中的"编辑标注"按钮 ✍。

命令:_dimedit
输入标注编辑类型 [默认(H)/新建(N)/旋转(R)/倾斜(O)] <默认>: O✓ （输入 O，回车，选择
"倾斜"选项）
　　选择对象: （单击尺寸 2×Ø32）
　　找到 1 个
　　选择对象: （单击尺寸 42）
　　找到 1 个，总计 2 个
　　选择对象: （单击尺寸 53）
　　找到 1 个，总计 3 个
　　选择对象: （单击尺寸 72）
　　找到 1 个，总计 4 个
　　选择对象:✓ （回车，结束选择编辑对象）
　　输入倾斜角度 (按 ENTER 表示无): 30✓ （输入尺寸线倾斜角度 30，回车）

（3）编辑高度方向的尺寸。

高度方向的尺寸既可以标注在左轴测面上，延伸线倾斜的角度为–30°或 150°；也可

以标注在右轴测面上，延伸线倾斜的角度为30°或210°。

单击"标注"工具栏中的"编辑标注"按钮。

命令: _dimedit
输入标注编辑类型 [默认(H)/新建(N)/旋转(R)/倾斜(O)] <默认>: O✓　　　（输入 O，回车，选择"倾斜"选项）
选择对象:　　（单击底座高度尺寸 18）
找到 1 个
选择对象:✓　　（回车，结束选择编辑对象）
输入倾斜角度 (按 ENTER 表示无): 150✓　　　（输入尺寸线倾斜角度 150，回车）

单击"标注"工具栏中的"编辑标注"按钮。

命令: _dimedit
输入标注编辑类型 [默认(H)/新建(N)/旋转(R)/倾斜(O)] <默认>: O✓　　　（输入 O，回车，选择"倾斜"选项）
选择对象:　　（单击尺寸 72）
找到 1 个
选择对象:　　（单击尺寸 20）
找到 1 个，总计 2 个
选择对象:✓　　（回车，结束选择编辑对象）
输入倾斜角度 (按 ENTER 表示无): 30✓　　（输入尺寸线倾斜角度 30，回车）

将延伸线倾斜后，再将辅助线删除。可以单击"标注"工具栏中的"编辑标注文字"按钮，调整尺寸文字的位置。

支板的厚度尺寸 18 和肋板的厚度尺寸 15 需要利用"分解"命令将其分解，利用"删除"命令将延伸线删除。编辑线性尺寸和直径尺寸的结果如图 13-23 所示。

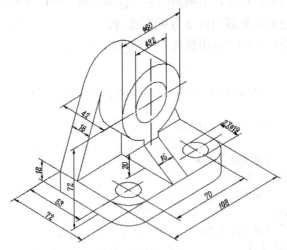

图 13-23　编辑线性尺寸和直径尺寸的结果

13.3.3　在轴测图上标注、编辑半径尺寸

在轴测图上标注半径尺寸不能直接利用"半径标注"命令标注，因为半径标注的对象必

须是圆和圆弧，轴测圆弧不能作为半径标注的对象。但用户可以绘制辅助圆，辅助圆与轴测圆弧相交或相切，在辅助圆上标注半径尺寸，再将辅助圆删除，编辑半径尺寸即可。操作步骤如下：

（1）单击"标准"工具栏中的"窗口缩放"按钮 ，将底座上表面 120°处的圆角轴测圆弧放大显示。

（2）单击"绘图"工具栏中的"圆"按钮 ，以小孔在底座上表面的轴测圆的中心为圆心，绘制一个适当大小的辅助圆与底座上表面圆角的轴测圆弧相交。

（3）将"径向标注补充样式"设置为当前样式，单击"标注"工具栏中的"半径标注"按钮 ，标注辅助圆的半径尺寸。注意需要利用"文字"选项将尺寸文字修改为 R19，指定尺寸位置时，捕捉辅助圆与轴测圆弧的交点，使尺寸线过该交点，如图 13-24 所示。

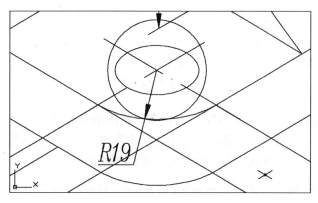

图 13-24　标注半径尺寸

（4）单击"标准"工具栏中的"实时缩放"按钮 ，将图形缩小显示。

（5）单击"修改"工具栏中的"分解"按钮 ，利用"分解"命令将半径尺寸分解。

（6）选择菜单"修改"→"拉长"选项，利用"拉长"命令中的"动态"选项，将半径尺寸的尺寸线适当拉长。

（7）单击"修改"工具栏中的"移动"按钮 ，利用"移动"命令将半径尺寸的文字和水平引线移到新的尺寸线端点处，如图 13-25 所示。

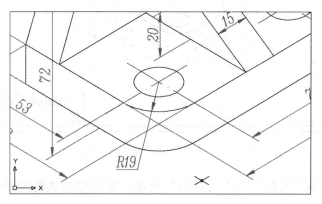

图 13-25　调整半径尺寸文字的位置

（8）单击"修改"工具栏中的"旋转"按钮○，利用"旋转"命令，将尺寸文字"R19"旋转30°。

（9）单击"修改"工具栏中的"删除"按钮✍，利用"删除"命令将辅助圆删除，如图13-26所示。

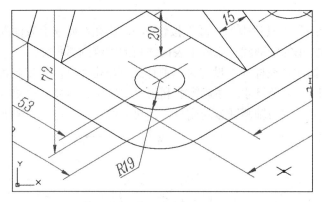

图 13-26　标注半径尺寸的结果

（10）在命令行输入 Z 回车，再输入 A 回车，将图形全部显示。

（11）将"文字"层设置为当前层，单击"绘图"或"文字"工具栏中的"多行文字"按钮A，利用"多行文字"命令在标题栏中输入"轴承座轴测图"，字高为 7，如图 13-27 所示。

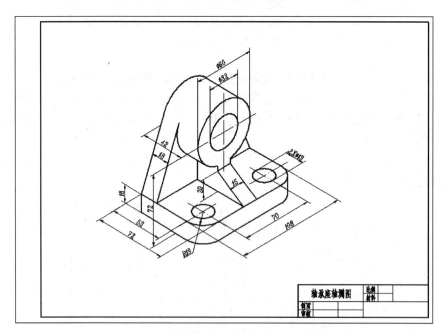

图 13-27　在轴测图中标注尺寸的结果

（12）选择菜单"文件"→"另存为"选项，将绘制的轴测图保存为"轴承座轴测图.dwg"。

完成绘制和标注轴承座轴测图。

13.4　小结

本章以绘制轴承座为例介绍了绘制正等轴测图和在正等轴测图上标注和编辑尺寸的方法。轴测图是辅助性的机械图样，读者应了解并掌握绘制和标注的方法。

13.5　习题

1．简答题

简述如何设置正等轴测图的绘图环境。

2．操作题

绘制如图 13-28 所示的正等轴测图，并标注尺寸。

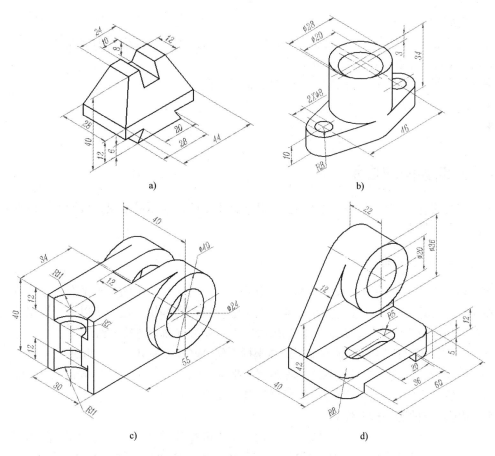

图 13-28　绘制正等轴测图

第14章 三维造型基础

用计算机创建三维实体的技术称为三维造型。使用三维造型进行机械设计与传统的平面图样设计相比，具有明显的优势。

三维实体可以从任意角度进行全方位地观察，还可以配置灯光、背景、材质，经着色和渲染后模拟真实效果。

三维装配体可以直观地表达零件间的装配关系，检查实际零件组装成装配体的正确性。

由三维实体生成工程图符合人们的认识过程，直观而明了，可以缩短从设计到实物的周期，提高设计效率。

其次生成的零件和装配体的三维实体既可以导入专门的工程软件进行质量、重心、惯性矩、有限元分析工作，从而直观地得出零件的应力分布图形，以便进行强度计算等工作。还可以导入 CAM 软件进行计算机辅助制造。

本章将介绍三维造型的基础知识，主要包括以下内容：

● 三维实体的显示
● 创建基本三维实体

14.1 三维实体的显示

创建三维实体时，控制三维实体的显示是非常重要的，显示的效果直接影响绘图的效率和对绘图结果的检查。

14.1.1 用户坐标系统

第一篇中介绍的绘图命令和编辑命令必须在平行于 X-Y 的平面即水平面上才能进行操作，在进行三维造型时，经常需要在其他平面上进行绘图和编辑。用户可以改变原来的坐标系统，使操作面成为水平面，从而可以利用绘图命令和编辑命令进行三维造型。

绘制二维图形时所用的坐标系统为世界坐标系统 WCS（World Coordinate System），用户根据绘图需要自行设置的坐标系统则称为用户坐标系统 UCS（User Coordinate System）。世界坐标系统是固定不变的，而用户坐标系统是千变万化的。

1. 根据选定的面创建 UCS

单击 UCS 工具栏中的"面 UCS"按钮，或选择菜单"工具"→"新建 UCS"→"面"选项，即可根据选择的面创建新 UCS，新 UCS 的 XY 面与实体对象的选定面对齐。

以长方体为例，可以根据六个面创建 UCS，如图 14-1 所示为选择长方体的上表面创建 UCS 的结果。

2. 根据选定的对象创建 UCS

单击 UCS 工具栏中的"对象"按钮，或选择菜单"工具"→"新建 UCS"→"对象"选项，即可根据选择的对象创建新 UCS。新 UCS 的 Z 轴正方向与选定对象的拉伸方向相同，它的原点和 X 轴正方向由对象的特征点确定，Y 轴方向符合右手规则。

如图 14-2 所示为在长方体的棱线 AB 的端点 A 附近单击该棱线为对齐 UCS 的对象的结果。

3．根据当前视图创建 UCS

单击 UCS 工具栏中的"视图"按钮 ，或选择菜单"工具"→"新建 UCS"→"视图"选项，即可根据视图创建新 UCS。新 UCS 的 XY 平面与当前视图面（平行于屏幕）平行，而原点保持不变。

如图 14-3 所示是根据选定的对象创建如图 14-2 所示的 UCS 后，再根据当前视图创建 UCS 的结果。

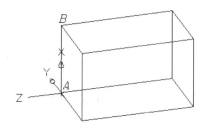

图 14-1　根据选定的面创建 UCS

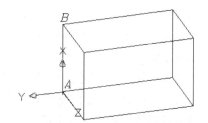

图 14-2　根据选定的对象创建 UCS

4．根据坐标原点创建 UCS

单击 UCS 工具栏中的"原点"按钮 ，或选择菜单"工具"→"新建 UCS"→"原点"选项，或选择菜单"工具"→"移动 UCS"选项，即可通过移动当前 UCS 的原点，保持其 X、Y 和 Z 轴方向不变，从而创建新 UCS。

如图 14-4 所示为移动坐标原点前后 UCS 的比较。

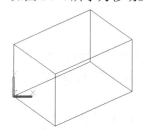

图 14-3　根据当前视图创建 UCS

图 14-4　根据坐标原点创建 UCS

5．根据 Z 轴创建 UCS

单击 UCS 工具栏中的"Z 轴矢量"按钮 ，或选择菜单"工具"→"新建 UCS"→"Z 轴矢量"选项，即可通过确定新坐标系的原点和 Z 轴正方向上一点创建 UCS。新 UCS 的 X 轴和 Y 轴的方向不变，但 XY 面将随 Z 轴的变化发生倾斜，如图 14-5 所示。

6．根据三点创建 UCS

单击 UCS 工具栏中的"三点"按钮 ，或选择菜单"工具"→"新建 UCS"→"三点"选项，即可根据三点创建新 UCS。这三点分别是新 UCS 的原点、X 轴正方向上的一点和 Y 坐标值为正的 XY 面上的一点。

如图 14-6 所示为根据长方体上表面对角线 CD 的中点 E、顶点 F 和 D 创建 UCS 的结果。

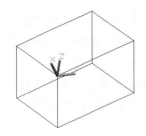

图 14-5 根据 Z 轴创建 UCS

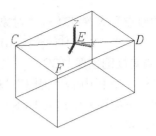

图 14-6 根据三点创建 UCS

7. 通过旋转坐标轴创建 UCS

单击 UCS 工具栏中的"X"按钮，或选择菜单"工具"→"新建 UCS"→"X"选项，即可通过旋转 X 轴创建新 UCS。

单击 UCS 工具栏中的"Y"按钮，或选择菜单"工具"→"新建 UCS"→"Y"选项，即可通过旋转 Y 轴创建新 UCS。

单击 UCS 工具栏中的"Z"按钮，或选择菜单"工具"→"新建 UCS"→"Z"选项，即可通过旋转 Z 轴创建新 UCS。

如图 14-7a 所示为原始的 UCS，如图 14-7b 所示为原始 UCS 绕 X 轴旋转 90°后的结果，如图 14-7c 所示为原始 UCS 绕 Y 轴旋转 90°后的结果，如图 14-7d 所示为原始 UCS 绕 Z 轴旋转 90°后的结果。

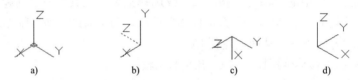

图 14-7 通过旋转坐标轴创建 UCS

通过旋转坐标轴创建 UCS 的方法较为直观，尤其是通过将坐标轴旋转 90°或 270°（-90°）来改变绘图面，在三维造型过程中会频繁使用，请读者掌握以便灵活运用。

8. 返回上一个 UCS

单击 UCS 工具栏中的"上一个 UCS"按钮，可以返回上一个用户坐标系统。

9. 返回 WCS

单击 UCS 工具栏中的"世界"按钮，或选择菜单"工具"→"新建 UCS"→"世界"选项，可以返回世界坐标系统。

10. 应用当前 UCS

单击 UCS 工具栏中的"应用"按钮，可以将当前 UCS 设置应用到指定的视口或所有活动视口。

14.1.2 三维实体的观察

绘图过程中需要对实体进行反复观察，以确定绘图面的方向、位置以及绘图的正确性。用户可以通过三维动态观察和切换视图来对实体进行观察。

1. 动态观察

动态观察是一个用于观察三维对象的工具，使用非常方便，它提供在当前视口中交互式显示三维对象的工具。

（1）受约束的动态观察。

单击"动态观察"工具栏中的"受约束动态观察"按钮↔，或菜单"视图"→"动态观察"→"受约束动态观察"选项，即可对三维实体进行受约束的动态观察，即沿 XY 平面和 Z 轴对三维实体进行动态观察时视点将受到约束，如图 14-8 所示。

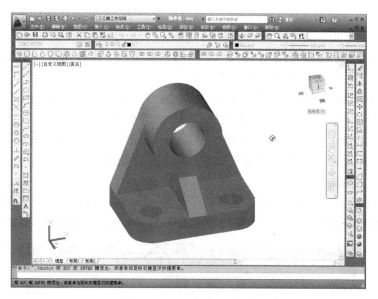

图 14-8　受约束的动态观察

（2）自由动态观察。

单击"动态观察"工具栏中的"自由动态观察"按钮❷，或选择菜单"视图"→"动态观察"→"自由动态观察"选项，即可对三维实体在任意方向上进行自由动态观察，如图 14-9 所示。

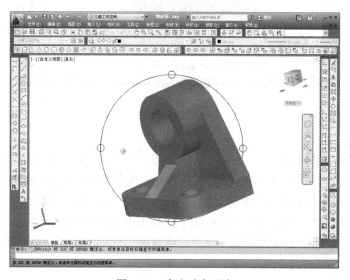

图 14-9　自由动态观察

自由动态观察是一个弧球，该弧球是用在各象限点处有一个小圆的大圆表示。弧球的中心称为目标点，激活三维动态观察后，被观察的目标保持静止不动，而视点（相当于照相机）可以绕目标点在三维空间转动。目标点是弧球的中心点，但不一定是所观察对象的中心点。

光标处于弧球的不同位置，它的样式也不同，以表示三维动态观察器的不同功能。

当光标处于弧球内时，它的图标为两条线的小椭圆。此时按下鼠标左键并拖动鼠标，视点会绕对象转动。这时的光标就像附在一个包容对象的球面上，通过拖动鼠标可使视点随球绕目标点任意旋转。

当光标处于弧球外时，它的图标为一个小圆。此时按下鼠标左键并拖动鼠标绕弧球转动，视图会绕过目标点且与屏幕垂直的轴旋转。

当光标位于弧球左右两个象限点的小圆上或小圆内时，它的图标变为水平椭圆。此时按下鼠标左键并左右水平拖动鼠标，视图会绕过目标点的垂直轴旋转。

当光标位于弧球上下两个象限点的小圆上或小圆内时，它的图标变为垂直椭圆。此时按下鼠标左键并上下垂直拖动鼠标，视图会绕过目标点的水平轴旋转。

（3）连续动态观察。

单击"动态观察"工具栏中的"连续动态观察"按钮，或选择菜单"视图"→"动态观察"→"连续动态观察"选项，即可对三维实体连续地进行动态观察，如图14-10所示。

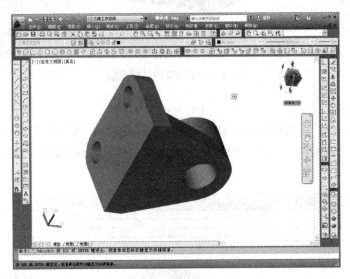

图14-10　连续动态观察

2．切换视图

用户通过切换视图可以从三维实体的正上方（俯视）、正下方（仰视）、正前方（主视）、正后方（后视）、正左方（左视）、正右方（右视）、左前上方（西南等轴测）、右前上方（东南等轴测）、左后上方（东北等轴测）和右后上方（西北等轴测）共10种方向对实体进行观察。即可以在"三维导航"工具栏的下拉列表中选择不同的选项进行视图切换，如图14-11所示，也可以选择菜单"视图"→"三维视图"选项的下级子菜单中选择不同的选项进行视图切换，如图14-12所示。

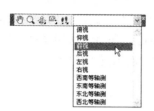

图 14-11 "三维导航"工具栏中的下拉菜单　　　　图 14-12 "三维视图"子菜单

如图 14-13 所示是将视图切换为"前视"的显示结果。

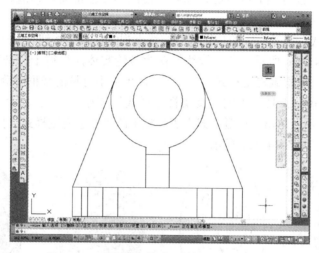

图 14-13 将视图切换为"前视"的显示结果

请读者注意，将视图切换为"俯视"、"仰视"、"主视"、"后视"、"左视"或"右视"任何一种时，用户坐标系的 Z 轴与屏幕垂直，而用户坐标系的 XY 平面与屏幕平行。

如图 14-14 所示是将视图切换为"西南等轴测"的显示结果。

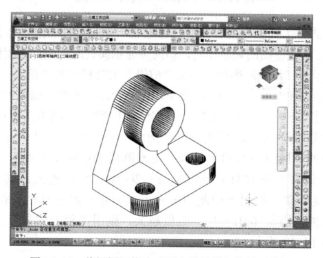

图 14-14 将视图切换为"西南等轴测"的显示结果

将视图切换为以上 10 种视图中的任何一种，其显示结果与切换之前的用户坐标系无关。

还有一种根据当前用户坐标系切换视图的方法，即观察视图的方向与当前用户坐标系的 Z 轴平行，这种切换视图的方法在三维造型时也十分有用。操作方法是选择菜单"视图"→"三维视图"→"平面视图"→"当前 UCS"选项即可。利用该法切换视图后，与当前用户坐标系的 Z 轴垂直的平面即成为绘图面，这是快速找到绘图面的好方法。

14.1.3　视觉样式

创建或编辑三维实体时，处理的是对象或表面的线框图，但复杂的线框图显得十分混乱，以至于无法表达正确的信息。因此，在创建或编辑三维实体的过程中应根据需要使用适当的视觉样式，将被遮挡的线框隐藏起来，使图形显示得简洁、清晰，便于实体的创建和编辑。

单击"视觉样式"工具栏中的按钮"三维线框视觉样式"按钮◎，三维实体将显示为三维线框图，如图 14-15a 所示，该三维线框图为带轮实体，显得十分杂乱；单击"视觉样式"工具栏中的"三维隐藏视觉样式"按钮◎，即可将不可见的线框隐藏，如图 14-15b 所示；单击"视觉样式"工具栏中的"真实视觉样式"按钮●，三维实体以真实视觉样式显示，如图 14-15c 所示；单击"视觉样式"工具栏中的"概念视觉样式"按钮●，三维实体以概念视觉样式显示，如图 14-15d 所示。

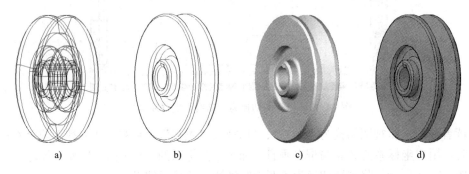

图 14-15　不同视觉样式的显示结果

单击"视觉样式"工具栏中的按钮"二维线框"按钮⬚，三维实体将显示为二维线框图。二维线框图和三维线框图的显示相同，但两种显示模式时的坐标系图标不同。

将三维实体显示为二维线框图后，单击"渲染"工具栏中的"消隐"按钮◎，三维实体将重生成为不显示隐藏线的三维模型，即将不可见的轮廓线消隐，如图 14-16 所示。

选择菜单"工具"→"选项"选项，或在绘图区空白区域单击鼠标右键，在弹出的快捷菜单中选择"选项"选项，系统弹出"选项"对话框。打开"显示"选项卡，"显示精度"选项栏中的"圆弧和圆的平滑度"文本框用于控制平面图形或三维实体中圆弧和圆的平滑程度，该文本框的数值范围是 1~20000，数值越大，则圆弧和圆越平滑。"渲染对象的平滑度"文本框用于控制用消隐方式显示三维实体时曲面上折线的疏密程度，该文本框的数值范围是 0.01~10，数值越大，则用消隐方式显示三维实体时曲面上的折线越密，如图 14-17 所示。

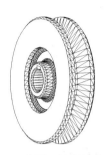

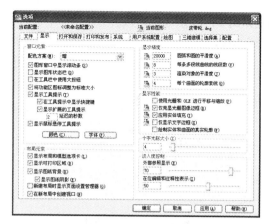

图 14-16　将不可见的轮廓线消隐　　　　图 14-17　在"选项"对话框中的设置显示精度

14.2　创建基本三维实体

所谓三维实体就是三维实心对象，即实心体模型。三维实体能够准确地表达模型的几何特征，因而成为三维造型领域最为先进的造型方法。

本节将介绍创建基本三维实体的方法，包括创建长方体、球体、圆柱体、圆锥体、楔体和圆环体，这六种实体是创建复杂三维实体的基础。

在创建实体前应设置图层，对于简单的三维实体，只需创建一个粗实线层即可，即应在粗实线层上绘制的三维图形。

单击"图层"工具栏中的"图层特性管理器"按钮，在弹出的"特性管理器"对话框中单击"新建图层"按钮，将新建的图层命名为"轮廓线"，如图 14-18 所示。单击"确定"按钮，在"图层"工具栏的下拉列表中将"轮廓线"层设置为当前层即可。

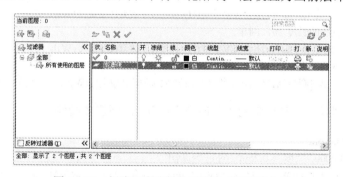

图 14-18　创建三维造型时用到的"轮廓线"层

14.2.1　创建多段体

单击"实体"工具栏中的"多段体"按钮，或选择菜单"绘图"→"建模"→"多段体"选项，即可启动"多段体"Polysolid 命令。利用该命令，用户可以将多段线创建为多段体。

创建如图 14-19 所示的多段体。

操作步骤如下：

（1）单击"绘图"工具栏中的"多段线"按钮↺，绘制如图 14-20 所示的多段线。

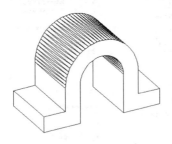

图 14-19　创建多段体

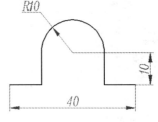

图 14-20　绘制多段线

命令: _pline

指定起点:　　　（在绘图区适当位置单击）

当前线宽为 0.0000

指定下一个点或 [圆弧(A)/半宽(H)/长度(L)/放弃(U)/宽度(W)]: <正交 开> 10✓　　　（按〈F8〉键启动正交模式，沿 X 轴方向移动光标，输入直线的长度 10，回车）

指定下一点或 [圆弧(A)/闭合(C)/半宽(H)/长度(L)/放弃(U)/宽度(W)]: 10✓　　　（沿 Y 轴方向移动光标，输入直线的长度 10，回车）

指定下一点或 [圆弧(A)/闭合(C)/半宽(H)/长度(L)/放弃(U)/宽度(W)]: A✓　　　（输入 A，回车，选择"圆弧"选项）

指定圆弧的端点或[角度(A)/圆心(CE)/闭合(CL)/方向(D)/半宽(H)/直线(L)/半径(R)/第二个点(S)/放弃(U)/宽度(W)]: A✓　　　（输入 A，回车，选择"角度"选项）

指定包含角: -180✓　　　（输入角度-180，回车）

指定圆弧的端点或 [圆心(CE)/半径(R)]: @20,0✓　　　（输入圆弧端点相对于起点的坐标，回车）

指定圆弧的端点或[角度(A)/圆心(CE)/闭合(CL)/方向(D)/半宽(H)/直线(L)/半径(R)/第二个点(S)/放弃(U)/宽度(W)]: L✓　　　（输入 L，回车，选择"直线"选项）

指定下一点或 [圆弧(A)/闭合(C)/半宽(H)/长度(L)/放弃(U)/宽度(W)]: 10✓　　　（沿 Y 轴负方向移动光标，输入直线的长度 10，回车）

指定下一点或 [圆弧(A)/闭合(C)/半宽(H)/长度(L)/放弃(U)/宽度(W)]: 10✓　　　（沿 X 轴方向移动光标，输入直线的长度 10，回车）

指定下一点或 [圆弧(A)/闭合(C)/半宽(H)/长度(L)/放弃(U)/宽度(W)]:✓　　（回车，结束多段线命令）

（2）单击"建模"工具栏中的"多段体"按钮▯，创建多段体。

命令: _Polysolid

高度 = 4.0000, 宽度 = 0.2500, 对正 = 居中

指定起点或 [对象(O)/高度(H)/宽度(W)/对正(J)] <对象>: H✓　　（输入 H，回车，选择"高度"选项）

指定高度 <4.0000>: 20✓　　　（输入高度 20，回车）

高度 = 20.0000, 宽度 = 0.2500, 对正 = 居中

指定起点或 [对象(O)/高度(H)/宽度(W)/对正(J)] <对象>: W✓　　（输入 W，回车，选择"宽度"选项）

指定宽度 <0.2500>: 5✓　　　（输入宽度 5，回车）

高度 = 20.0000, 宽度 = 5.0000, 对正 = 居中

指定起点或 [对象(O)/高度(H)/宽度(W)/对正(J)] <对象>: O✓　　（输入 O，回车，选择"对象"选项）

选择对象:　　　（单击多段线）

14.2.2 创建长方体

单击"建模"工具栏中的"长方体"按钮▢，或选择菜单"绘图"→"建模"→"长方体"选项，即可启动"长方体"Box命令。

1．根据两个相对角点创建长方体

创建长为 50mm，宽为 40mm，高为 30mm 的长方体，如图 14-21 所示。操作步骤如下：

    命令: _box   （单击"建模"工具栏中的"长方体"按钮▢）
    指定长方体的角点或 [中心点(C)]:   （在适当位置单击，指定一个角点的位置）
    指定角点或 [立方体(C)/长度(L)]: @50,40,30↙   （输入相对角点的相对坐标，回车）

2．根据长度、宽度和高度创建长方体

同样是创建如图 14-21 所示的长方体，还可以按以下方法操作：

    命令: _box   （单击"建模"工具栏中的"长方体"按钮▢）
    指定长方体的角点或 [中心点(C)]:   （在适当位置单击，指定一个角点的位置）
    指定角点或 [立方体(C)/长度(L)]:L↙   （输入 L，回车，选择"长度"选项）
    指定长度: 50↙   （输入长度 50，回车）
    指定宽度: 40↙   （输入宽度 40，回车）
    指定高度: 30↙   （输入高度 30，回车）

3．创建立方体

当长方体的长、宽、高相等时就成为立方体，创建正方体只需指定其长度即可。

创建长为 30mm 的立方体，如图 14-22 所示，操作步骤如下：

    命令: _box   （单击"建模"工具栏中的"长方体"按钮▢）
    指定长方体的角点或 [中心点(C)]:   （在适当位置单击，指定一个角点的位置）
    指定角点或 [立方体(C)/长度(L)]: C↙   （输入 C，回车，选择"正方体"选项）
    指定长度: 30↙   （输入长度 30，回车）

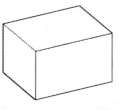

图 14-21　创建长方体

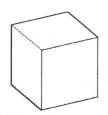

图 14-22　创建立方体

14.2.3 创建楔体

单击"建模"工具栏中的"楔体"按钮◿，或选择菜单"绘图"→"建模"→"楔体"选项，即可启动"楔体"Wedge命令。

1．根据底面两个相对角点和高度创建楔体

创建长为 50mm，宽为 40mm，高为 30mm 的楔体，如图 14-23 所示，操作步骤如下：

命令: _wedge　　　（单击"建模"工具栏中的"楔体"按钮◁）
指定楔体的第一个角点或 [中心点(C)]：（在适当位置单击，指定楔体底面一个角点的位置）
指定角点或 [立方体(C)/长度(L)]: @50,40✓　　　（输入底面另一角点的相对坐标，回车）
指定高度: 30✓　　　（输入楔体的高度30，回车）

2．根据长度、宽度和高度创建楔体

同样是创建如图14-23所示的楔体，还可以按以下方法操作：

命令: _wedge　　　（单击"建模"工具栏中的"楔体"按钮◁）
指定楔体的第一个角点或 [中心点(CE)] <0,0,0>：（在适当位置单击，指定楔体底面一个角点的位置）
指定角点或 [立方体(C)/长度(L)]: L✓　　　（输入L，回车，选择"长度"选项）
指定长度: 50✓　　　（输入长度50，回车）
指定宽度: 40✓　　　（输入宽度40，回车）
指定高度: 30✓　　　（输入高度30，回车）

3．根据立方体创建楔体

楔体实质是长方体的一半，前面创建楔体的两种方法与创建长方体类似。如果要创建是立方体一半的楔体，可根据相互垂直的三个边的长度创建。

创建相互垂直的三个边的长度为30的楔体，如图14-24所示，操作步骤如下：

命令: _wedge　　　（单击"建模"工具栏中的"楔体"按钮◁）
指定楔体的第一个角点或 [中心点(C)]：　　　（在适当位置单击，指定一个角点的位置）
指定角点或 [立方体(C)/长度(L)]: C✓　　　（输入C，回车，选择"正方体"选项）
指定长度: 30✓　　　（输入长度30，回车）

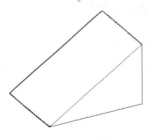

图14-23　创建楔体图

图14-24　根据立方体创建楔体

14.2.4　创建圆锥体

单击"建模"工具栏中的"圆锥体"按钮△，或选择菜单"绘图"→"建模"→"圆锥体"选项，即可启动"圆锥体"Cone命令，用户可以根据圆锥体底面的半径或直径，以及高度创建圆锥体，也可以根据底面半径、顶面半径或直径以及高度创建圆台。

1．创建底面半径为20mm，高度为30mm的圆锥体

操作步骤如下：

命令: _cone　　　（单击"建模"工具栏中的"圆锥体"按钮△）
指定底面的中心点或 [三点(3P)/两点(2P)/相切、相切、半径(T)/椭圆(E)]：　　　（在适当位置单击，指定圆锥体底面中心的位置）
指定底面半径或 [直径(D)] <4.0000>: 20✓　　　（输入圆锥体底面的半径20，回车）

指定高度或 [两点(2P)/轴端点(A)/顶面半径(T)] <30.0000>:✓　　（输入圆锥体的高度 30，回车）

创建的圆锥体如图 14-25 所示。

2．创建底面半径为 25mm，顶面半径为 15mm，高度为 30mm 的圆台

操作步骤如下：

命令: _cone　　（单击"建模"工具栏中的"圆锥体"按钮△）
指定底面的中心点或 [三点(3P)/两点(2P)/相切、相切、半径(T)/椭圆(E)]:　　（在适当位置单击，指定圆台底面中心的位置）
指定底面半径或 [直径(D)]: 25✓　　（输入圆台底面的半径 25，回车）
指定高度或 [两点(2P)/轴端点(A)/顶面半径(T)]: T✓　　（输入 T，回车，选择"顶面直径"选项）
指定顶面半径 <0.0000>: 15✓　　（输入圆台顶面的半径 15，回车）
指定高度或 [两点(2P)/轴端点(A)]: 30✓　　（输入圆台的高度 30，回车）

创建的圆台如图 14-26 所示。

图 14-25　创建圆锥体

图 14-26　创建圆台

14.2.5　创建球体

单击"建模"工具栏中的"球"按钮◯，或选择菜单"绘图"→"建模"→"球体"选项，即可启动"球体"Sphere 命令，用户可以根据球体的半径或直径创建球体。

创建机油泵安全阀所用的直径为 Ø 8 的钢球实体，如图 14-27 所示，操作步骤如下：

命令: _sphere　　（单击"建模"工具栏中的"球"按钮◯）
指定中心点或 [三点(3P)/两点(2P)/相切、相切、半径(T)]:　　（在适当位置单击，指定球心的位置）
指定半径或 [直径(D)] <25.0000>: 4✓　　（输入球半径 4，回车）

14.2.6　创建圆柱体

单击"建模"工具栏中的"圆柱体"按钮◉，或选择菜单"绘图"→"建模"→"圆柱体"选项，即可启动"圆柱体"Cylinder 命令，用户可以根据圆柱体底面的半径或直径，以及圆柱体的高度创建圆柱体。

创建底面半径为 20mm，高度为 30mm 的圆柱体，如图 14-28 所示，操作步骤如下：

命令: _cylinder　　（单击"实体"工具栏中的"圆柱体"按钮◉）
指定底面的中心点或 [三点(3P)/两点(2P)/相切、相切、半径(T)/椭圆(E)]:　　（在适当位置单击，指定圆柱体底面中心的位置）

指定底面半径或 [直径(D)] <20.0000>: 20✓ （输入圆柱体底面的半径20，回车）
指定高度或 [两点(2P)/轴端点(A)] <30.0000>: 30✓ （输入圆柱体的高度30，回车）

图14-27　创建球体

图14-28　创建圆柱体

14.2.7　创建圆环体

单击"建模"工具栏中的"圆环体"按钮◎，或选择菜单"绘图"→"建模"→"圆环体"选项，即可启动"圆环体"Torus命令，用户可以根据圆环体的半径或直径，以及圆管的半径或直径创建圆锥体。

创建如图14-29所示的圆环体，圆环体的半径为30mm，圆管的半径为7mm，操作步骤如下：

命令: _torus （单击"建模"工具栏中的"圆环体"按钮◎）
指定中心点或 [三点(3P)/两点(2P)/相切、相切、半径(T)]: （在适当位置单击，指定圆环体中心的位置）
指定半径或 [直径(D)] : 30✓ （输入圆环体的半径30，回车）
指定圆管半径或 [两点(2P)/直径(D)]: 7✓ （输入圆管的半径7，回车）

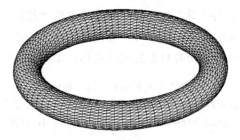
图14-29　创建圆环体

圆环体的半径是指圆管断面的中心到圆环轴线的距离。

14.2.8　创建棱锥体

单击"实体"工具栏中的"棱锥面"按钮◇，或选择菜单"绘图"→"建模"→"棱锥面"选项，即可启动"棱锥面"Pyramid命令。

1．根据底面外接圆半径和高度创建棱锥体

创建如图14-30所示的三棱锥，棱锥底面外接圆的半径为20mm，高度为30mm，操作

步骤如下：

命令: _pyramid　　（单击"建模"工具栏中的"棱锥面"按钮◁）
4 个侧面　外切
指定底面的中心点或 [边(E)/侧面(S)]: S✓　　（输入 S，回车，选择"侧面"选项）
输入侧面数 <4>: 3✓　　（输入侧面数 3，回车）
指定底面的中心点或 [边(E)/侧面(S)]:　　（在适当位置单击，指定底面中心的位置）
指定底面半径或 [内接(I)]: I✓　　（输入 I，回车，选择"内接"选项）
指定底面半径或 [外切(C)]: 20✓　　（输入外接圆的半径 20，回车）
指定高度或 [两点(2P)/轴端点(A)/顶面半径(T)]: 30✓　　（输入棱锥的高度 30，回车）

"内接"选项是指棱锥底面内接于圆，而圆外接于底面。

2. 根据底面边长和高度创建棱锥体

创建如图 14-31 所示的四棱锥，棱锥底面外接圆的半径为 20mm，高度为 30mm，操作步骤如下：

命令: _pyramid　　（单击"建模"工具栏中的"棱锥面"按钮◁）
3 个侧面　内接
指定底面的中心点或 [边(E)/侧面(S)]: S✓　　（输入 S，回车，选择"侧面"选项）
输入侧面数 <3>: 4✓　　（输入侧面数 4，回车）
指定底面的中心点或 [边(E)/侧面(S)]: E✓　　（输入 E，回车，选择"边"选项）
指定边的第一个端点:　　（在适当位置单击，指定底面边的第一点的位置）
指定边的第二个端点: 25✓　　（输入边长 25，回车）
指定高度或 [两点(2P)/轴端点(A)/顶面半径(T)] <30.0000>: 30✓　　（输入棱锥的高度 30，回车）

3. 根据底面边长和高度创建棱锥体

创建如图 14-32 所示的六棱锥，棱锥底面内接圆的半径为 15mm，高度为 30mm，操作步骤如下：

命令: _pyramid　　（单击"建模"工具栏中的"棱锥面"按钮◁）
4 个侧面　内接
指定底面的中心点或 [边(E)/侧面(S)]: S✓　　（输入 S，回车，选择"侧面"选项）
输入侧面数 <4>: 6✓　　（输入侧面数 6，回车）
指定底面的中心点或 [边(E)/侧面(S)]:　　（在适当位置单击，指定底面中心的位置）
指定底面半径或 [外切(C)] <17.6777>: C✓　　（输入 C，回车，选择"外切"选项）
指定底面半径或 [内接(I)] <17.6777>: 15✓　　（输入内接圆的半径 15，回车）
指定高度或 [两点(2P)/轴端点(A)/顶面半径(T)] <30.0000>:30✓　　（输入棱锥的高度 30，回车）

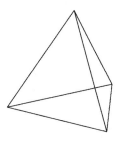

图 14-30　创建三棱锥

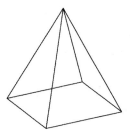

图 14-31　创建四棱锥

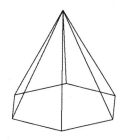

图 14-32　创建六棱锥

"外切"选项是指棱锥底面外切于圆，而圆内切于底面。

14.3　小结

本章主要介绍了三维造型的基础知识，包括用户坐标系统、动态观察、视觉样式以及创建各种基本三维实体。

请读者重视用户坐标系在创建三维实体中的作用，只有不断改变用户坐标系，才能简捷地创建出不同方向的三维实体，从而创建复杂的三维实体。

14.4　习题

1．简答题

（1）简述创建新的 UCS 坐标系有哪几种方法。

（2）对三维实体进行动态观察有几种方法？

（3）视觉样式包括哪几种样式？各有什么特点？

（4）在 AutoCAD 2012 中文版中，可以创建哪几种基本实体？

2．操作题

（1）任意绘制一条多段线，根据该多段线创建多段体。

（2）试创建长为 82mm，宽为 66mm，高为 55mm 的长方体和长为 46mm 的正方体。

（3）分别创建长为 82mm，宽为 66mm，高为 55mm 的楔体和相互垂直的三个边的长度为 46mm 的楔体。

（4）试创建底面半径为 22mm，高度为 56mm 的圆锥体。

（5）试创建直径为 Ø 32 的球体。

（6）试创建底面半径为 22mm，高度为 56mm 的圆柱体。

（7）试创建半径为 42mm，圆管的半径为 10mm 的圆环体。

（8）试创建底面外接圆半径为 30mm，高度为 50mm 的棱锥体。

第15章 创建复杂三维实体

上一章所创建的基本实体较为简单，是组成复杂实体的基本要素。本章将介绍创建复杂三维实体的几种方法，利用这几种方法可以创建各类零件的实体模型。

本章主要包括以下内容：

● 从二维图形创建实体
● 利用布尔运算创建实体
● 三维实体编辑
● 三维实体渲染

15.1 从二维图形创建实体

在 AutoCAD 2012 中文版中，用户除了利用实体命令直接创建实体外，还可以通过拉伸或旋转平面二维图形创建实体。

15.1.1 利用"拉伸"命令创建实体

单击"建模"工具栏中的"拉伸"按钮🗂，或选择菜单"绘图"→"建模"→"拉伸"选项，即可启动"拉伸"Extrude 命令。用户利用该命令可以将封闭的二维图形或面域按指定的高度和倾斜角度，或沿指定的路径拉伸为三维实体。

如果高度为正值，将沿对象所在坐标系的 Z 轴正方向拉伸对象。如果高度为负值，将沿 Z 轴负方向拉伸对象。

倾斜角度为正角度表示将从拉伸对象逐渐变细地拉伸，而负角度则表示将从拉伸对象逐渐变粗地拉伸。

路径对象可以是任意平面图形或三维多段线，其起点处的切线应和拉伸对象保持垂直，否则将无法进行拉伸。

下面通过几个实例说明"拉伸"Extrude 命令的操作方法和应用。

实例1．将多边形拉伸为棱柱

首先创建"轮廓线"层并将"轮廓线"层设置为当前层，单击"绘图"工具栏中的"正多边形"按钮⬡，利用"多边形"命令绘制一个正六边形，其外接圆的半径为 30mm。利用"复制"命令复制正六边形，以备后面拉伸使用。

将正六边形拉伸为正六棱柱的操作步骤如下：

命令:_extrude　　　　（单击"建模"工具栏中的"拉伸"按钮🗂）
当前线框密度: ISOLINES=4
选择对象:　　　　（单击正六边形为拉伸对象）
找到 1 个
选择对象:↙　　　　（回车，结束选择拉伸对象）

指定拉伸的高度或 [方向(D)/路径(P)/倾斜角(T)]:50✓　　　（输入拉伸高度 50，回车）

指定拉伸的倾斜角度<0>:✓　　　（回车，结束"拉伸"命令）

单击"动态观察"工具栏中的"自由动态观察"按钮◌，调整观察方向，结果如图 15-1a 所示。

实例2. 将多边形拉伸为棱台

将正六边形拉伸为正六棱台的操作步骤如下：

命令: _extrude　　　（单击"建模"工具栏中的"拉伸"按钮🔟）

当前线框密度: ISOLINES=4

选择对象:　　　（单击正六边形为拉伸对象）

找到 1 个

选择对象:✓　　　（回车，结束选择拉伸对象）

指定拉伸的高度或 [方向(D)/路径(P)/倾斜角(T)] <50.0000>: T✓　　　（输入 T，回车，选择"倾斜角"选项）

指定拉伸的倾斜角度 <15>: 15✓　　　（输入拉伸倾斜角度 15，回车）

指定拉伸的高度或 [方向(D)/路径(P)/倾斜角(T)] <50.0000>: 50✓　　　（输入拉伸高度 50，回车）

拉伸结果如图 15-1b 所示。

操作程序中的"指定拉伸的倾斜角度"是指拉伸后的棱线与拉伸方向的夹角。

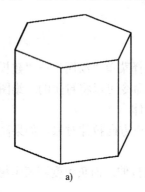
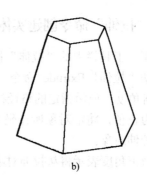

a)　　　　　　　　　　　　　　　　b)

图 15-1　将正六边形拉伸为正六棱柱和六棱台

实例3. 将圆拉伸为圆台

首先单击"绘图"工具栏中的"圆"按钮◌，绘制一个半径为 30mm 的圆。

将圆拉伸为圆台的操作步骤如下：

命令: _extrude　　　（单击"建模"工具栏中的"拉伸"按钮🔟）

当前线框密度: ISOLINES=4

选择对象:　　　（单击圆为拉伸对象）

找到 1 个

选择对象:✓　　　（回车，结束选择拉伸对象）

指定拉伸的高度或 [方向(D)/路径(P)/倾斜角(T)] <50.0000>: T✓　　　（输入 T，回车，选择"倾斜角"选项）

指定拉伸的倾斜角度 <15>: 15✓　　　（输入拉伸倾斜角度 15，回车）

指定拉伸的高度或 [方向(D)/路径(P)/倾斜角(T)] <50.0000>: 50✓　　　（输入拉伸高度 50，回车）

单击"动态观察"工具栏中的"自由动态观察"按钮◎，调整观察方向，结果如图 15-2 所示。

图 15-2   将圆拉伸为圆台

实例 4. 将圆拉伸为弯管

如果拉伸路径为三维多段线，则可将圆拉伸为弯管，如图 15-3 所示。

操作步骤如下：

（1）选择菜单"绘图"→"三维多段线"选项，绘制三维多段线。

命令: _3dpoly
指定多段线的起点: （在适当位置单击，指定多段线起点的位置）
指定直线的端点或 [放弃(U)]: @0,0,40✓   （输入多段线端点的坐标，回车）
指定直线的端点或 [放弃(U)]: @40,0,0✓   （输入多段线端点的坐标，回车）
指定直线的端点或 [闭合(C)/放弃(U)]: ✓   （回车，结束"三维多段线"命令）

（2）单击"动态观察"工具栏中的"自由动态观察"按钮◎，调整观察方向。

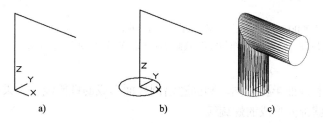

a)   b)   c)

图 15-3   利用路径将圆拉伸为弯管流程

（3）单击 UCS 工具栏中的"原点"按钮↙，捕捉三维多段线的起点为新的坐标原点，如图 15-3a 所示。

（4）单击"绘图"工具栏中的"圆"按钮◎，捕捉三维多段线的起点为圆心，绘制一个半径为 10 的圆，如图 15-3b 所示。

（5）单击"建模"工具栏中的"拉伸"按钮◎，利用路径拉伸圆，如图 15-3c 所示。

命令: _extrude
当前线框密度: ISOLINES=4
选择对象: （单击圆为拉伸对象）
找到 1 个
选择对象:✓   （回车，结束选择拉伸对象）

指定拉伸的高度或 [方向(D)/路径(P)/倾斜角(T)] <50.0000>: P↙   （输入 P，回车，选择"路径"选项）

选择拉伸路径或 [倾斜角(T)]:   （单击三维多段线）

15.1.2 利用"螺旋"和"扫掠"命令创建弹簧实体

单击"建模"工具栏中的"螺旋"按钮，或选择菜单"绘图"→"建模"→"螺旋"选项，即可启动"螺旋"Helix 命令。

单击"建模"工具栏中的"扫掠"按钮，或选择菜单"绘图"→"建模"→"扫掠"选项，即可启动"扫掠"Sweep 命令。

由螺旋线形成的机械零件如弹簧、螺钉、螺栓、螺母、蜗轮、蜗杆等的三维实体都可以利用"螺旋"Helix 命令和"扫掠"Sweep 命令。

下面以创建压缩弹簧的三维实体为例说明这两个命令的操作方法，压缩弹簧的主视图和三维实体如图 15-4 所示。

操作步骤如下：

（1）创建"轮廓线"层并将"轮廓线"层设置为当前层，单击"建模"工具栏中的"螺旋"按钮，利用"螺旋"命令绘制螺旋线。

命令: _Helix
圈数 = 3.0000   扭曲=CCW
指定底面的中心点: 0,0,0↙   （输入底面中心点的坐标，回车，即以坐标原点为底面中心点）
指定底面半径或 [直径(D)] <1.0000>:26↙   （输入底面半径 26，回车）
指定顶面半径或 [直径(D)] <26.0000>:↙   （回车，顶面半径和底面面半径相同）
指定螺旋高度或 [轴端点(A)/圈数(T)/圈高(H)/扭曲(W)] <1.0000>: T↙   （输入 T，回车，选择"圈数"选项）
输入圈数 <3.0000>: 12↙   （输入圈数 12，回车）
指定螺旋高度或 [轴端点(A)/圈数(T)/圈高(H)/扭曲(W)] <1.0000>: 180↙   （输入螺旋高度 180，回车）

如果底面半径和顶面半径相同，则创建沿圆柱面形成的螺旋线。如果底面半径和顶面半径不同，则创建沿圆锥面形成的螺旋线。

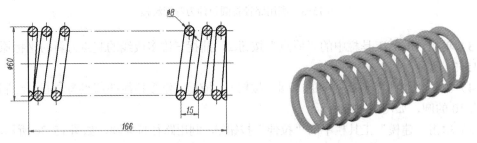

图 15-4   压缩弹簧主视图及其三维实体

（2）单击"动态观察"工具栏中的"自由动态观察"按钮，调整观察方向。

（3）单击"视觉样式"工具栏中的"三维线框视觉样式"按钮，将螺旋线显示为二维隐藏视觉样式。

（4）打开状态栏中的"正交"按钮 和"对象捕捉"按钮 ，单击 UCS 工具栏中的"原点"按钮 ，将坐标系的原点移到螺旋线的底面圆心处，如图 15-5 所示。

（5）单击 UCS 工具栏中的 按钮，调整坐标系的方向，使螺旋线的起点处在 X 轴上，如图 15-6 所示。

    命令:_ucs
    当前 UCS 名称: *没有名称*
    指定 UCS 的原点或 [面(F)/命名(NA)/对象(OB)/上一个(P)/视图(V)/世界(W)/X/Y/Z/Z 轴(ZA)] <世界>:_3
    指定新原点 <0,0,0>:   （捕捉螺旋线的圆心）
    在正 X 轴范围上指定点 <1.0000,0.0000,0.0000>:   （捕捉螺旋线的起点）
    在 UCS XY 平面的正 Y 轴范围上指定点 <0.0000,-1.0000,0.0000>:   （在 Z 轴的正方向任意位置单击）

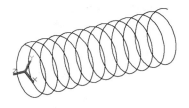 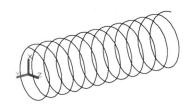

图 15-5　绘制螺旋线，调整坐标系位置　　　　图 15-6　调整坐标系方向

（6）单击"绘图"工具栏中的"圆"按钮 ，以螺旋线的起点为圆心绘制直径为 8mm 的圆，如图 15-7 所示。

（7）单击"建模"工具栏中的"扫掠"按钮 ，利用"扫掠"命令将圆沿螺旋线扫掠为弹簧三维实体，如图 15-8 所示。

    命令:_sweep
    当前线框密度: ISOLINES=4
    选择要扫掠的对象: （单击圆）
    找到 1 个
    选择要扫掠的对象:✓   （回车，结束选择要扫掠的对象）
    选择扫掠路径或 [对齐(A)/基点(B)/比例(S)/扭曲(T)]:   （单击螺旋线）

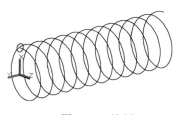 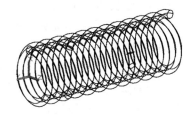

图 15-7　绘制圆　　　　　　　　　图 15-8　扫掠结果

（8）分别选择菜单"修改"→"三维操作"→"剖切"选项，利用"剖切"Slice 命令将弹簧三维实体两端切平，如图 15-9 所示。

    命令:_slice

選择要剖切的对象:　　　　(单击弹簧三维实体)

找到 1 个

选择要剖切的对象:✓　　　(回车，结束选择要剖切的对象)

指定 切面 的起点或 [平面对象(O)/曲面(S)/Z 轴(Z)/视图(V)/XY/YZ/ZX/三点(3)] <三点>: ZX✓
(输入 ZX，回车)

指定 ZX 平面上的点 <0,0,0>: 0,-7,0✓　　　(输入剖切面通过点的坐标，回车)

在所需的侧面上指定点或 [保留两个侧面(B)] <保留两个侧面>:　　　(在弹簧末端附近单击)

命令: _slice

选择要剖切的对象:　　　　(单击弹簧三维实体)

找到 1 个

选择要剖切的对象:✓　　　(回车，结束选择要剖切的对象)

指定 切面 的起点或 [平面对象(O)/曲面(S)/Z 轴(Z)/视图(V)/XY/YZ/ZX/三点(3)] <三点>: ZX✓
(输入 ZX，回车)

指定 ZX 平面上的点 <0,0,0>: 0,-173,0✓　　　(输入剖切面通过点的坐标，回车)

在所需的侧面上指定点或 [保留两个侧面(B)] <保留两个侧面>:　　(在弹簧的起始端附近单击)

（9）单击 UCS 工具栏中的"原点"按钮，调整坐标系原点的位置。

（10）单击"视觉样式"工具栏中的"概念视觉样式"按钮，将三维实体显示为概念视觉样式，如图 15-10 所示。

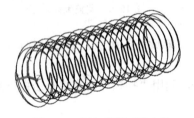

图 15-9　剖切弹簧三维实体　　　　图 15-10　将弹簧实体显示为概念视觉样式

15.1.3　利用"旋转"命令创建带轮实体

单击"建模"工具栏中的"旋转"按钮，或选择菜单"绘图"→"建模"→"旋转"选项，即可启动"旋转"Revolve 命令。用户利用该命令可以将封闭的二维图形或面域绕轴线按指定的角度旋转为三维实体，凡是具有回转轴线的三维实体，均可利用"旋转"命令创建。

下面通过创建带轮三维实体说明"旋转"Revolve 命令的操作方法和应用。

带轮零件图如图 15-11 所示，该零件的主视图是利用"镜像"命令绘制的，即先绘制出主视图的上半部分图形，再镜像出下半部分图形。因此创建带轮的三维实体可以将主视图上半部分图形定义为面域，然后利用"旋转"Revolve 命令将其绕轴线旋转 360°。如果旋转对象与轴线还有一段距离，则可以旋转出轴孔，如图 15-12 所示。但考虑到无法旋转出键槽，轴孔和键槽可以利用"差"运算从带轮实体中"挖"去，因此本节先创建不带轴孔的三维实体，在下一节中将完成带轴孔和键槽的三维实体。

操作步骤如下：

（1）创建"轮廓线"层并将"轮廓线"层设置为当前层，打开状态栏的"正交"按钮和"对象捕捉"按钮□，单击"绘图"工具栏中的"直线"按钮✐，绘制带轮主视图四分之一视图，如图 15-13a 所示。

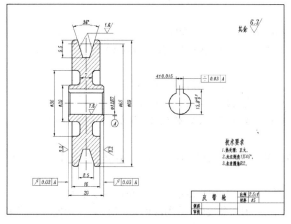

图 15-11 带轮零件图

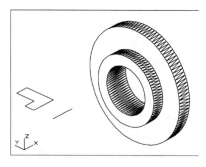

图 15-12 旋转出带轴孔的实体

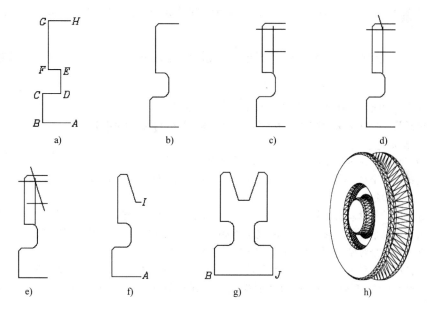

图 15-13 创建不带轴孔和键槽的带轮实体流程

命令: _line
指定第一点:　　　　（在适当位置单击，指定 A 点的位置）
指定下一点或 [放弃(U)]: 10✓　　（向左移动光标，输入水平线 AB 的长度 10，回车）
指定下一点或 [放弃(U)]: 10✓　　（向上移动光标，输入垂直线 BC 的长度 10，回车）
指定下一点或 [闭合(C)/放弃(U)]:6.5✓　　（向右移动光标，输入水平线 CD 的长度 6.5，回车）
指定下一点或 [闭合(C)/放弃(U)]: 8✓　　（向上移动光标，输入垂直线 DE 的长度 8，回车）
指定下一点或 [闭合(C)/放弃(U)]: 4.5✓　　（向左移动光标，输入水平线 EF 的长度 4.5，回车）
指定下一点或 [闭合(C)/放弃(U)]: 24.5✓　　（向上移动光标，输入垂直线 FG 的长度 24.5，回车）
指定下一点或 [闭合(C)/放弃(U)]:8✓　　（向右移动光标，输入水平线 GH 的长度 8，回车）
指定下一点或 [放弃(U)]: ✓　　（回车，结束直线命令）

（2）单击"标准"工具栏中的"窗口缩放"按钮🔍，放大显示图形。

（3）单击"修改"工具栏中的"倒角"按钮◻，绘制两个倒角距离为 1 的外倒角。

命令: _chamfer

（"修剪"模式）当前倒角距离 1 = 2.5000，距离 2 = 2.5000

选择第一条直线或 [放弃(U)/多段线(P)/距离(D)/角度(A)/修剪(T)/方式(E)/多个(M)]: D✓　　　（输入 D，回车，选择"距离"选项）

指定第一个倒角距离 <2.5000>: 1✓　　（输入第一倒角距离 1，回车）

指定第二个倒角距离 <1.0000>: 1✓　　（输入第二倒角距离 1，回车）

选择第一条直线或 [放弃(U)/多段线(P)/距离(D)/角度(A)/修剪(T)/方式(E)/多个(M)]:M✓　　　（输入 M，回车，选择"多个"选项）

选择第一条直线或 [放弃(U)/多段线(P)/距离(D)/角度(A)/修剪(T)/方式(E)/多个(M)]:　　　（单击直线 BC）

选择第二条直线，或按住 Shift 键选择要应用角点的直线:　　　（单击直线 CD）

选择第一条直线或 [放弃(U)/多段线(P)/距离(D)/角度(A)/修剪(T)/方式(E)/多个(M)]:　　　（单击直线 FG）

选择第二条直线，或按住 Shift 键选择要应用角点的直线:　　　（单击直线 GH）

选择第一条直线或 [放弃(U)/多段线(P)/距离(D)/角度(A)/修剪(T)/方式(E)/多个(M)]:✓　　　（回车，结束"倒角"命令）

（4）单击"修改"工具栏中的"圆角"按钮◻，绘制两个半径为 2 的圆角，如图 15-13b 所示。

命令: _fillet　当前设置: 模式 = 修剪，半径 = 2.0000

选择第一个对象或 [放弃(U)/多段线(P)/半径(R)/修剪(T)/多个(M)]: R✓　　　（输入 R，回车，选择"半径"选项）

指定圆角半径 <3.0000>: 2✓　　（输入半径 2，回车）

选择第一个对象或 [放弃(U)/多段线(P)/半径(R)/修剪(T)/多个(M)]: M✓　　　（输入 M，回车，选择"多个"选项）

选择第一个对象或 [放弃(U)/多段线(P)/半径(R)/修剪(T)/多个(M)]:　　　（单击直线 CD）

选择第二个对象，或按住 Shift 键选择要应用角点的对象:　　　（单击直线 DE）

选择第一个对象或 [放弃(U)/多段线(P)/半径(R)/修剪(T)/多个(M)]:　　　（单击直线 DE）

选择第二个对象，或按住 Shift 键选择要应用角点的对象:　　　（单击直线 EF）

选择第一个对象或 [放弃(U)/多段线(P)/半径(R)/修剪(T)/多个(M)]: ✓　　　（回车，结束"圆角"命令）

（5）单击"修改"工具栏中的"偏移"按钮◻，向上偏移直线 AB，偏移的距离为32.5。重复偏移命令向右偏移垂直线 FG（已被倒角），偏移距离为 3.75。重复偏移命令，向下偏移水平线 GH（已被倒角），偏移距离为 9.5，如图 15-13c 所示。

（6）将"粗实线"层设置为当前层，单击"绘图"工具栏中的"直线"按钮╱，绘制带槽倾斜轮廓线，如图 15-13d 所示。

命令: _line

指定第一点:　　（捕捉两条偏移出来的直线的上方交点）

指定下一点或 [放弃(U)]: @5<108✓　　（输入第二点相对于第一点的坐标，回车）

指定下一点或 [放弃(U)]: ✓　　（回车，结束直线命令）

（7）选择菜单"修改"→"拉长"选项，利用拉长命令中的"动态"选项将绘制的倾斜线拉长，如图 15-13e 所示。

（8）单击"修改"工具栏中的"修剪"按钮，修剪出四分之一视图中的带槽轮廓线。

（9）单击"修改"工具栏中的"删除"按钮，将多余线条删除，如图 15-13f 所示。

（10）单击"修改"工具栏中的"镜像"按钮，选择所有线条为镜像对象，捕捉端点 A、I 为镜像线的两个端点，镜像出上半部分视图，如图 15-13g 所示。

（11）单击"绘图"工具栏中的"面域"按钮，将回转的封闭图形创建为面域。

（12）单击"建模"工具栏中的"旋转"按钮，将面域旋转 360°。

```
命令: _revolve
当前线框密度: ISOLINES=4
选择要旋转的对象:      （单击面域为旋转对象）
找到 1 个
选择要旋转的对象:✓      （回车，结束选择旋转对象）
指定轴起点或根据以下选项之一定义轴 [对象(O)/X/Y/Z] <对象>:      （捕捉端点 B）
指定轴端点:      （捕捉端点 J）
指定旋转角度或 [起点角度(ST)] <360>:✓      （回车，将面域按缺省角度 360°旋转）
```

（13）单击"动态观察"工具栏中的"自由动态观察"按钮，调整观察方向。

（14）单击"视觉样式"工具栏中的按钮"二维线框"按钮，将三维实体显示为二维线框图后，再单击"渲染"工具栏中的"消隐"按钮，将三维实体的不可见轮廓线消隐，如图 15-13h 所示。

15.2 利用布尔运算创建实体

布尔运算是对两个或多个三维实体进行"并集"Union、"差集"Subtract、"交集"Intersection 运算，使它们进行组合后生成符合设计要求的新实体。

第 5 章中已介绍过布尔运算在绘制二维图形时的操作方法和应用，下面通过三个实例说明布尔运算在创建三维实体时的操作方法和应用。

15.2.1 利用"并集"命令创建圆柱贯通体

两个直径相同的圆柱贯通后形成的立体为圆柱贯通体，如图 15-14 所示。

图 15-14 圆柱贯通体

创建圆柱贯通体实体需要先创建两个直径相同、轴线垂直相交的圆柱体,再利用"并集"运算将两个圆柱体合并即可。

操作步骤如下:

(1)创建"轮廓线"层并将"轮廓线"层设置为当前层,单击"建模"工具栏中的"圆柱体"按钮□,创建圆柱体。

> 命令:_cylinder
> 指定底面的中心点或 [三点(3P)/两点(2P)/相切、相切、半径(T)/椭圆(E)]:   (在适当位置单击,指定圆柱体底面中心的位置)
> 指定底面半径或 [直径(D)]:20✓   (输入圆柱体底面的半径20,回车)
> 指定高度或 [两点(2P)/轴端点(A)]<30.0000>:100✓   (输入圆柱体的高度100,回车)

(2)在"三维导航"的下拉列表中将视图切换为"前视"。单击"视觉样式"工具栏中的"三维线框视觉样式"按钮◈,将三维实体显示为三维线框视觉样式。

(3)单击"绘图"工具栏中的"直线"按钮✓,分别在圆柱的两个端面圆上捕捉象限点,绘制一条辅助线 AB。

(4)打开状态栏中的"对象捕捉"按钮□,单击"建模"工具栏中的"圆柱体"按钮□,创建另一个圆柱体,如图 15-15a 所示。

> 命令:_cylinder
> 指定圆柱体底面的中心点或[三点(3P)/两点(2P)/相切、相切、半径(T)/椭圆(E)]:   (捕捉辅助线 AB 的中点)
> 指定圆柱体底面的半径或 [直径(D)]<20.0000>:20✓   (输入圆柱体底面的半径20,回车)
> 指定高度或 [两点(2P)/轴端点(A)]<100.0000>:100✓   (输入圆柱体的高度100,回车)

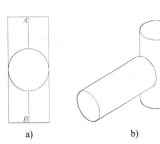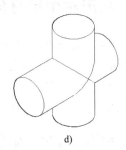

a)   b)   c)   d)

图 15-15   创建圆柱贯通体流程

(5)单击"修改"工具栏中的"删除"按钮◢,将辅助线 AB 删除。

(6)在"三维导航"的下拉列表中将视图切换为"东南等轴测",单击"视觉样式"工具栏中的"三维隐藏视觉样式"按钮◈,将三维实体显示为三维隐藏视觉样式。结果如图 15-15b 所示。

(7)单击"建模"工具栏中的"三维移动"按钮⊕,调整第二个圆柱的位置,如图 15-15c 所示。

> 命令:_3dmove
> 选择对象: (单击第二个圆柱为移动对象)
> 找到 1 个

选择对象:↙　　　（回车，结束选择移动对象）

指定基点或 [位移(D)] <位移>:　　　　（捕捉第二个圆柱的可见端面的圆心为基点）

指定第二个点或 <使用第一个点作为位移>: @0,0,-60↙　　　（输入移动的第二点相对于基点的坐标，回车）

（8）单击"建模"工具栏中的"并集"按钮◎，将两个圆柱体合并，如图15-15d所示。

命令:_union

选择对象:　　　（单击圆柱）

找到 1 个

选择对象:　　　（单击另一个圆柱）

找到 1 个，总计 2 个

选择对象:↙　　　（回车，结束"并"运算）

（9）单击"视觉样式"工具栏中的按钮"二维线框"按钮◎，将三维实体显示为二维线框图后，再单击"渲染"工具栏中的"消隐"按钮◎，将三维实体的不可见轮廓线消隐，结果如图15-14所示。

15.2.2　利用"差集"命令完成创建带轮实体

上一节中利用"旋转"Revolve 命令创建了不带轴孔的带轮实体，要完成创建带轮实体，需要从中"挖去"轴孔和键槽，挖去的部分也可以先创建为实体，然后将两部分实体移动到一起，利用"差集"运算即可生成带轴孔和键槽的带轮实体。

在 5.8 节中利用"并集"运算绘制了带轮轴孔和键槽的局部视图，如图 15-16 所示，轴孔和键槽实体可以由该图形拉伸而成。

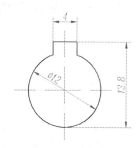

图 15-16　带轮轴孔和键槽的局部视图及三维实体

操作步骤如下：

（1）打开已保存的图形"带轮局部视图.dwg"。

（2）单击"标准"工具栏中的"复制"按钮🖺，将局部视图中的轮廓线复制到粘贴板。

（3）打开已保存的三维实体"无孔带轮.dwg"。

（4）单击 UCS 工具栏中的"Y"按钮🖺，将坐标系绕 Y 轴旋转90°。

命令:_ucs

当前 UCS 名称:*世界*

输入选项[新建(N)/移动(M)/正交(G)/上一个(P)/恢复(R)/保存(S)/删除(D)/应用(A)/?/世界(W)] <世界>: _y

指定绕 Y 轴的旋转角度 <90>:↙　　　（回车，将坐标系绕 Y 轴按缺省角度旋转）

（5）单击"标准"工具栏中的"粘贴"按钮🖺，将带轮局部实体中的轮廓线粘贴到当前图形中。

（6）单击"建模"工具栏中的"拉伸"按钮🗊，将带轮局部视图中的轮廓线拉伸为实体，如图 15-17a 所示。

命令：_extrude
当前线框密度： ISOLINES=4
选择对象： （单击带轮局部视图中的轮廓线为拉伸对象）
找到 1 个
选择对象：✓ （回车，结束选择拉伸对象）
指定拉伸的高度或 [方向(D)/路径(P)/倾斜角(T)]: 20✓ （输入拉伸高度20，回车）

绘制带轮局部视图时，将图形放大了 4 倍，将其轮廓线粘贴到图形"无孔带轮.dwg"中后，应利用"缩放"Scale 命令，将粘贴的图形缩小为原图形的 1/4 倍。

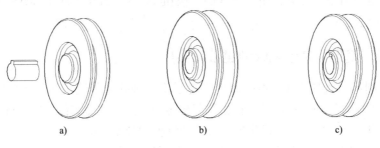

a)　　　　　　　　　　b)　　　　　　　　　　c)

图 15-17　利用"差"运算"挖"轴孔和键槽流程

（7）单击"修改"工具栏中的"三维移动"按钮⊕，调整轴孔和键槽视图的位置，如图 15-17b 所示。

命令：_3dmove
选择对象： （单击轴孔和键槽实体为移动对象）
找到 1 个
选择对象：✓ （回车，结束选择移动对象）
指定基点或 [位移(D)] <位移>： （捕捉轴孔和键槽实体可见端面的圆心为基点）
指定第二个点或 <使用第一个点作为位移>：（捕捉无孔带轮实体可见端面的圆心为移动的第二点）

（8）单击"建模"工具栏中的"差集"按钮◎，将两个实体做"差集"运算，结果如图 15-17c 所示。

命令：_subtract
选择要从中减去的实体或面域...
选择对象： （单击无孔带轮实体）
找到 1 个
选择对象：✓ （回车，结束选择要从中减去的实体）
选择要减去的实体或面域 ..
选择对象： （单击轴孔和键槽实体）
找到 1 个
选择对象：✓ （回车，结束"差"运算）

（9）单击"修改"工具栏中的"倒角"按钮△，将轴孔的两端倒角，倒角距离为 1mm。（下一节将介绍在三维实体中倒角的操作方法）

（10）单击"三维动态观察"工具栏中的"自由动态观察"按钮☺，调整观察方向并进行渲染，即可得到如图 15-16 所示的带轮实体。

15.2.3 利用"交"运算创建螺栓实体

螺栓的比例图及其三维图形如图 15-18 所示。

螺栓由头部和螺杆两部分组成，螺栓的头部是一个正六棱柱倒 30°角，该倒角不是利用"倒角"命令得到的，而是将正六棱柱和一个锥角为 120°的圆锥进行"交"运算形成的。螺杆可以利用"螺旋"Helix 命令和"扫掠"Sweep 命令创建。分别创建了螺栓头部和螺杆实体后，再将两部分实体进行"并"运算，即可创建出螺栓三维实体。

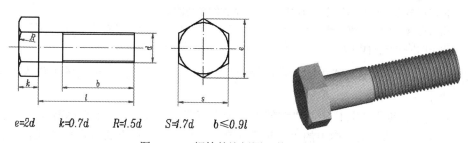

$e=2d$ $k=0.7d$ $R=1.5d$ $S=1.7d$ $b≤0.9l$

图 15-18　螺栓的比例图及其三维实体

下面创建六角头螺栓（GB/T5782-2000　M10×40）的三维实体，操作步骤如下：

1．创建螺纹三维实体

（1）创建"轮廓线"层并将"轮廓线"层设置为当前层，单击"建模"工具栏中的"螺旋"按钮▤，利用"螺旋"命令绘制用于生成外螺纹的螺旋线。

> 命令:_Helix
> 圈数 = 3.0000　　　扭曲=CCW
> 指定底面的中心点:0,0,0✓　　　（以坐标原点为底面的中心）
> 指定底面半径或 [直径(D)] <1.0000>: 4.5✓　　　（输入螺旋底面半径4.5，回车）
> 指定顶面半径或 [直径(D)] <4.5000>:✓　　　（回车，螺旋顶面半径和底面半径相同）
> 指定螺旋高度或 [轴端点(A)/圈数(T)/圈高(H)/扭曲(W)] <1.0000>: T✓　　　（输入 T，回车,选择"圈数"选项）
> 输入圈数 <3.0000>:28✓　　　（输入圈数 28，回车）
> 指定螺旋高度或 [轴端点(A)/圈数(T)/圈高(H)/扭曲(W)] <1.0000>: 28✓　　　（输入螺旋高度 28，回车）

（2）单击"标准"工具栏中的"窗口缩放"按钮▨，将螺旋线放大显示。

（3）单击"动态观察器"工具栏中的"自由动态观察"按钮☺，调整观察方向。

（4）单击"视觉样式"工具栏中的"三维隐藏视觉样式"按钮◎，将三维实体显示为三维隐藏视觉样式。

（5）打开状态栏中的"正交"按钮┗和"对象捕捉"按钮◻，单击 UCS 工具栏中的 按钮，调整坐标系的方向，使螺旋线的起点处在 X 轴上，如图 15-19 所示。

命令: _ucs

当前 UCS 名称: *没有名称*

指定 UCS 的原点或 [面(F)/命名(NA)/对象(OB)/上一个(P)/视图(V)/世界(W)/X/Y/Z/Z 轴(ZA)] <世界>: _3

指定新原点 <0,0,0>: （捕捉螺旋线的圆心）

在正 X 轴范围上指定点 <1.0000,0.0000,0.0000>: （捕捉螺旋线的起点）

在 UCS XY 平面的正 Y 轴范围上指定点 <0.4573,0.8893,0.0000>: （在 Z 轴的负方向任意位置单击）

（6）单击"绘图"工具栏中的"正多边形"按钮◯，利用"正多边形"命令绘制牙型的正三角形。

命令: _polygon

输入边的数目 <4>: 3✓ （输入边数 3，回车）

指定正多边形的中心点或 [边(E)]: （捕捉螺旋线的起点）

输入选项 [内接于圆(I)/外切于圆(C)] <I>:✓ （回车，选择缺省选项"内接于圆"选项）

指定圆的半径: @0.5,0✓ （输入相对于正三角形中心的坐标，回车）

（7）单击"标准"工具栏中的"窗口缩放"按钮◻，将正三角形处的图形放大显示，如图 15-20 所示。

（8）单击"标准"工具栏中的"缩放上一个"按钮◻，回到上一个显示窗口。

（9）单击"建模"工具栏中的"扫掠"按钮◻，利用"扫掠"命令沿螺旋线扫掠正三角形，创建出螺纹实体，如图 15-21 所示。

 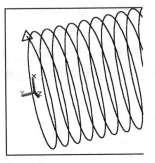 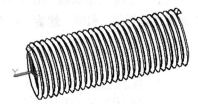

图 15-19　绘制螺旋线　　　　图 15-20　绘制等边三角形　　　　图 15-21　螺纹实体

命令: _sweep

当前线框密度: ISOLINES=4

选择要扫掠的对象: （单击正三角形）

找到 1 个

选择要扫掠的对象:✓ （回车，结束选择扫掠对象）

选择扫掠路径或 [对齐(A)/基点(B)/比例(S)/扭曲(T)]: （单击螺旋线）

2．创建螺杆三维实体

（1）单击"三维导航"工具栏中的"三维平移"按钮✋，调整显示窗口。

（2）单击 UCS 工具栏中的"X"按钮，将坐标系绕 X 轴旋转 90°。

命令: _ucs

当前 UCS 名称: *没有名称*

指定 UCS 的原点或 [面(F)/命名(NA)/对象(OB)/上一个(P)/视图(V)/世界(W)/X/Y/Z/Z 轴(ZA)] <世界>: _x

指定绕 X 轴的旋转角度 <90>:↙　　　（回车，按默认角度旋转）

（3）分别单击"建模"工具栏中的"圆柱体"按钮⬚，利用"圆柱体"命令创建两个圆柱实体，如图 15-22 所示。

命令: _cylinder

指定底面的中心点或 [三点(3P)/两点(2P)/相切、相切、半径(T)/椭圆(E)]:　　（在适当位置单击）

指定底面半径或 [直径(D)]: 5↙　　　（输入底面半径 5，回车）

指定高度或 [两点(2P)/轴端点(A)]: 14↙　　　（输入圆柱体高度 14，回车）

命令: _cylinder

指定底面的中心点或 [三点(3P)/两点(2P)/相切、相切、半径(T)/椭圆(E)]:　　（捕捉底面半径为 5mm 的圆柱体的不可见端面的圆心）

指定底面半径或 [直径(D)] <5.0000>: 4.3↙　　　（输入底面半径 4.3，回车）

指定高度或 [两点(2P)/轴端点(A)] <14.0000>: 26↙　　　（输入圆柱体高度 26，回车）

（4）单击"建模"工具栏中的"三维移动"按钮⬚，利用"三维移动"命令将螺纹三维实体和圆柱实体移动一起，如图 15-23 所示。

命令: _3dmove

选择对象:　　（单击螺纹实体）

找到 1 个

选择对象:↙　　　（回车，结束选择三维移动对象）

指定基点或 [位移(D)] <位移>:　　（捕捉螺旋线的顶面圆心）

指定第二个点或 <使用第一个点作为位移>: _from　　（单击"对象捕捉"工具栏中的"捕捉自"按钮 ⬚）

基点:　　（捕捉半径较小圆柱的不可见端面的圆心）

<偏移>: @0,0,1↙　　　（输入第二点相对于基点的坐标，回车）

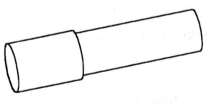

图 15-22　创建圆柱体

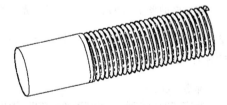

图 15-23　移动三维实体

（5）单击"建模"工具栏中的"并集"按钮⬚，利用"并集"命令将两个圆柱体和螺纹实体合并，如图 15-24 所示。

命令: _union

选择对象:

指定对角点:　　（用拾取框包围三个实体）

找到 3 个

选择对象: ↙　　　（回车，结束选择合并对象）

（6）单击"修改"工具栏中的"删除"按钮 *，利用"删除"命令将螺旋线删除。

（7）选择菜单"修改"→"三维操作"→"剖切"选项，利用"剖切"命令剖切超出的螺纹，得到螺杆三维实体，如图15-25所示。

命令：_slice
选择要剖切的对象：　（单击合并后的三维实体）
找到 1 个
选择要剖切的对象：✓　（回车，结束选择要剖切的对象）
指定 切面 的起点或 [平面对象(O)/曲面(S)/Z 轴(Z)/视图(V)/XY/YZ/ZX/三点(3)] <三点>: YZ✓
（输入 YZ，回车，剖切平面与 YZ 平面平行）
指定 YZ 平面上的点 <0,0,0>:　（捕捉圆柱体右端面圆心）
在所需的侧面上指定点或 [保留两个侧面(B)] <保留两个侧面>:　（在剖切平面左侧捕捉螺杆实体上的特殊点）

图 15-24　合并三维实体

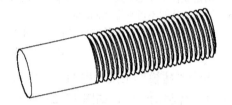
图 15-25　螺杆三维实体

3. 创建头部三维实体

（1）单击"绘图"工具栏中的"正多边形"按钮 ⬠，利用"正多边形"命令绘制正六边形。

命令：_polygon
输入边的数目 <4>: 6✓　（输入边数 6，回车）
指定正多边形的中心点或 [边(E)]:　（在适当位置单击，指定正六边形的中心）
输入选项 [内接于圆(I)/外切于圆(C)] <I>:✓　（回车，选择"内接于圆"选项）
指定圆的半径: @0,8✓　（输入光标相对于正六边形中心的坐标，回车）

（2）选择菜单"绘图"→"圆"→"相切、相切、相切"选项，绘制正六边形的内切圆，如图15-26所示。

命令：_circle
指定圆的圆心或 [三点(3P)/两点(2P)/相切、相切、半径(T)]: _3p
指定圆上的第一个点: _tan 到　（将光标移动正六边形的一条边上，出现切点捕捉标记后单击）
指定圆上的第二个点: _tan 到　（将光标移动正六边形的另一条边上，出现切点捕捉标记后单击）
指定圆上的第三个点: _tan 到　（将光标移动正六边形的第三条边上，出现切点捕捉标记后单击）

（3）单击"建模"工具栏中的"拉伸"按钮 ⬚，利用"拉伸"命令将正六边形拉伸为正六棱柱，如图15-27所示。

命令：_extrude
当前线框密度：ISOLINES=4
选择要拉伸的对象：　（单击正六边形的内切圆为拉伸对象）

找到 1 个

选择要拉伸的对象:✓ （回车，结束选择拉伸对象）

指定拉伸的高度或 [方向(D)/路径(P)/倾斜角(T)] : 6.4✓ （输入拉伸高度6.4，回车）

图 15-26 绘制正六边形及其内切圆　　　图 15-27 拉伸六边形为六棱柱

（4）单击"建模"工具栏中的"拉伸"按钮，利用"拉伸"命令将正六边形的内切圆拉伸为圆锥，如图 15-28 所示。

命令: _extrude

当前线框密度: ISOLINES=4

选择要拉伸的对象: （单击正六边形的内切圆为拉伸对象）

找到 1 个

选择要拉伸的对象:✓ （回车，结束选择要拉伸的对象）

指定拉伸的高度或 [方向(D)/路径(P)/倾斜角(T)]: T✓ （输入T，回车，选择"倾斜角"选项）

指定拉伸的倾斜角度 <0>: 60✓ （输入拉伸的倾斜角度60，回车）

指定拉伸的高度或 [方向(D)/路径(P)/倾斜角(T)]: -10✓ （输入拉伸高度10，回车）

（5）单击"修改"工具栏中的"缩放"按钮，利用"缩放"命令将圆锥放大 2.5 倍，如图 15-29 所示（放大圆锥的比例越大越好，如果过小将使正六棱柱的高度在和圆锥做"交集"运算后缩短。限于插图不宜过大，这里将缩放比例设置为 2.5，读者在实际操作时不妨将缩放比例设置为 3，甚至更大也可以）。

命令: _scale

选择对象: （单击圆锥为缩放对象）

找到 1 个

选择对象:✓ （回车，结束选择缩放对象）

指定基点: （捕捉圆锥的顶点为基点）

指定比例因子或 [复制(C)/参照(R)] <1.0000>: 2.5✓ （输入比例因子2.5，回车）

（6）单击"建模"工具栏中的"差集"按钮，利用"交集"命令将两个正六棱柱实体和圆锥实体做"交集"运算，得到头部实体，如图 15-30 所示。

命令: _intersect

选择对象: （单击正六棱柱）

找到 1 个

选择对象: （单击圆锥）

找到 1 个，总计 2 个

选择对象:✓ （回车，结束"交集"命令）

4．创建螺栓三维实体

（1）单击 UCS 工具栏中的"原点"按钮，调整坐标系原点的位置。

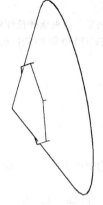

图 15-28　将内切圆拉伸为圆锥　　　图 15-29　放大圆锥　　　图 15-30　"交"运算结果

命令: _ucs

当前 UCS 名称: *没有名称*

指定 UCS 的原点或 [面(F)/命名(NA)/对象(OB)/上一个(P)/视图(V)/世界(W)/X/Y/Z/Z 轴(ZA)]<世界>: _o

　　指定新原点 <0,0,0>:　　　（捕捉内切圆的圆心）

（2）单击"建模"工具栏中的"三维移动"按钮⊕，利用"三维移动"命令将螺杆三维实体和头部三维实体移到一起。

命令: _3dmove

选择对象:　　　（单击螺杆三维实体）

找到 1 个

选择对象:↙　　　（回车，结束选择三维移动对象）

指定基点或 [位移(D)] <位移>:　　　（捕捉螺杆三维实体可见端面的圆心）

指定第二个点或 <使用第一个点作为位移>:0,0,6.4 ↙　　　（输入第二点的坐标，回车）

（3）单击"建模"工具栏中的"并集"按钮⑩，利用"并集"命令将螺杆实体和头部实体合并，创建出六角头螺栓三维实体，如图 15-31 所示。

命令: _union

选择对象:　　　（单击头部实体）

找到 1 个

选择对象:　　　（单击螺杆实体）

找到 1 个，总计 2 个

选择对象:↙　　　（回车，结束选择合并对象）

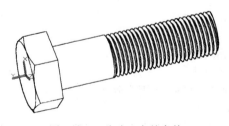

图 15-31　移动、合并实体

（4）单击 UCS 工具栏中的"原点"按钮╚，调整坐标系原点的位置。渲染后即可得到如图 15-18 所示的螺栓实体。

15.3　三维实体编辑

通过对三维实体进行编辑，使其形状进一步发生变化，从而创建出变化多样的实体，下面逐一介绍在机械设计中常用的编辑三维实体的方法。

15.3.1　利用"三维阵列"创建实体

编辑三维实体，除了可以使用通用的编辑命令，如删除、复制、移动、缩放外，还有一些特殊的命令，包括三维阵列、三维镜像、三维旋转、三维倒角和三维圆角。

单击"建模"工具栏中的"三维阵列"按钮▥，或选择菜单"修改"→"三维操作"→"三维阵列"选项，如图 15-32 所示，即可启动"三维阵列"3darray 命令。用户利用该命令可以对三维实体进行三维矩形阵列和三维环形阵列。对于三维矩形阵列，除行数和列数外，用户还可以指定 Z 方向的层数。对于三维环形阵列，用户可以通过空间中的任意两点指定旋转轴。

下面通过两个实例说明对实体进行三维矩形阵列和三维环形阵列的操作方法。

实例 1. 利用三维矩形阵列创建散热板实体

散热板三维图形如图 15-33 所示。

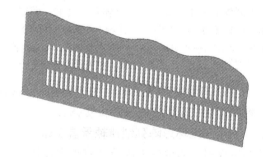

图 15-32　"三维操作"子菜单　　　　　图 15-33　散热板三维实体

在第 5 章中已经绘制了散热板的局部视图，为了说明利用三维矩形阵列创建散热板实体的方法，可以直接利用该局部视图中的外轮廓线、波浪线和左下角长圆。

操作步骤如下：

（1）打开已保存的图形"散热板.dwg"

（2）选择菜单"格式"→"图层工具"→"图层匹配"选项，利用"图层匹配"命令将波浪线变为粗实线。

（3）单击"标准"工具栏中的"复制"按钮▤，将散热板局部视图中的外轮廓线、波浪线和左下角长圆复制到粘贴板。

（4）单击"标准"工具栏中的"新建"按钮▢，弹出的"选择样板"对话框，在"打开"按钮的下拉菜单中选择"无样板打开—公制"选项，新建一个空白图形文件。

（5）单击"标准"工具栏中的"粘贴"按钮，将散热板局部视图中的外轮廓线、波浪线和左下角长圆粘贴到当前图形中，如图15-34a所示。

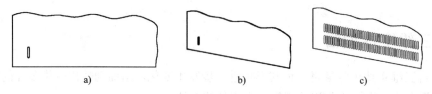

图15-34 创建散热板实体流程

（6）单击"绘图"工具栏中的"面域"按钮，将外轮廓线和波浪线创建为面域。

（7）单击"建模"工具栏中的"拉伸"按钮，将面域和长圆拉伸2mm，如图15-34b所示。

（8）单击"建模"工具栏中的"三维阵列"按钮，将长圆做三维矩形阵列，如图15-34c所示。

```
命令: _3darray
正在初始化... 已加载 3DARRAY。
选择对象:    （单击长圆为阵列对象）
找到 1 个
选择对象:↙    （回车，结束选择阵列对象）
输入阵列类型 [矩形(R)/环形(P)] <矩形>:↙    （回车，选择矩形阵列）
输入行数 (---) <1>: 2↙    （输入行数2，回车）
输入列数 (|||) <1>: 42↙    （输入列数42，回车）
输入层数 (...) <1>: 1↙    （输入层数1，回车）
指定行间距 (---): 34↙    （输入行间距34，回车）
指定列间距 (|||): 7↙    （输入列间距7，回车）
```

（9）单击"动态观察"工具栏中的"自由动态观察"按钮，调整观察方向并进行渲染，即可得到如图15-33所示的散热板实体。

实例2. 利用三维环形阵列创建轴承盖实体

轴承盖的主视图、局部放大图及其三维实体如图15-35所示。

在第5章已经绘制了轴承盖的主视图和局部放大图，由于轴承盖的三维实体具有明显的回转轴线，因此可以直接利用轴承盖主视图中的部分轮廓线创建实体。

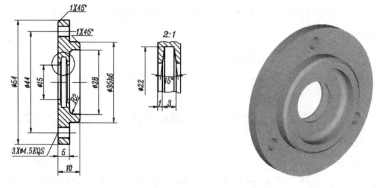

图15-35 轴承盖的主视图、局部放大图及其三维实体

操作步骤如下：

（1）打开已保存的图形"轴承盖.dwg"。

（2）单击"标准"工具栏中的"复制"按钮 ⬚，将轴承盖主视图上半部分外轮廓线和轴线复制到剪贴板。

（3）单击"标准"工具栏中的"新建"按钮 ⬚，弹出的"选择样板"对话框，在"打开"按钮的下拉菜单中选择"无样板打开－公制"选项，新建一个空白图形文件。

（4）单击"标准"工具栏中的"粘贴"按钮 ⬚，将轴承盖主视图上半部分外轮廓线和轴线粘贴到当前图形中，如图 15-36a 所示。

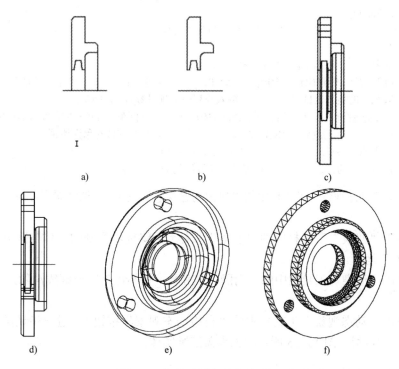

图 15-36　创建轴承盖实体流程

（5）单击"修改"工具栏中的"缩放"按钮 ⬚，将粘贴的图形缩小 0.5 倍。

（6）单击"标准"工具栏中的"窗口缩放"按钮 ⬚，将绘制的图形放大显示。

（7）单击"修改"工具栏中的"修剪"按钮 ⬚，将粘贴的轮廓线修剪为封闭的图形，如图 15-36b 所示。

（8）单击"绘图"工具栏中的"面域"按钮 ⬚，将封闭的轮廓线创建为面域。

（9）单击"实体"工具栏中的"旋转"按钮 ⬚，将面域绕点画线旋转 360°。

（10）单击 UCS 工具栏中的"Y"按钮 ⬚，将坐标系绕 Y 轴旋转 90°。

（11）打开状态栏中的"对象捕捉"按钮 ⬚，单击"建模"工具栏中的"圆柱体"按钮 ⬚，创建要挖去圆柱体，如图 15-36c 所示。

命令: _cylinder
当前线框密度:　ISOLINES=4
指定圆柱体底面的中心点或 [椭圆(E)] <0,0,0>: _tt　　　（单击"对象捕捉"工具栏中的"临时

追踪点捕捉"按钮⊷⚬)

    指定临时对象追踪点: (捕捉此显示状态下左端面的圆心临时追踪点)

    指定圆柱体底面的中心点或 [椭圆(E)] <0,0,0>: 22✓   (向上移动光标,出现追踪轨迹,输入
追踪距离 22,回车)

    指定圆柱体底面的半径或 [直径(D)]: 2.25✓   (输入圆柱体底面半径 2.25,回车)

    指定圆柱体高度或 [另一个圆心(C)]: 5✓   (输入圆柱体高度 5,回车)

（12）单击"建模"工具栏中的"三维阵列"按钮🔳,将要挖去的圆柱体做三维环形阵
列,如图 15-36d 所示。

    命令:_3darray

    选择对象: (单击要挖去的圆柱体为阵列对象)

    找到 1 个

    选择对象:✓   (回车,结束选择阵列对象)

    输入阵列类型 [矩形(R)/环形(P)] <矩形>:P✓   (输入 P,回车,结束"环形"选项)

    输入阵列中的项目数目: 3✓   (输入阵列中的项目数目 3,回车)

    指定要填充的角度 (+=逆时针, -=顺时针) <360>:✓   (回车,要填充的角度为缺省角度 360°)

    旋转阵列对象? [是(Y)/否(N)] <Y>:✓   (回车,是否旋转对象无所谓)

    指定阵列的中心点: (捕捉轴承盖轴线的端点)

    指定旋转轴上的第二点: (捕捉轴承盖轴线的另一个端点)

（13）单击"动态观察"工具栏中的"自由动态观察"按钮❷,调整观察方向,如图 15-36e
所示。

（14）单击"建模"工具栏中的"差集"按钮◎,将旋转得到的实体与阵列得到的三个
圆柱体做"差"运算。

（15）单击"渲染"工具栏中的"消隐"按钮◎,将不可见的轮廓线消隐,如图 15-36f
所示。

（16）单击"动态观察"工具栏中的"自由动态观察"按钮❷,进一步调整观察方向,
并进行渲染,即可得到图 15-35 所示的轴承盖三维实体。

15.3.2 利用"三维镜像"和"三维旋转"命令创建实体

    选择菜单"修改"→"三维操作"→"三维镜像"选项,如图 15-32 所示,即可启动
"三维镜像"Mirror3d 命令。三维镜像与二维镜像的操作类似,只是三维镜像的对称参照对
象是平面而不是直线。

    单击"建模"工具栏中的"三维旋转"按钮⊛,或选择菜单"编辑"→"三维操作"→
"三维旋转"选项,如图 15-32 所示,即可启动"三维镜像"3drotate 命令。三维旋转与二维
旋转的操作类似,区别是三维旋转的中心是轴线而不是点。

1. 三维镜像实例

    下面通过对如图 15-37a 所示的实体进行三维镜像,说明其操作方法。

    命令:_mirror3d   (选择菜单"编辑"→"三维操作"→"三维镜像"选项)

    选择对象: (单击圆头长方体为三维镜像对象)

    找到 1 个

    选择对象:✓   (回车,结束选择三维镜像对象)

指定镜像平面 (三点) 的第一个点或[对象(O)/最近的(L)/Z 轴(Z)/视图(V)/XY 平面(XY)/YZ 平面(YZ)/ZX 平面(ZX)/三点(3)] <三点>: ZX✓　　　　　（输入 ZX，回车，以 ZX 面为镜像面）

　　　　指定 ZX 平面上的点 <0,0,0>:　　　　（捕捉坐标原点）

　　　　是否删除源对象？[是(Y)/否(N)] <否>:✓　　　（回车，不删除源对象）

三维镜像的结果如图 15-37b 所示。

2．三维旋转实例

下面通过对如图 15-38a 所示的实体进行三维旋转，说明其操作方法。

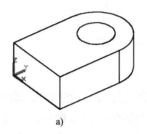
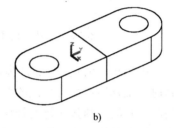

a)　　　　　　　　　　　　　　b)

图 15-37　三维镜像

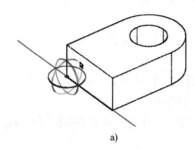
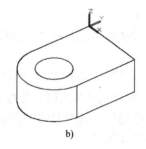

a)　　　　　　　　　　　　　　b)

图 15-38　三维旋转

命令:_3drotate　　　（单击"建模"工具栏中的"三维旋转"按钮◉）

UCS 当前的正角方向：ANGDIR=逆时针　ANGBASE=0

选择对象:　　（单击圆头长方体为三维旋转对象）

找到 1 个

选择对象:✓　　　（回车，结束选择三维旋转对象）

指定基点:　　　（光标变为三个相互垂直的圆，单击坐标原点为旋转基点）

拾取旋转轴:　　　（将光标移到红色圆上，该圆变为黄色后单击，如图 15-38a 所示）

指定角的起点或键入角度:180✓　　　（输入旋转角度180°，回车）

三维旋转的结果如图 15-38b 所示。

利用"旋转"Rotate 命令也可以旋转实体，但只能绕当前坐标系的 Z 轴旋转，旋转的基点为当前坐标系的原点。

15.3.3　利用"倒角"命令创建齿轮实体

利用"倒角"Chamfer 命令可以进行三维倒角操作，但操作方法和二维倒角不同。

下面通过创建齿轮实体说明三维倒角的操作方法和应用。

齿轮的主视图及其三维实体，如图 15-39 所示。

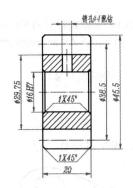

图 15-39　齿轮的主视图及其三维实体

该齿轮是机油泵中齿轮，模数 m=3.5，齿数 z=11。

创建齿轮实体时，最麻烦也最有争议的莫过于创建轮齿。轮齿的齿廓是渐开线，很多书籍中介绍创建轮齿时，有的用圆弧代替渐开线，有的甚至用直线代替渐开线，创建的齿轮实体严重失真。如果按照渐开线的形成原理创建轮齿，又显得十分繁琐。作者在实际操作过程中，摸索出了样条曲线代替渐开线来创建轮齿的好方法，创建出的齿轮实体效果逼真。

操作步骤如下：

（1）创建"轮廓线"层并将"轮廓线"层设置为当前层，打开状态栏中的"对象捕捉"按钮□。

（2）单击"绘图"工具栏中的"圆"按钮⊙，绘制三个同心圆，直径分别为 45.5、38.5 和 29.75，这三个圆分别是齿顶圆、分度圆和齿根圆。

（3）单击"绘图"工具栏中的"直线"按钮／，在过同心圆的圆心和直径为 45.5 的圆的下象限点绘制一条辅助线。

（4）单击"标准"工具栏中的"窗口缩放"按钮◎，将绘制的图形放大显示，如图 15-40a 所示。

（5）单击"修改"工具栏中的"阵列"按钮器，弹出"阵列"对话框，选中"环形阵列"单选按钮。单击"拾取中心点"按钮◙后，在绘图区捕捉同心圆的圆心。回到对话框，在"项目总数"文本框中输入 88（齿数的 8 倍），并保留"填充角度"文本框中的缺省设置，即做 360°的环形阵列。单击"选择对象"按钮◙，在绘图区中选择辅助线阵列对象。回车，回到对话框，单击"确定"按钮，完成环形阵列，如图 15-40b 所示。

将分度圆做 8z 等分(z 为齿数)，利用的是标准齿轮的齿厚等于槽宽的原理，即分度圆在齿形和齿槽之间的弧长相等。

（6）单击"标准"工具栏中的"窗口缩放"按钮◎，将同心圆上象限点处的图形放大显示。

（7）分别单击"绘图"工具栏中的"样条曲线"按钮～，过交点 A、B、C 绘制一条样条曲线，过交点 D、E、F 绘制另一条样条曲线，如图 15-40c 所示。

（8）单击"修改"工具栏中的"修剪"按钮／，修剪直径为 45.5 的圆。

（9）单击"修改"工具栏中的"删除"按钮◢，将直径为 38.5 的圆和所有直线删除。

（10）单击"标准"工具栏中的"缩放上一个"按钮◎，回到上一个显示窗口，得到齿根圆和一个轮齿的齿廓和齿顶轮廓线，如图 15-40d 所示。

图 15-40　创建齿轮实体流程

（11）单击"修改"工具栏中的"阵列"按钮🔡，弹出"阵列"对话框，选中"环形阵列"单选按钮。单击"拾取中心点"按钮🔲后，在绘图区捕捉齿根圆的圆心。回到对话框，在"项目总数"文本框中输入 11，并保留"填充角度"文本框中的默认设置，即做 360°的环形阵列。单击"选择对象"按钮🔲，在绘图区中选择齿廓和齿顶轮廓线为阵列对象。回车，回到对话框，单击"确定"按钮，完成环形阵列，如图 15-40e 所示。

（12）单击"修改"工具栏中的"修剪"按钮╱，修剪齿根圆，得到齿轮端面轮廓线，如图 15-40f 所示。

（13）单击"绘图"工具栏中的"面域"按钮🔲，将齿轮端面轮廓线创建为面域。

（14）单击"建模"工具栏中的"拉伸"按钮🔲，将面域拉伸 20mm.。

（15）单击"动态观察"工具栏中的"自由动态观察"按钮🔲，调整观察方向，如图 15-40g 所示。

（16）单击"建模"工具栏中的"圆柱体"按钮🔲，捕捉齿轮可见端面的圆心为圆柱底面的圆心，创建一个底面半径为 8，高度为 20 的圆柱体。

（17）单击"建模"工具栏中的"差集"按钮🔲，将齿轮实体与圆柱体做"差集"运算，得到带轴孔齿轮实体，如图 15-40h 所示。

（18）单击 UCS 工具栏中的"X"按钮🔲，将坐标系绕 X 轴旋转-90°。

命令：_ucs
当前 UCS 名称：*没有名称*
输入选项 [新建(N)/移动(M)/正交(G)/上一个(P)/恢复(R)/保存(S)/删除(D)/应用(A)/?/世界(W)]
<世界>：_x
　　指定绕 X 轴的旋转角度 <90>:-90✓　　　（输入旋转角度-90，回车）

（19）单击"建模"工具栏中的"圆柱体"按钮🔲，捕捉齿轮可见端面的圆心为圆柱底面的圆心，创建一个底面半径为 2，高度为 20 的圆柱体，如图 15-40i 所示。

（20）单击"建模"工具栏中的"三维移动"按钮🔲，将圆柱体沿 Y 轴移动 10mm，如图 15-40j 所示。

（21）单击"建模"工具栏中的"差集"按钮🔲，将带轴孔的齿轮实体与圆柱体做"差集"运算，得到带轴孔和销孔的齿轮实体，如图 15-40k 所示。

（22）单击"修改"工具栏中的"倒角"按钮🔲，在一个轮齿的两端倒角，如图 15-40 l 所示。

命令：_chamfer
（"修剪"模式）当前倒角距离 1 = 0.0000，距离 2 = 0.0000
　　选择第一条直线或 [放弃(U)/多段线(P)/距离(D)/角度(A)/修剪(T)/方式(E)/多个(M)]:　　（单击一个轮齿的齿顶在端面上的轮廓线）
　　基面选择…
　　输入曲面选择选项 [下一个(N)/当前(OK)] <当前>:✓　　　（回车，选择"当前"选项）
　　指定基面的倒角距离:1✓　　　（输入基面的倒角距离 1，回车）
　　指定其他曲面的倒角距离 <1.0000>:✓　　　（回车，其他基面的倒角距离也为 1）
　　选择边或 [环(L)]:　　（再次单击该轮齿的齿顶在端面上的轮廓线）
　　选择边或 [环(L)]:　　（单击该轮齿的齿顶在另一个端面上的轮廓线）
　　选择边或[环(L)]:✓　　　（回车，结束"倒角"命令）

（23）重复"倒角"命令，将所有轮齿倒角，如图 15-40m 所示。

（24）单击"修改"工具栏中的"倒角"按钮，在轴孔的一端倒角。

  命令: _chamfer

  （"修剪"模式）当前倒角距离 1 = 0.0000，距离 2 = 0.0000

  选择第一条直线或 [放弃(U)/多段线(P)/距离(D)/角度(A)/修剪(T)/方式(E)/多个(M)]: (单击轴孔在可见端面上的轮廓圆)

   基面选择...

   输入曲面选择选项 [下一个(N)/当前(OK)] <当前>:↙   （回车，选择"当前"选项）

   指定基面的倒角距离: 1↙   （输入基面的倒角距离 1，回车）

   指定其他曲面的倒角距离 <1.0000>:↙   （回车，其他曲面的倒角距离也为 1）

   选择边或 [环(L)]:   （再次单击轴孔在可见端面上的轮廓圆）

   选择边或[环(L)]: ↙   （回车，结束"倒角"命令）

（25）重复"倒角"命令，在轴孔的另一端倒角，完成创建齿轮实体，如图 15-40n 所示。

（26）单击"动态观察器"工具栏中的"自由动态观察"按钮，调整观察方向并进行渲染，即可得到图 15-39 所示的齿轮实体。

15.3.4 利用"圆角"命令创建安装座实体

利用"圆角"Fillet 命令可以进行三维圆角操作，但操作方法与二维圆角不同。

下面通过创建安装座实体说明三维倒角的操作方法和应用。

安装座的三维实体，如图 15-41 所示。

在第 5 章中已经绘制了安装座的俯视图，创建其三维实体时可以利用该视图进行拉伸，做"并集"和"差集"运算后，倒圆角即可。

图 15-41 安装座的三维实体

操作步骤如下：

（1）打开已保存的图形"安装座.dwg"。

（2）单击"标准"工具栏中的"复制"按钮，将安装座俯视图中的轮廓线复制到剪贴板。

（3）单击"标准"工具栏中的"新建"按钮，弹出的"选择样板"对话框，在"打开"按钮的下拉菜单中选择"无样板打开—公制"选项，新建一个空白图形文件。

（4）单击"标准"工具栏中的"粘贴"按钮，将安装座俯视图中的轮廓线粘贴到当前图形中。

（5）单击"动态观察"工具栏中的"自由动态观察"按钮，调整观察方向，如图 15-42a 所示

（6）分别单击"实体"工具栏中的"拉伸"按钮，分别拉伸底座轮廓线和两个同心圆，拉伸高度分别是-10 和 30。

（7）单击"视觉样式"工具栏中的"三维隐藏视觉样式"按钮，拉伸后的实体显示效果如图 15-42b 所示。

（8）单击"建模"工具栏中的"并集"按钮◎，将底座实体和大圆柱体实体合并。

（9）单击"建模"工具栏中的"差集"按钮◎，将合并后的实体与小圆柱体做"差集"运算，结果如图 15-42c 所示。

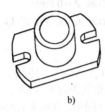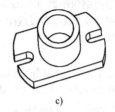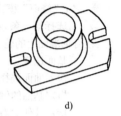

a)　　　　　　　　　　b)　　　　　　　　　c)　　　　　　　　　d)

图 15-42　创建安装座实体流程

（10）单击"修改"工具栏中的"圆角"按钮◻，在内外圆柱表面的根部倒圆角，如图 15-42d 所示。

```
命令: _fillet
当前设置: 模式 = 修剪，半径 = 3.0000
选择第一个对象或 [放弃(U)/多段线(P)/半径(R)/修剪(T)/多个(M)]:（单击大圆柱表面根部的轮廓圆）
输入圆角半径 <3.0000>: 3↙　　　（输入圆角半径 3，回车）
选择边或 [链(C)/半径(R)]:　　（单击内圆柱表面根部的轮廓圆）
选择边或 [链(C)/半径(R)]: ↙　　（回车，结束"圆角"命令）
```

"圆角"命令中的"链"选项，用于选择连续的边（多个边光滑连接），称为"链选择"，即选中一条边也就选中了一系列连续的边。

（11）单击"动态观察"工具栏中的"自由动态观察"按钮◎，调整观察方向并进行渲染，即可得到图 15-41 所示的安装座实体。

15.3.5　利用"剖切"命令将棱柱切为棱锥

选择菜单"修改"→"三维操作"→"剖切"选项，即可启动"剖切"Slice 命令。利用该命令，可以将实体沿剖切平面切成两部分，然后选择保留其中一部分或两部分。

下面通过将正六棱柱实体剖切为正六棱锥实体说明"剖切"Slice 命令的操作方法和应用。

正六棱柱实体图形和正六棱锥实体图形如图 15-43 所示。

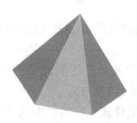

图 15-43　正六棱柱实体和正六棱锥实体

操作步骤如下：

（1）单击"视觉样式"工具栏中的"三维线框视觉样式"按钮 ⬡，将正六棱柱实体显示为三维线框视觉样式。

（2）单击"动态观察"工具栏中的"自由动态观察"按钮 ⬡，调整观察方向。

（3）打开状态栏中的"对象捕捉"按钮 ⬡，单击"绘图"工具栏中的"直线"按钮 ✎，在正六棱柱的上端面上连接对角线 GH。

（4）选择菜单"修改"→"三维操作"→"剖切"选项，利用"剖切"命令沿平面 ABHG 剖切正六棱柱，如图 15-44a 所示。

  命令: _slice
  选择对象: （单击正六棱柱为剖切对象）
  找到 1 个
  选择对象:✎ （回车，结束选择剖切对象）
  指定切面上的第一个点，依照 [对象(O)/Z 轴(Z)/视图(V)/XY 平面(XY)/YZ 平面(YZ)/ZX 平面(ZX)/三点(3)] <三点>: （捕捉端点 A）
  指定平面上的第二个点: （捕捉端点 B）
  指定平面上的第三个点: （捕捉端点 G）
  在要保留的一侧指定点或 [保留两侧(B)] <保留两个侧面>: （在 GH 上方单击）

（5）回车，再次启动"剖切"命令，沿平面 BCI 剖切实体，I 为对角线 GH 的中点，如图 15-44b 所示。

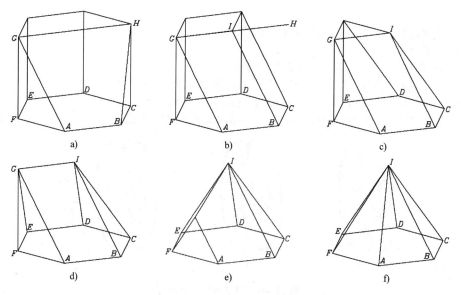

图 15-44 将正六棱柱剖切为正六棱锥流程

（6）单击"修改"工具栏中的"删除"按钮 ✎，将辅助线 GH 删除。

（7）选择菜单"修改"→"三维操作"→"剖切"选项，利用"剖切"命令沿平面 CDI 剖切实体，如图 15-44c 所示。

（8）回车，再次启动"剖切"命令，沿平面 DEI 剖切实体，如图 15-44d 所示。

（9）回车，再次启动"剖切"命令，沿平面 EFI 剖切实体，如图 15-44e 所示。

（10）回车，再次启动"剖切"命令，沿平面 FAI 剖切实体，即可得到一个和正六棱柱等高的正六棱锥，如图 15-44f 所示。

（11）单击"动态观察"工具栏中的"自由动态观察"按钮，调整观察方向并进行渲染，即可得到图 15-43 所示的正六棱锥实体。

15.3.6 利用"切割"命令创建截面

在命令行中输入"SECTION"并回车，即可启动"切割"Section 命令。利用该命令可以沿指定的切割平面生成实体截面，即可以通过切割实体生成其零件图的主要轮廓线。

下面通过切割带轮实体说明"切割"Section 命令的操作方法和应用。

带轮实体如图 15-45 所示。

操作步骤如下：

（1）单击"视觉样式"工具栏中的"三维隐藏视觉样式"按钮，将带轮实体显示为三维隐藏样式。

（2）单击 UCS 工具栏中的"原点"按钮，将坐标原点移动到带轮可见端面的圆心处，如图 15-46a 所示。

（3）在命令行中输入"SECTION"并回车，利用"切割"命令切割带轮实体，结果如图 15-46b 所示。

图 15-45 带轮实体

```
命令: _section
选择对象:          （单击带轮实体为切割对象）
找到 1 个
选择对象:✓        （回车，结束选择切割对象）
指定截面上的第一个点，依照 [对象(O)/Z 轴(Z)/视图(V)/XY 平面(XY)/YZ 平面(YZ)/ZX 平面(ZX)/三点(3)] <三点>: YZ✓        （输入 YZ，回车，选择 YZ 平面）
指定 YZ 平面上的点 <0,0,0>:✓        （截面经过当前坐标原点）
```

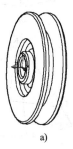
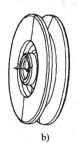
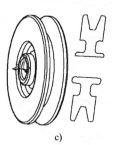

a)   b)   c)

图 15-46 切割带轮实体流程

（4）单击"修改"工具栏中的"移动"按钮，选择切割出的截面为移动对象，将其移动到适当位置，如图 15-46c 所示。

从图 15-46c 可以看出，沿带轮可见端面的圆心且平行于 YZ 平面的平面切割带轮实体所得到的截面，是带轮主视图的主要轮廓线。在截面中添加轮廓线和点画线，即可通过切割带轮实体绘制出带轮主视图。

切割实体后，实体中增加的轮廓线是截面轮廓线，实体未发生任何变化。而剖切实体后，在实体上增加的轮廓线是剖断面的轮廓线，实体被剖切为两部分。

15.3.7 利用"抽壳"命令创建箱体实体

单击"实体编辑"工具栏中的"抽壳"按钮，或选择菜单"修改"→"实体编辑"→
"抽壳"选项，即可启动"实体编辑"Solidedit 命令中的"抽壳"
Shell 选项。通过抽壳操作，用户可以从三维实体中以指定的厚度创
建壳体，这对于创建箱体类零件实体十分方便有用。

下面通过创建一个箱体实体说明抽壳的操作方法和应用。

箱体的三维实体如图 15-47 所示，操作步骤如下：

（1）创建"轮廓线"层并将"轮廓线"层设置为当前层，单击
"建模"工具栏中的"长方体"按钮，创建一个长为 174mm、宽
为 110mm、高为 249mm 的长方体。

图 15-47　箱体三维实体

命令: _box
指定长方体的角点或 [中心点(CE)] <0,0,0>: （在适当位置单击，指定长方体底面一个角点的位置）

指定角点或 [立方体(C)/长度(L)]: @174,100↙ （输入长方体底面另一角点的相对坐标，回车）
指定高度: 249↙ （输入长方体的高度 249，回车）

（2）在"三维导航"的下拉列表中，将视图切换为"西南等轴测"。单击"视觉样式"
工具栏中的"三维线框视觉样式"按钮，显示结果如图 15-48a 所示。

（3）单击"修改"工具栏中的"圆角"按钮，对长方体的 12 条边倒圆角，如图 15-48b
所示。

命令: _fillet
当前设置: 模式 = 修剪，半径 = 0.0000
选择第一个对象或 [放弃(U)/多段线(P)/半径(R)/修剪(T)/多个(M)]: （单击长方体的一条边）
输入圆角半径: 20↙ （输入圆角半径 20，回车）
选择边或 [链(C)/半径(R)]:
··········
选择边或 [链(C)/半径(R)]: （分别单击长方体其余 11 条边）
选择边或 [链(C)/半径(R)]:↙ （回车，结束"圆角"命令）
已选定 12 个边用于圆角。

（4）单击"实体编辑"工具栏中的"抽壳"按钮，将圆角后的长方体抽壳，如图 15-48c
所示。

命令: _solidedit
实体编辑自动检查：SOLIDCHECK=1
输入实体编辑选项 [面(F)/边(E)/体(B)/放弃(U)/退出(X)] <退出>: _body
输入体编辑选项[压印(I)/分割实体(P)/抽壳(S)/清除(L)/检查(C)/放弃(U)/退出(X)] <退出>: _shell
选择三维实体: （单击圆角后的长方体为抽壳对象）
选择三维实体:↙ （回车，结束选择抽壳对象）
删除面或 [放弃(U)/添加(A)/全部(ALL)]:
输入抽壳偏移距离: 10↙ （输入抽壳偏移距离 10，回车）

已开始实体校验。

已完成实体校验。

输入体编辑选项[压印(I)/分割实体(P)/抽壳(S)/清除(L)/检查(C)/放弃(U)/退出(X)] <退出>:✓

（回车，结束"实体编辑"命令，完成抽壳操作）

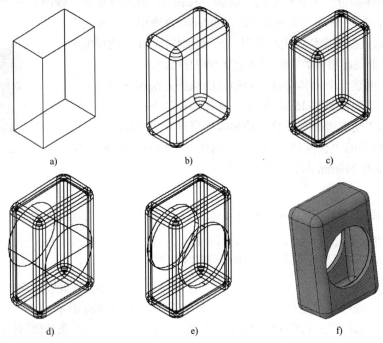

图 15-48　创建箱体实体流程

（5）单击 UCS 工具栏中的"X"按钮 ，将坐标系绕 X 轴旋转 90°。

命令: _ucs
当前 UCS 名称: *没有名称*
输入选项 [新建(N)/移动(M)/正交(G)/上一个(P)/恢复(R)/保存(S)/删除(D)/应用(A)/?/世界(W)]
<世界>: _x
指定绕 X 轴的旋转角度 <90>:✓　　　（将坐标系按默认角度旋转）

（6）单击"绘图"工具栏中的"直线"按钮 ，在前端面上捕捉两条垂直轮廓线的中点绘制一条辅助线。

（7）单击"建模"工具栏中的"圆柱体"按钮 ，捕捉辅助线的中点为圆柱体底面的圆心，创建一个底面半径为 70，高度为–110 的圆柱体，如图 15-48d 所示。

（8）单击"修改"工具栏中的"删除"按钮 ，将辅助线删除。

（9）单击"建模"工具栏中的"差集"按钮 ，将抽壳实体与圆柱体做"差"运算，结果如图 15-48e 所示。

（10）单击"视觉样式"工具栏中的"概念视觉样式"按钮 ，将三维实体显示为概念视觉样式，如图 15-48f 所示。

（11）单击"动态观察"工具栏中的"自由动态观察"按钮 ，调整观察方向并进行渲染，即可得到图 15-47 所示的箱体实体。

15.4　三维实体渲染

在前面的操作实例中，最后一步都要对创建的实体进行渲染。经过渲染后的三维实体比用各种显示样式所显示的都更加清晰，它可以使三维实体具有真实感。AutoCAD 的渲染效果可以达到和照片一样真实，渲染后的三维实体可以制作成用于展览宣传的效果图。

由于机械零件不宜渲染得过于花哨，本节以渲染齿轮三维实体为例对渲染的方法做简单介绍，操作步骤如下：

（1）单击"标准"工具栏中的"打开"按钮 ，打开保存的图形文件"齿轮三维实体"。

（2）单击"渲染"工具栏中的"高级渲染设置"按钮 ，系统弹出"高级渲染设置"选项板，在"渲染描述"选项栏的"目标"下拉列表中选择"视口"选项，在"输出尺寸"下拉列表中选择"1024×768"选项，如图 15-49 所示。

（3）关闭"高级渲染设置"选项板后，单击"渲染"工具栏中的"材质编辑器"按钮 ，系统弹出"材质编辑器"选项板，在"颜色"下拉列表中选择"颜色"选项，单击颜色框，在弹出的"选择颜色"对话框中选择适当的颜色，其他选项保留默认设置即可，"材质编辑器"选项板的设置如图 15-50 所示。

图 15-49　"高级渲染设置"选项板

图 15-50　"材质编辑器"选项板

（4）关闭"材质"选项板后，选择菜单"视图"→"命名视图"选项，系统弹出"视图管理器"对话框，如图 15-51 所示。

图 15-51　"视图管理器"对话框

在视图查看栏选中"模型视图",单击"新建"按钮,弹出如图 15-52 所示的"新建视图"对话框,在"视图名称"文本框中输入"渲染视图",在"背景"下拉菜单中选择"纯色"选项,弹出如图 15-53 所示的"背景"对话框。单击"颜色"选项框,弹出的"选择颜色"对话框,并打开"真色彩"选项卡,在颜色栏任意单击后,将颜色滑块拖至最上方,即将背景颜色设置为"白色",如图 15-54 所示。连续单击"确定"按钮,在"视图管理器"对话框中选中"渲染视图",单击"置为当前"按钮,将"渲染视图"设置为当前视图,单击"确定"按钮。

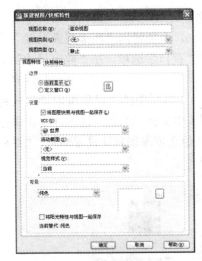

图 15-52 "新建视图"对话框

图 15-53 "背景"对话框

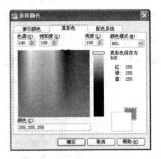

图 15-54 将颜色设置为白色

（5）单击"渲染"工具栏中的"渲染"按钮🔘，系统便开始对齿轮三维实体进行渲染，结果如图 15-55 所示。

（6）"高级渲染设置"选项板中"渲染描述"选项栏的"目标"下拉列表中选择"视口"选项用于在绘图区进行渲染。如果选择"窗口"选项，将在弹出的"渲染"窗口内进行渲染，如图 15-56 所示。选择"渲染"对话框中的菜单"文件"→"保存"选项，可将渲染的三维实体保存为图像文件。

图 15-55 在视口内渲染齿轮三维实体

图 15-56 在窗口内渲染齿轮三维实体

15.5 小结

本章主要介绍了创建复杂三维实体的方法。

三维实体可以通过拉伸或旋转平面图形创建，还可以利用布尔运算和实体编辑命令创建。创建了三维实体后，还要附着不同的材质并加以渲染，使其具有真实感。

三维造型是利用计算机进行机械设计的重要手段，读者应高度重视本章所介绍的内容和知识，经过反复操作练习后，能够熟练地进行各种复杂的三维造型。

15.6 习题

1．简答题

（1）将多边形拉伸为棱锥和先将多边形拉伸为棱柱再切割为棱锥有什么区别？

（2）将圆拉伸为圆锥和利用"圆锥"Cone 命令创建圆锥有什么区别？

（3）"三维阵列"与"二维阵列"在操作上有什么区别？

（4）"三维镜像"与"二维镜像"在操作上有什么区别？

（5）"三维旋转"与"二维旋转"在操作上有什么区别？

（6）"三维倒角"与"二维倒角"在操作上有什么区别？

（7）"三维圆角"与"二维圆角"在操作上有什么区别？

2．操作题

（1）根据图 5-1 创建机油泵安全阀所用细压缩弹簧实体（弹簧钢丝直径为 Ø0.3）。

（2）分别根据图 12-2 和图 12-3 所示主动齿轮轴零件图和从动齿轮轴零件图创建其三维实体。

（3）根据图 12-5 所示油嘴零件图创建其三维实体。

（4）根据图 12-6 所示柱端紧定螺钉主视图创建其三维实体。

（5）已知垫圈的型号为 GB/T97.1-1985 10，试创建其三维实体。

（6）已知螺母的型号为 GB/T6171-2000 M10，试创建其三维实体。

（7）立体的主视图和左视图如图 15-57 所示，试创建该形体的三维实体。

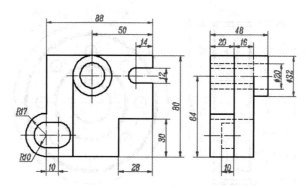

图 15-57 立体的主视图和左视图

（8）立体的三视图如图 15-58 所示，试创建该形体的三维实体。

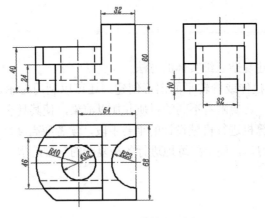

图 15-58 立体的三视图

（9）带轮的主视图和左视图如图 15-59 所示，试创建该带轮的三维实体。

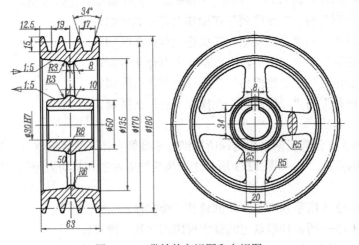

图 15-59 带轮的主视图和左视图

（10）直齿圆柱齿轮的主视图和左视图如图 15-60 所示，试创建该齿轮的三维实体。

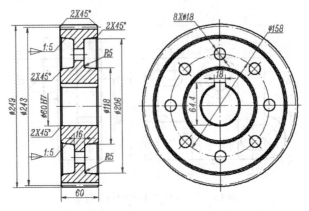

图 15-60 直齿圆柱齿轮的主视图和左视图

第16章　三维造型综合实例

本章将通过综合实例介绍创建复杂零件实体、部件三维爆炸图和三维装配体的方法，主要包括以下内容：

- 创建泵体三维实体
- 创建滑动轴承盖三维实体
- 创建机油泵三维爆炸图
- 创建机油泵三维装配体

16.1　创建泵体三维实体

本节将综合运用三维造型的命令创建泵体的三维实体。泵体属于箱体类零件，是机械零件中较为复杂的一类零件。通过创建泵体的三维实体，达到熟练掌握三维造型命令的操作方法，提高三维造型技能的目的。

泵体的三维实体如图 16-1 所示。

图 16-1　泵体的三维实体

在第 11 章中绘制了泵体零件图，泵体的底座和腔体两部分实体可以通过拉伸泵体零件图的俯视图中相应图形而成，然后在两部分实体之间创建支撑部分实体，在腔体前方创建进油孔凸台实体即可。

16.1.1　创建泵体的底座实体

操作步骤如下：

（1）打开已保存的图形"泵体.dwg"，将"标注"层、"点画线"层、"文字"层和"细实线"层关闭。

（2）单击"标准"工具栏中的"复制"按钮，将泵体俯视图和局部剖视图中的轮廓线复制到剪贴板。

（3）单击"标准"工具栏中的"新建"按钮，弹出的"选择样板"对话框，在"打开"按钮的下拉菜单中选择"无样板打开－公制"选项，新建一个空白图形文件。

（4）单击"标准"工具栏中的"粘贴"按钮，将泵体俯视图和局部剖视图中的轮廓线粘贴到当前图形中，如图 16-2a 所示。

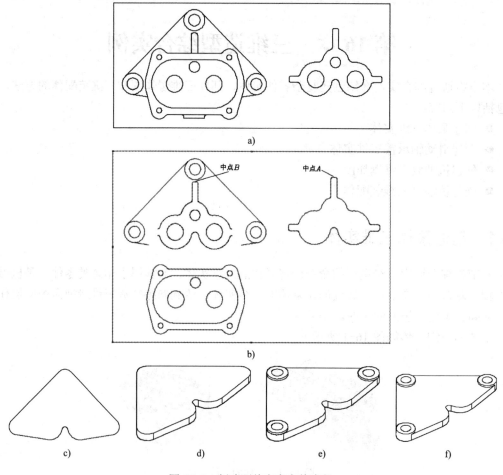

图 16-2　创建泵体底座实体流程

（5）单击"修改"工具栏中的"缩放"按钮，将复制粘贴的图形缩小 0.5 倍。

（6）单击"修改"工具栏中的"移动"按钮，将腔体在俯视图中的轮廓线移动到视图外。

（7）单击"修改"工具栏中的"删除"按钮，将腔体上凸台的轮廓线删除。

（8）单击"修改"工具栏中的"复制"按钮，将局部剖视图中的圆弧复制到俯视图中。复制的基点为中点 A，第二点为中点 B，如图 16-2b 所示。

（9）单击"修改"工具栏中的"延伸"按钮，将俯视图中两条倾斜直线延伸至与圆弧相交。

（10）单击"修改"工具栏中的"修剪"按钮，修剪与直线相切的圆和圆弧。

（11）单击"修改"工具栏中的"删除"按钮，将俯视图中多余的线条删除，编辑出底座的底面轮廓线，如图 16-2c 所示。

（12）单击"绘图"工具栏中的"面域"按钮，将底座的底面轮廓线创建为面域。

（13）单击"建模"工具栏中的"拉伸"按钮，将创建的面域拉伸，拉伸高度是 7mm。

（14）在"三维导航"工具栏中的下拉列表中将视图切换为"西南等轴测"。

（15）单击"显示样式"工具栏中的"三维隐藏视觉样式"按钮⊘，拉伸后的实体显示结果如图 16-2d 所示。

（16）将"粗实线"层设置为当前层，单击"建模"工具栏中的"圆柱体"按钮▯，创建一个底面半径为 10，高度为 7 的圆柱体。

（17）回车，再次启动"圆柱体"Cylinder 命令，捕捉刚创建的圆柱体的上端面的圆心，创建一个底面半径为 5.5，高度为 –9 的小圆柱体。

（18）单击"修改"工具栏中的"复制"按钮℅，复制两个圆柱体。复制的基点为大圆柱体底面的圆心，第二点为拉伸体的上表面的三个圆心。最后将复制对象删除，结果如图 16-2e 所示。

（19）单击"建模"工具栏中的"并集"按钮◉，将拉伸体与三个大圆柱体合并。

（20）单击"建模"工具栏中的"差集"按钮◉，将合并后的实体与三个小圆柱体做"差集"运算，即完成创建泵体底座实体，如图 16-2f 所示。

16.1.2 创建泵体的腔体实体

操作步骤如下：

（1）经过编辑后的腔体轮廓线如图 16-3a 所示。

（2）单击"绘图"工具栏中的"面域"按钮◎，将腔体的内外轮廓线创建为面域。

（3）单击"实体"工具栏中的"拉伸"按钮▤，将创建腔体外轮廓线面域拉伸，拉伸高度是 –25mm，如图 16-3b 所示。

（4）单击"修改"工具栏中的"移动"按钮✛，将内腔轮廓线和三个圆沿 Z 轴的负方向移动 19mm。

（5）单击"显示样式"工具栏中的"三维线框视觉样式"按钮⊘，实体显示结果如图 16-3c 所示。

（6）单击"建模"工具栏中的"拉伸"按钮▤，将创建腔体内轮廓线面域拉伸，拉伸高度是 19mm。

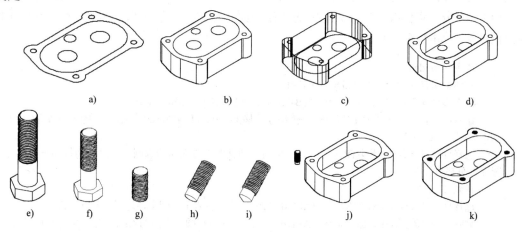

图 16-3　创建泵体的腔体实体流程

（7）单击"实体编辑"工具栏中的"差集"按钮⊚，将拉伸的腔体外轮廓实体与内轮廓实体做"差集"运算。

（8）单击"显示样式"工具栏中的"三维隐藏视觉样式"按钮◎，结果如图 16-3d 所示。

（9）打开已创建的六角螺栓 M10×40 的三维实体"螺栓.dwg"。

（10）单击"标准"工具栏中的"复制"按钮⬚，将螺栓的三维实体复制到剪贴板。

（11）在"窗口"的下拉菜单中，将泵体的三维图形切换为当前图形。

（12）单击"标准"工具栏中的"粘贴"按钮⬚，将螺栓三维实体粘贴到当前图形中。

（13）单击"标准"工具栏中的"窗口缩放"按钮⬚，将螺栓三维实体放大显示，如图 16-3e 所示。

（14）单击"修改"工具栏中的"缩放"按钮⬚，将复制粘贴的图形缩小 0.6 倍，得到公称直径为 6mm 的螺栓实体，如图 16-3f 所示。

（15）选择菜单"修改"→"三维操作"→"剖切"选项，将螺栓的上半部分剖切掉，保留螺杆部分的长度为 12mm，如图 16-3g 所示。

```
命令: _slice
选择对象:      （单击螺栓为剖切对象）
找到 1 个
选择对象:↙      （结束旋转剖切对象）
指定切面上的第一个点，依照 [对象(O)/Z 轴(Z)/视图(V)/XY 平面(XY)/ 平面(YZ)/ZX 平面(ZX)/
三点(3)] <三点>: XY↙      （输入 XY，回车，旋转"XY 平面"选项）
指定 ZX 平面上的点 <0,0,0>: _tt      （单击"对象捕捉"工具栏中的"临时追踪点捕捉" 按钮⬚）
指定临时对象追踪点:      （捕捉圆柱上方端面的圆心为螺栓追踪点）
指定 ZX 平面上的点 <0,0,0>: 12↙      （向下移动光标，输入追踪距离 12，回车）
在要保留的一侧指定点或 [保留两侧(B)]:      （在螺栓头部上任意捕捉一点）
```

（16）单击"动态观察"工具栏中的"自由动态观察"按钮⬚，调整观察方向，显示出螺杆的下方端面。

（17）单击"建模"工具栏中的"圆柱体"按钮⬚，捕捉螺杆下方端面的圆心，创建一个底面半径为 2.5，高度为-3 的圆柱体，如图 16-3h 所示。

（18）单击"实体编辑"工具栏中的"拉伸面"按钮⬚，将创建的小圆柱的下方端面拉伸为圆锥体，如图 16-3i 所示。

```
命令: _solidedit
实体编辑自动检查: SOLIDCHECK=1
输入实体编辑选项 [面(F)/边(E)/体(B)/放弃(U)/退出(X)] <退出>: _face
输入面编辑选项[拉伸(E)/移动(M)/旋转(R)/偏移(O)/倾斜(T)/删除(D)/复制(C)/着色(L)/放弃(U)/退出
(X)] <退出>: _extrude
选择面或 [放弃(U)/删除(R)]:      （单击小圆柱的下方端面轮廓圆，此时小圆柱的下方端面和
圆柱表面都被选中）
找到 2 个面。
选择面或 [放弃(U)/删除(R)/全部(ALL)]: R↙      （输入 R，回车，选择"删除"选项）
删除面或 [放弃(U)/添加(A)/全部(ALL)]:      （单击小圆柱表面的素线，将小圆柱表面删除）
找到一个面，已删除 1 个。
删除面或 [放弃(U)/添加(A)/全部(ALL)]:↙      （回车，结束选择删除面）
```

指定拉伸高度或 [路径(P)]: 10✓　　　（输入拉伸高度 10，回车）

指定拉伸的倾斜角度 <0>: 60✓　　　（输入拉伸的倾斜角度 60°，回车）

已开始实体校验。

已完成实体校验。

输入面编辑选项[拉伸(E)/移动(M)/旋转(R)/偏移(O)/倾斜(T)/删除(D)/复制(C)/着色(L)/放弃(U)/退出(X)]<退出>:✓（回车，退出面编辑）

实体编辑自动检查：　SOLIDCHECK=1

输入实体编辑选项 [面(F)/边(E)/体(B)/放弃(U)/退出(X)] <退出>:✓　　　（回车，退出实体编辑）

（19）单击"建模"工具栏中的"并集"按钮⑩，将螺杆实体与拉伸后圆柱体合并。合并后的实体为要从腔体上挖去的螺孔实体。

（20）双击"标准"工具栏中的"缩放上一个"按钮，返回"西南等轴测"显示状态，如图 16-3j 所示。

（21）单击"编辑"工具栏中的"复制"按钮，将螺孔实体复制到腔体上表面的四个圆心处，复制的基点为螺孔实体端面圆心。

（22）单击"建模"工具栏中的"差集"按钮⑩，将腔体实体与四个复制出来的螺孔实体做"差集"运算，挖出四个螺孔。

（23）单击"编辑"工具栏中的"删除"按钮✐，将作为复制对象的螺孔实体、辅助线和腔体上表面的四个圆删除，完成创建腔体实体，如图 16-3k 所示。

16.1.3　创建进油孔凸台和支撑部分实体

操作步骤如下：

（1）单击"编辑"工具栏中的"删除"按钮✐，将局部剖视图轮廓线中的后方肋板轮廓线删除，如图 16-4a 所示。

（2）单击"修改"工具栏中的"合并"按钮↦，将两段断开的圆弧合并，如图 16-4b 所示。

命令:_join

选择源对象:　　　（单击右侧圆弧）

选择圆弧，以合并到源或进行 [闭合(L)]:　　　（单击左侧圆弧）

选择要合并到源的圆弧:　找到 1 个　　　（回车，结束选择要合并到源的圆弧）

已将 1 个圆弧合并到源

（3）单击"绘图"工具栏中的"面域"按钮，将图 16-4b 所示的封闭轮廓线创建为面域。

（4）单击"建模"工具栏中的"拉伸"按钮，将创建的面域拉伸，拉伸高度是 7mm，得到支撑体实体，如图 16-4c 所示。

（5）单击"建模"工具栏中的"三维移动"按钮，将支撑体实体和底座实体移动到一起。移动的基点为支撑体实体底面的圆心，第二点为底座实体上表面相应的圆心，如图 16-4d 所示。

（6）单击"建模"工具栏中的"并集"按钮⑩，将两部分实体合并，如图 16-4e 所示。

（7）单击"建模"工具栏中的"三维移动"按钮，将腔体实体移动到支撑体的上方。移动的基点为腔体实体底面的圆心，第二点为支撑体实体上表面相应的圆心。

（8）单击"建模"工具栏中的"并集"按钮⑩，将两部分实体合并。

（9）单击"建模"工具栏中的"拉伸"按钮，拉伸内腔底面上的三个圆，拉伸高度是-20mm，得到支撑体实体。

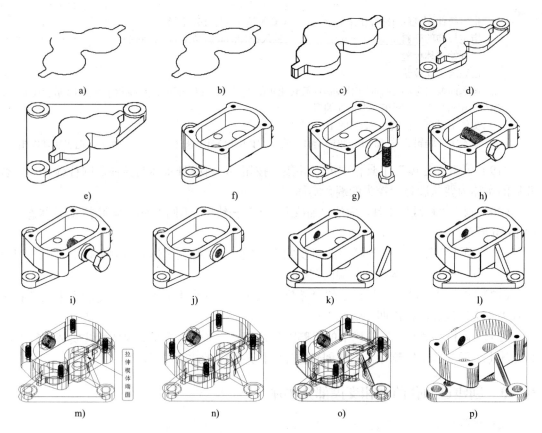

图 16-4　创建泵体的凸台和支撑部分实体流程

（10）单击"建模"工具栏中的"差集"按钮◎，将合并后的实体与三个圆柱体做"差集"运算，结果如图 16-4f 所示。

（11）单击 UCS 工具栏中的"X"按钮，将坐标系绕 X 轴选择 90°。

（12）单击"建模"工具栏中的"圆柱体"按钮，在腔体实体的前方创建一个底面半径为 10，高度为 4 的圆柱体。

```
命令: _cylinder
当前线框密度:　ISOLINES=4
    指定圆柱体底面的中心点或 [椭圆(E)] <0,0,0>: _tt          （单击"对象捕捉"工具栏中的"临时
追踪点捕捉" 按钮 ）
    指定临时对象追踪点:          （捕捉腔体前表面上方轮廓线的中点为临时追踪点）
    指定圆柱体底面的中心点或 [椭圆(E)] <0,0,0>: 12↙          （向下移动光标，出现追踪轨迹，输入
追踪距离 12，回车）
    指定圆柱体底面的半径或 [直径(D)]: 10↙          （输入圆柱体底面的半径 10，回车）
    指定圆柱体高度或 [另一个圆心(C)]: 4↙          （输入圆柱体的高度 4，回车）
```

（13）单击"标准"工具栏中的"粘贴"按钮，再次将复制在剪贴板的螺栓三维实体粘贴到当前图形中，如图 16-4g 所示。

螺栓实体粘贴到当前图形中后，在当前视口中可能看不到。可以在命令行中输入 Z 回车，再输入 A 回车，显示出所有对象后，利用移动命令将螺栓实体和泵体实体移到一起，单

击"标准"工具栏中的"缩放上一个"按钮 ，回到上一个视口即可。

（14）单击"修改"工具栏中的"缩放"按钮 ，将螺栓实体放大 1.2 倍。

（15）选择菜单"修改"→"三维操作"→"三维旋转"选项，将螺栓三维实体绕 X 轴旋转 90°。

（16）单击"建模"工具栏中的"三维移动"按钮 ，将螺栓和凸台移动到一起。移动的基点为螺栓后端面的圆心，第二点为凸台前表面的圆心，如图 16-4h 所示。

（17）单击"建模"工具栏中的"三维移动"按钮 ，将螺栓沿 Z 轴的正方向移到 20mm，如图 16-4i 所示。

（18）单击"建模"工具栏中的"并集"按钮 ，将泵体实体与圆柱体合并。

（19）单击"建模"工具栏中的"差集"按钮 ，将泵体实体与螺栓实体做"差集"运算，结果如图 16-4j 所示。

（20）在"三维导航"工具栏中的下拉列表中将视图切换为"东北等轴测"。

（21）单击"三维导航"工具栏中的"实时缩放"按钮 ，向上垂直移动光标，将图形放大显示。

（22）单击 UCS 工具栏中的"上一个 UCS"按钮 ，返回上一个坐标系。

（23）单击"建模"工具栏中的"楔体"按钮 ，创建处于泵体后方的肋板楔体，如图 16-4k 所示。

> 命令: _wedge
> 指定楔体的第一个角点或 [中心点(CE)] <0,0,0>:（在适当位置单击，指定楔体底面第一角点的位置）
> 指定角点或 [立方体(C)/长度(L)]: @19,6↙   （输入楔体底面另一角点的相对坐标，回车）
> 指定高度: 30↙   （输入楔体高度 30，回车）

（24）单击"建模"工具栏中的"三维旋转"按钮 或单击"修改"工具栏中的"旋转"按钮 ，将楔体绕 Z 轴旋转 90°，旋转的基点为在楔体上任意捕捉的端点。

（25）单击"建模"工具栏中的"三维移动"按钮 ，将楔体和泵体移到一起，移动的基点为楔体不可见短边的中点，第二点为支撑体底面后方圆弧轮廓线的中点，如图 16-4l 所示。

（26）单击"实体编辑"工具栏中的"拉伸面"按钮 ，将楔体的后端面拉伸 3mm。

> 命令: _solidedit
> 实体编辑自动检查: SOLIDCHECK=1
> 输入实体编辑选项 [面(F)/边(E)/体(B)/放弃(U)/退出(X)] <退出>: _face
> 输入面编辑选项[拉伸(E)/移动(M)/旋转(R)/偏移(O)/倾斜(T)/删除(D)/复制(C)/着色(L)/放弃(U)/退出(X)] <退出>: _extrude
> 选择面或 [放弃(U)/删除(R)]:   （单击楔体后端面可见的垂直棱线，此时楔体的后端面和可见的侧面被选中）
> 找到 2 个面。
> 选择面或 [放弃(U)/删除(R)/全部(ALL)]: R↙   （输入 R，回车，选择"删除"选项）
> 删除面或 [放弃(U)/添加(A)/全部(ALL)]:   （单击楔体可见侧面的一条轮廓线）
> 找到 2 个面，已删除 1 个。
> 删除面或 [放弃(U)/添加(A)/全部(ALL)]:↙   （回车，结束选择删除面）
> 指定拉伸高度或 [路径(P)]: 3↙   （输入拉伸高度 3，回车）
> 指定拉伸的倾斜角度<0>:↙   （回车，倾斜角度为 0）

已开始实体校验。

已完成实体校验。

输入面编辑选项[拉伸(E)/移动(M)/旋转(R)/偏移(O)/倾斜(T)/删除(D)/复制(C)/着色(L)/放弃(U)/退出(X)] <退出>:↙　　（回车，退出面编辑）

实体编辑自动检查：　SOLIDCHECK=1

输入实体编辑选项 [面(F)/边(E)/体(B)/放弃(U)/退出(X)] <退出>:↙　　　　　（回车，退出实体编辑）

（27）单击"视觉样式"工具栏中的"三维线框视觉样式"按钮，显示出所有的线条，如图 16-4m 所示。

（28）单击"建模"工具栏中的"并集"按钮，将泵体和编辑后的楔体合并，如图 16-4n 所示。

（29）反复单击"修改"工具栏中的"圆角"按钮，在腔体外底面轮廓线、支撑体的上下轮廓线处、底座凸台的根部、进油孔凸台的根部和肋板的倾斜轮廓线处倒圆角，圆角半径为 2mm，如图 16-4o 所示。

在复杂的轮廓线处倒圆角请使用"圆角"命令中的"链"选项选择倒圆角的边。

（30）单击"视觉样式"工具栏中的按钮"二维线框"按钮，将三维实体显示为二维线框图。单击"渲染"工具栏中的"消隐"按钮，将不可见的轮廓线消隐，如图 16-4p 所示。

（31）单击"动态观察"工具栏中的"自由动态观察"按钮，调整泵体的显示方向。

（32）分别设置渲染目标和渲染材质，并创建纯白色渲染视图。单击"渲染"工具栏中的"渲染"按钮，即可对泵体三维实体进行渲染。

由于泵体较为复杂，可以从不同观察方向进行渲染，渲染结果如图 16-1 所示。

16.2　创建滑动轴承盖三维实体

本节将通过创建滑动轴承盖三维实体，介绍"放样"Loft 命令的实际应用，提高大家三维造型的综合能力。

滑动轴承盖零件图如图 16-5 所示。

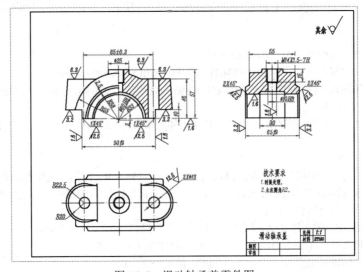

图 16-5　滑动轴承盖零件图

滑动轴承三维实体如图 16-6 所示。

图 16-6　滑动轴承盖三维实体

16.2.1　利用"放样"命令创建左右凸台三维实体

操作步骤如下：

（1）单击"标准"工具栏中的"打开"按钮，利用"打开"命令打开图形文件"滑动轴承盖.dwg"，并关闭"标注"层、"点画线"层和"细实线"层。

（2）单击"标准"工具栏中的"复制"按钮，将滑动轴承盖零件图的俯视图中的部分轮廓线复制到粘贴板。

（3）单击"标准"工具栏中的"新建"按钮，弹出的"选择样板"对话框，在"打开"按钮的下拉菜单中选择"无样板打开－公制"选项，新建一个空白图形文件。

（4）单击"标准"工具栏中的"粘贴"按钮，在适当位置单击，将复制到粘贴板的图形粘贴到当前图形中，如图 16-7 所示。

（5）单击"修改"工具栏中的"延伸"按钮，将 4 条倾斜线分别延伸到直线 AB 和 CD 上。

（6）单击"修改"工具栏中的"删除"按钮，将直线 AB 和 CD 删除，如图 16-8 所示。

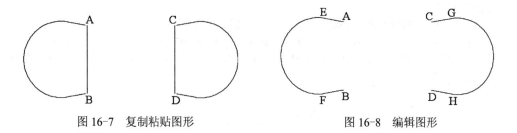

图 16-7　复制粘贴图形　　　　　　　图 16-8　编辑图形

（7）打开状态栏中的"对象捕捉"按钮，单击"绘图"工具栏中的"多段线"按钮，利用"多段线"命令沿如图 16-8 所示的直线和圆弧绘制多段线，结果如图 16-9 所示。

命令: _pline
指定起点:　　　　（捕捉端点 A）
当前线宽为 0.0000
指定下一个点或 [圆弧(A)/半宽(H)/长度(L)/放弃(U)/宽度(W)]:　　　（捕捉端点 E）
指定下一点或 [圆弧(A)/闭合(C)/半宽(H)/长度(L)/放弃(U)/宽度(W)]: A　　　（输入 A，回车，

选择"圆弧"选项）

    指定圆弧的端点或[角度(A)/圆心(CE)/闭合(CL)/方向(D)/半宽(H)/直线(L)/半径(R)/第二个点(S)/放弃(U)/宽度(W)]: CE✓   （输入 CE，回车，选择"圆心"选项）

    指定圆弧的圆心: （捕捉圆弧 EF 的圆心）

    指定圆弧的端点或 [角度(A)/长度(L)]:   （捕捉圆弧的端点 F）

    指定圆弧的端点或[角度(A)/圆心(CE)/闭合(CL)/方向(D)/半宽(H)/直线(L)/半径(R)/第二个点(S)/放弃(U)/宽度(W)]: L✓   （输入 L，回车，选择"直线"选项）

    指定下一点或 [圆弧(A)/闭合(C)/半宽(H)/长度(L)/放弃(U)/宽度(W)]:   （捕捉端点 B）

    指定下一点或 [圆弧(A)/闭合(C)/半宽(H)/长度(L)/放弃(U)/宽度(W)]:   （捕捉端点 D）

    指定下一点或 [圆弧(A)/闭合(C)/半宽(H)/长度(L)/放弃(U)/宽度(W)]:   （捕捉端点 H）

    指定下一点或 [圆弧(A)/闭合(C)/半宽(H)/长度(L)/放弃(U)/宽度(W)]: A✓   （输入 A，回车，选择"圆弧"选项）

    指定圆弧的端点或[角度(A)/圆心(CE)/闭合(CL)/方向(D)/半宽(H)/直线(L)/半径(R)/第二个点(S)/放弃(U)/宽度(W)]: CE✓   （输入 CE，回车，选择"圆心"选项）

    指定圆弧的圆心: （捕捉圆弧 GH 的圆心）

    指定圆弧的端点或 [角度(A)/长度(L)]:   （捕捉圆弧的端点 G）

    指定圆弧的端点或[角度(A)/圆心(CE)/闭合(CL)/方向(D)/半宽(H)/直线(L)/半径(R)/第二个点(S)/放弃(U)/宽度(W)]: L✓   （输入 L，回车，选择"直线"选项）

    指定下一点或 [圆弧(A)/闭合(C)/半宽(H)/长度(L)/放弃(U)/宽度(W)]:   （捕捉端点 C）

    指定下一点或 [圆弧(A)/闭合(C)/半宽(H)/长度(L)/放弃(U)/宽度(W)]: C✓   （输入 C，回车，选择"闭合"选项）

（8）单击"修改"工具栏中的"删除"按钮 ，将四条直线和两条圆弧删除。

（9）选择菜单"视图"→"三维视图"→"西南等轴测"选项，单击"视觉样式"工具栏中的"三维线框视觉样式"按钮 ，将三维实体显示为三维线框视觉样式。

（10）单击"绘图"工具栏中的"矩形"按钮 ，利用"矩形"命令绘制长圆，如图 16-10 所示。

命令: _rectang

    指定第一个角点或 [倒角(C)/标高(E)/圆角(F)/厚度(T)/宽度(W)]: F✓   （输入 F，回车，选择"圆角"选项）

    指定矩形的圆角半径 <0.0000>: 20✓   （输入圆角半径 20，回车）

    指定第一个角点或 [倒角(C)/标高(E)/圆角(F)/厚度(T)/宽度(W)]:   （在适当位置单击）

    指定另一个角点或 [面积(A)/尺寸(D)/旋转(R)]: @125,40✓   （输入另一角点与第一角点的相对坐标，回车）

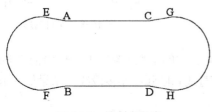

图 16-9 绘制多段线

图 16-10 绘制长圆

（11）单击"建模"工具栏中的"三维移动"按钮 ，利用"移动"命令调整长圆的位置，如图 16-11 所示。移动的基点为长圆的圆心，指定第二点时可以单击"对象捕捉"工栏中的"临时追踪点捕捉"按钮━，捕捉多段线的相应圆心为临时追踪点，沿 Z 轴正方向追踪 36mm，即可确定第二点的位置。

（12）单击"绘图"工具栏中的"直线"按钮╱，利用"直线"命令连接长圆的圆心 I 和多段线的圆心 J，如图 16-11 所示。

（13）单击"建模"工具栏中的"放样"按钮▣，利用"放样"命令创建左右凸台三维实体，如图 16-12 所示。

命令：_loft
按放样次序选择横截面：　　　（单击多段线）
找到 1 个
按放样次序选择横截面：　　　（单击长圆）
找到 1 个，总计 2 个
按放样次序选择横截面：↙　　（回车，结束选择横截面）
输入选项 [导向(G)/路径(P)/仅横截面(C)] <仅横截面>: P↙　　　（输入 P，回车，选择"路径"选项）
选择路径曲线：　　（单击直线 IJ）

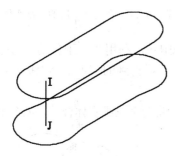　　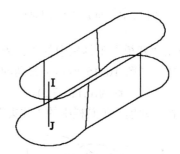

图 16-11　移动长圆，连接圆心　　　图 16-12　利用"放样"命令创建三维实体

16.2.2　创建滑动轴承盖主体

操作步骤如下：

（1）单击 UCS 工具栏中的"X"按钮⊵，将坐标系绕 X 轴旋转 90°。

（2）将"粗实线"层设置为当前层，单击"建模"工具栏中的▣按钮，利用"圆柱体"命令创建底面半径为 55mm、高度为 55mm 的圆柱体。

（3）单击 UCS 工具栏中的"原点"按钮╘，将坐标系原点移到圆柱体可见端面的圆心处。

（4）单击"建模"工具栏中的"圆锥体"按钮△，利用"圆锥体"命令创建圆台。

命令：_cone
指定底面的中心点或 [三点(3P)/两点(2P)/相切、相切、半径(T)/椭圆(E)]:　　　（捕捉圆柱体可见端面的圆心）
指定底面半径或 [直径(D)] <55.0000>: 40.5↙　　（输入端面半径 40.5，回车）
指定高度或 [两点(2P)/轴端点(A)/顶面半径(T)] <55.0000>: T↙　　　（输入 T，回车，选择"顶面半径"选项）
指定顶面半径 <0.0000>: 38↙　　（输入顶面半径 38，回车）
指定高度或 [两点(2P)/轴端点(A)] <55.0000>: 5↙　　（输入高度 5，回车）

（5）选择菜单"修改"→"三维操作"→"三维镜像"选项，利用"三维镜像"命令做圆台的镜像，如图 16-13 所示。镜像的对称面 XY 面，通过点的坐标为(0,0,-27.5)。

（6）单击"建模"工具栏中的"并集"按钮◎，将圆柱体和两个圆锥体合并。

（7）选择菜单"修改"→"三维操作"→"剖切"选项，利用"剖切"命令剖切合并后的三维实体，如图 16-14 所示。剖切面为 ZX 面，通过点的坐标为(0,2,0)，在并保留剖切平面上方的三维实体。

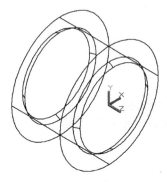 

图 16-13　创建圆锥体和圆台　　　　　图 16-14　剖切合并后的三维实体

（8）单击"建模"工具栏中的"三维移动"按钮❀，利用"三维移动"命令移动放样得到的三维实体，如图 16-15 所示。移动的基点为在放样得到的三维实体上捕捉底面轮廓线的中点 K，第二点的坐标为(0,12,-7.5)。

（9）单击"建模"工具栏中的"并集"按钮◎，将两个三维实体合并，如图 16-16 所示。

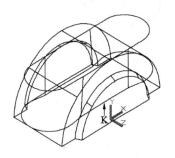 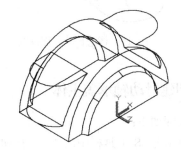

图 16-15　移动三维实体　　　　　　图 16-16　合并三维实体

（10）选择菜单"修改"→"三维操作"→"剖切"选项，利用"剖切"命令剖切合并后的三维实体，如图 16-17 所示。剖切面为 ZX 面，通过点的坐标为(0,12,0)，在并保留剖切平面两侧的三维实体。

（11）回车，再次确定"剖切"命令，剖切上一个剖切面下方的三维实体。剖切面为 YZ 面，通过点的坐标为(45,0,0)，在并保留剖切平面左侧的三维实体。

（12）回车，再次确定"剖切"命令，剖切上一次剖切后保留的三维实体，如图 16-18 所示。剖切面为 YZ 面，通过点的坐标为(-45,0,0)，在并保留剖切平面右侧的三维实体。

（13）单击"建模"工具栏中的"并集"按钮◎，将两部分三维实体合并，创建出滑动轴承盖主体，如图 16-19 所示。

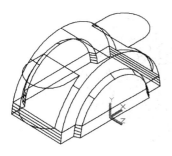
图 16-17　剖切三维实体

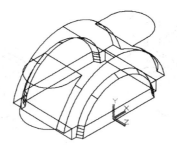
图 16-18　合并后剖切三维实体

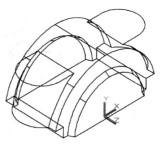
图 16-19　创建滑动轴承盖主体

16.2.3　挖上轴衬孔、螺栓通孔和螺孔

操作步骤如下：

（1）分别单击"建模"工具栏中的"圆柱体"按钮，创建两个底面半径和高度分别为 30mm 和−65mm、33mm 和 30mm 的圆柱体，第一个圆柱体底面圆心为前方圆台可见端面的圆心，另一个圆柱体的坐标为(0,2,−42.5)，如图 16-20 所示。

（2）单击"建模"工具栏中的"差集"按钮，将挖出螺栓通孔的三维实体与两个圆柱体做"差"运算，挖出上轴衬孔，如图 16-21 所示。

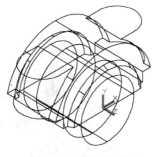
图 16-20　创建圆柱体

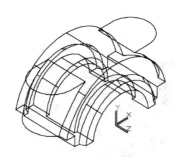
图 16-21　挖出上轴衬孔

（3）单击 UCS 工具栏中的"X"按钮，将坐标系绕 X 轴旋转−90°。

（4）分别单击"建模"工具栏中的"圆柱体"按钮，创建两个底面半径为 6.5mm、高度为 46mm 的圆柱体，圆柱体底面圆心的坐标分别为(42.5,27.5,2)和(−42.5,27.5,2)。

（5）单击"建模"工具栏中的"圆柱体"按钮，创建两个底面半径和高度分别为 12.5mm 和−10mm、5mm 和−30mm 的圆柱体，两个圆柱体底面圆心的坐标均为(0,27.5,59)，如图 16-22 所示。

（6）单击"建模"工具栏中的"并集"按钮，将挖出上轴衬孔的三维实体与底面半径为 12.5mm 的圆柱体合并。

（7）单击"建模"工具栏中的"差集"按钮，将合并后的三维实体与另外三个圆柱体做"差"运算，挖出螺栓通孔和上方凸台圆孔，如图 16-23 所示。

（8）单击"标准"工具栏中的"打开"按钮，打开图形文件"六角头螺栓三维实体.dwg"。

（9）单击 UCS 工具栏中的"X"按钮，将坐标系绕 X 轴旋转 180°。

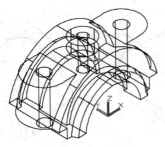

图 16-22　创建圆柱体

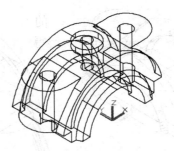

图 16-23　挖出内孔

（10）单击"标准"工具栏中的"复制"按钮，将六角头螺栓三维实体复制到粘贴板。

（11）选择菜单"窗口"→"滑动轴承盖三维实体.dwg"选项，将该图形切换为当前图形。单击"标准"工具栏中的"粘贴"按钮，在适当位置单击，将复制到粘贴板的图形粘贴到当前图形中。

（12）选择菜单"格式"→"图层工具"→"图层匹配"选项，利用"图层匹配"命令将粘贴的图形的图层修改为"轮廓线"层，如图 16-24 所示。

（13）单击"修改"工具栏中的"缩放"按钮，将螺栓三维实体放大 1.4 倍。

（14）单击"建模"工具栏中的"三维移动"按钮，利用"三维移动"命令移动放大后的螺栓三维实体，如图 16-25 所示。移动的基点为螺杆端面的圆心，第二点的坐标为(0,27.5,44)。

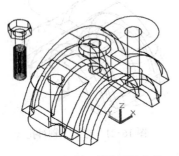

图 16-24　复制、粘贴螺栓实体

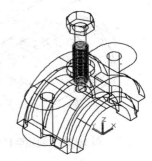

图 16-25　放大、移动螺栓实体

（15）单击"建模"工具栏中的"差集"按钮，将挖出内孔的三维实体与螺栓三维实体做"差集"运算，挖出螺孔，如图 16-26 所示。

（16）分别单击"修改"工具栏中的"倒角"按钮，在上轴衬孔在前后圆台端面的圆弧处及下方剖切处的凸台的轮廓线处创建倒角距离为 2mm 的倒角，如图 16-27 所示。

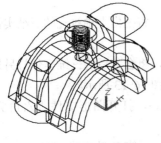

图 16-26　挖出螺孔

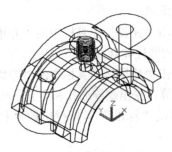

图 16-27　绘制倒角

（17）单击"修改"工具栏中的"圆角"按钮◻，利用"圆角"命令创建圆角（如果先绘制圆角，将使图形因线条过多而显得凌乱，影响看图，故最后绘制圆角），如图 16-28 所示。

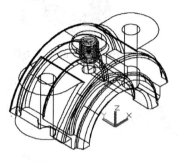

图 16-28　绘制圆角

（18）分别设置渲染目标和渲染材质，并创建纯白色渲染视图。单击"渲染"工具栏中的"渲染"按钮◻，即可对滑动轴承盖三维实体进行渲染，如图 16-6 所示。

完成创建滑动轴承盖三维实体。

16.3　创建机油泵三维爆炸图

机器或部件的三维爆炸图就是将各零件的实体按一定的距离并沿装配轴线摆放在一起，以清楚地表达装配流程。

在创建机油泵三维爆炸图之前，还应创建泵盖三维实体、橡胶密封垫三维实体（尺寸可参见图 9-44）、皮革密封垫三维实体（外径为 Ø18，内径为 Ø11，厚度为 1）、油嘴三维实体、主动齿轮轴三维实体（尺寸可参见图 12-2）、销三维实体（直径为 4、长度为 15）、从动齿轮轴三维实体（尺寸可参见图 12-3）、细压缩弹簧实体（弹簧钢丝直径为 Ø0.3，其他尺寸可参见图 5-1）、垫圈三维实体（外径为 Ø12，内径为 Ø6.6，厚度为 1.6）和柱端紧定螺钉三维实体（尺寸可参见图 12-6）、螺栓 M6×20 三维实体和螺母 M10 三维实体分别如图 16-29～图 16-40 所示。

图 16-29　泵盖三维实体

图 16-30　橡胶密封垫三维实体

图 16-31　皮革密封垫三维实体

图 16-32　油嘴三维实体

图 16-33　主动齿轮轴三维实体

图 16-34　销三维实体

图 16-35　从动齿轮轴三维实体

图 16-36　细压缩弹簧三维实体

图 16-37　垫圈三维实体

图 16-38　柱端紧定螺钉三维实体

图 16-39　螺栓 M6×20 三维实体

图 16-40　螺母 M10 三维实体

　　分别单击"绘图"工具栏中的"插入"按钮，利用"插入"命令将参与装配的所有零件的三维实体插入到同一个图形文件中，利用"三维旋转"命令调整零件实体的方向，利用"移动"命令将零件实体移到装配轴线上，移动零件实体时可以利用正交模式和临时追踪点捕捉，但要注意旋转 UCS 坐标，使移动方向与 XOY 平面平行。最后按照装配次序给零件编号即可绘制出机器或部件的三维爆炸图，该编号与装配图中的序号无关。

　　机油泵的三维爆炸图如图 16-41 所示，创建过程不再详细说明。

　　机油泵的三维爆炸渲染图如图 16-42 所示。

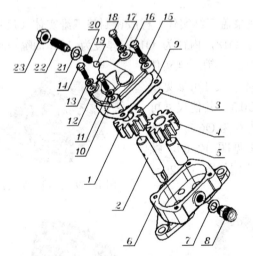

图 16-41　机油泵的三维爆炸图

图 16-42　机油泵的三维爆炸渲染图

16.4　创建机油泵三维装配体

　　创建了三维爆炸图后，再分别单击"建模"工具栏中的"三维移动"按钮，利用"三维移动"命令将零件实体按照各零件的结合面移到一起，即可创建出机器或部件的三维装配体。

机油泵的三维装配体如图 16-43 所示。

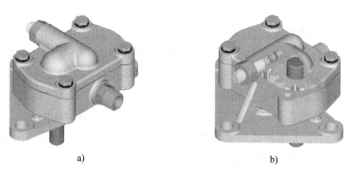

a)　　　　　　　　　　　　b)

图 16-43　机油泵的三维装配体

操作步骤如下：

（1）创建细压缩弹簧处于压紧状态的三维实体，如图 16-44a 所示。压紧后的弹簧螺距为 2.4mm，创建方法可参见 15.1 节。

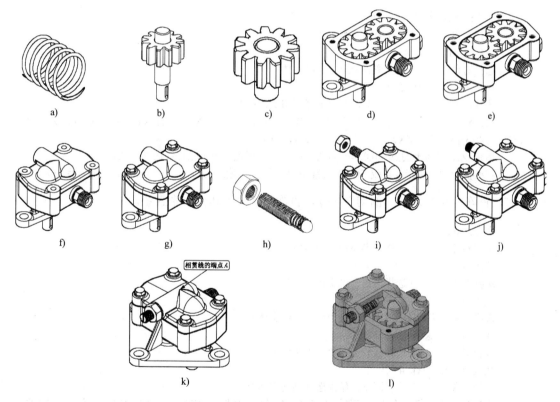

图 16-44　创建泵体三维装配体流程

（2）将主动齿轮轴、主动齿轮和销的三维实体装配在一起，如图 16-44b 所示。

（3）将从动齿轮轴、主动齿轮的三维实体装配在一起，如图 16-44c 所示。

（4）将两个齿轮组件装配在泵体内，并在"三维导航"下拉列表中将实体切换为"西南等轴测"，结果如图 16-44d 所示。

（5）将橡胶密封垫片三维实体装配在泵体的上表面上，将皮革密封垫实体套在油嘴实体上并一起装配在泵体上，如图 16-44e 所示。

（6）将泵盖三维实体装配在橡胶密封垫三维实体上，如图 16-44f 所示。

（7）将垫圈实体套在螺栓实体上并一起装配在泵盖实体上，如图 16-44g 所示。

（8）将钢球三维实体、压紧状态的细压缩弹簧实体和柱端紧定螺钉实体装配在一起，成为安全阀组件；将皮革密封垫实体和螺母实体装配在一起，如图 16-44h 所示。

（9）将组装的安全阀组件和泵盖实体装配在一起，如图 16-44i 所示。

（10）将皮革密封垫实体和螺母实体装配在柱端紧定螺钉上，如图 16-44j 所示。

该图渲染后即可得到机油泵三维装配体，如图 16-43a 所示，它是机油泵各零件装配在一起的最终效果图。

由于齿轮被泵盖遮挡，不能反映齿轮传动。要想"露出"齿轮，需将插入的泵盖和橡胶密封垫实体分解后再进行剖切，将其中一部分删除即可。

（11）分别选择菜单"修改"→"三维操作"→"剖切"选项，利用"剖切"Slice 命令剖切泵盖和橡胶密封垫。

> 命令:_slice
> 选择对象:　　　（选择泵盖三维实体）
> 找到 1 个
> 选择对象:　　　（选择橡胶密封垫三维实体）
> 找到 1 个，总计 2 个
> 选择对象:✓　　　（回车，结束选择剖切实体对象）
> 指定切面上的第一个点，依照 [对象(O)/Z 轴(Z)/视图(V)/XY 平面(XY)/YZ 平面(YZ)/ZX 平面(ZX)/三点(3)] <三点>: ZX✓　　　（输入 ZX，回车）
> 指定 ZX 平面上的点 <0,0,0>: _endp 于　　　（捕捉泵盖上相贯线的端点 A）
> 在要保留的一侧指定点或 [保留两侧(B)] <保留两个侧面>:✓　　　（回车，两侧都保留）

（12）回车，再次启动"剖切"命令，再次剖切泵盖和橡胶密封垫。

> 命令:_slice
> 选择对象:　　　（选择一半泵盖三维实体）
> 找到 1 个
> 选择对象:　　　（选择泵盖三维实体另一半）
> 找到 1 个，总计 2 个
> 选择对象:　　　（选择一半橡胶密封垫三维实体）
> 找到 1 个，总计 3 个
> 选择对象:　　　（选择橡胶密封垫三维实体另一半）
> 找到 1 个，总计 4 个
> 选择对象:✓　　　（回车，结束选择剖切实体对象）
> 指定切面上的第一个点，依照 [对象(O)/Z 轴(Z)/视图(V)/XY 平面(XY)/YZ 平面(YZ)/ZX 平面(ZX)/三点(3)] <三点>: YZ✓　　　（输入 YZ，回车）
> 指定 YZ 平面上的点 <0,0,0>: _endp 于　　　（捕捉泵盖上相贯线的端点 A）
> 在要保留的一侧指定点或 [保留两侧(B)] <保留两个侧面>: ✓　　　（回车，两侧都保留）

（13）在"三维导航"下拉列表中将视图切换为"西北等轴测"，如图 16-44k 所示。

（14）单击"修改"工具栏中的"删除"按钮✍，将靠近柱端紧定螺钉的 1/4 泵盖实体和橡胶密封垫实体删除。

（15）分别单击"建模"工具栏中的"并集"按钮◎，将 1/4 泵盖实体与 3/4 泵盖实体、1/4 橡胶密封垫实体与 3/4 橡胶密封垫实体合并。

（16）单击"视觉样式"工具栏中的"概念视觉样式"按钮●，将三维实体显示为概念视觉样式，如图 16-44l 所示。

该图渲染后，即完成剖切后的机油泵装配体，如图 16-43b 所示。

16.5　小结

本章以创建泵体三维实体和滑动轴承盖三维实体为例介绍了创建复杂零件三维实体的方法，在创建滑动轴承盖三维实体中介绍了"放样"命令的实际应用，希望读者通过操作后能够进一步提高三维造型的能力。

本章还介绍了创建部件三维爆炸图和三维装配体的方法，三维爆炸图和三维装配体用于模拟真实零件的装配，是利用计算机进行机械设计的最后、也是关键的环节，读者应重点掌握，以保证今后设计工作的圆满。

16.6　习题

操作题：

（1）根据如图 11-1 所示的泵盖零件图创建其三维实体。

（2）箱体的主视图和俯视图如图 16-45 所示，试创建该箱体的三维实体。

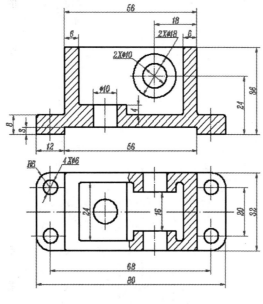

图 16-45　箱体的视图

（3）拨叉的零件图如图 16-46 所示，试创建拨叉的三维实体。

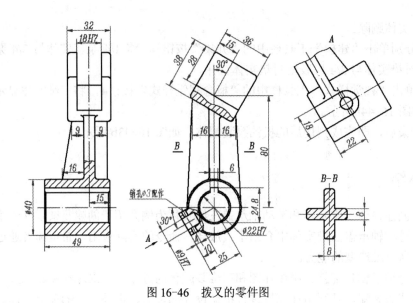

图 16-46　拨叉的零件图

第17章 打印出图

利用 AutoCAD 2012 中文版所绘制的机械图样,最终要打印在图纸上才能应用于实际生产中。图形既可以在模型空间打印输出,也可以在图纸空间打印输出。打印设备既可以是 Windows 配置的打印机,也可以是专门的绘图仪。

本章将以前面章节绘制的图形为例说明打印图形的方法,主要包括以下内容:

● 在模型空间打印
● 在图纸空间打印

17.1 在模型空间打印

本节将以打印主动齿轮轴零件图为例说明在模型空间打印出图的操作方法。

(1)在模型空间打开主动齿轮轴零件图。

(2)单击"标准"工具栏中的"打印"按钮❏,或选择菜单"文件"→"打印"选项,弹出如图 17-1 所示"打印—模型"对话框。

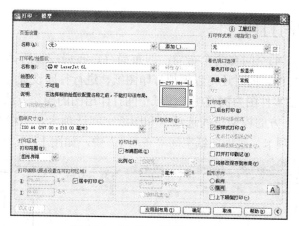

图 17-1 "打印—模型"对话框

在该对话框中做如下设置:

在"打印机/绘图仪"选项栏的"名称"下拉列表中选择使用的打印设备"HP LaserJet 6L";在"图纸尺寸"下拉列表中选择"A4 (210×297 毫米)"选项;在"打印份数"文本框中输入打印的份数,若不设置该选项,则只打印一份;在"打印区域"选项栏的"打印范围"下拉列表选择"图形界限"选项;在"打印比例"下拉列表中选择"布满图纸"选项;在"打印偏移"选项栏可以初步选择"居中打印"选项,;在"图形方向"选项栏中选中"横向"单选按钮。

(3)单击"打印—模型"对话框中的"预览"按钮,在弹出的预览窗口内对打印效果进行预览,如图 17-2 所示。

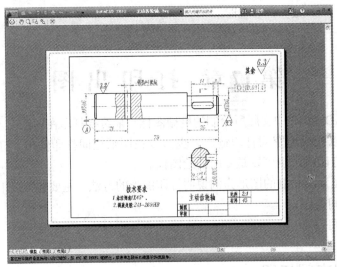

图 17-2　模型打印预览

（4）得到满意的预览效果后，退出预览窗口，返回"打印—模型"对话框，单击"确定"按钮，即可在模型空间打印出图。

在预览窗口的工具栏中单击"打印"按钮🖨，或在预览窗口内单击鼠标右键，在弹出的打印预览快捷菜单中选择"打印"选项，即可在模型空间打印出图。

17.2　在图纸空间打印

在默认情况下，图纸空间有两个布局，即布局 1、布局 2。所谓布局是增强的图纸空间，既有图纸空间的功能，同时还可以模拟打印图纸、进行打印设置等功能。

下面以打印主动轴零件图为例说明在图纸空间打印出图的操作方法。

（1）利用绘图区下方的模型空间选项卡和图纸空间选项卡，将模型空间切换为图纸空间。打开"布局1"选项卡，进入图纸空间"布局1"中，如图 17-3 所示。

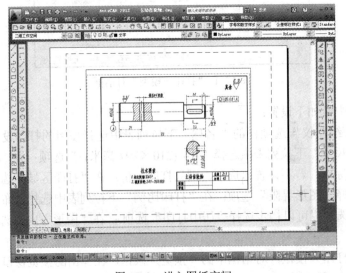

图 17-3　进入图纸空间

（2）图 17-3 是未做页面设置时的打印效果。图中的虚线框是打印范围，显示在边界线外面的矩形框是浮动视口。单击"修改"工具栏中的"删除"按钮✎，将浮动窗口删除，如图 17-4 所示。

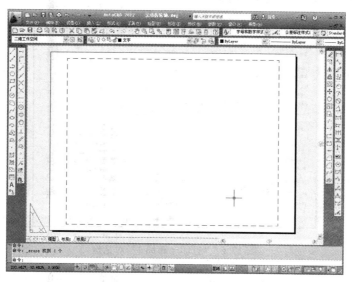

图 17-4　删除浮动视口

（3）单击"视口"工具栏中的"单个视口"按钮▣，或选择菜单"视图"→"视口"→"一个视口"选项，将单个视口布满打印区域，如图 17-5 所示。

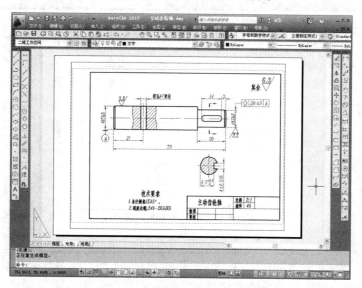

图 17-5　将单个视口布满打印区域

命令: _-vports
指定视口的角点或
[开(ON)/关(OFF)/布满(F)/着色打印(S)/锁定(L)/对象(O)/多边形(P)/恢复(R)/2/3/4] <布满>:↙
（回车，选择"布满"选项）

正在重生成模型。

（4）单击"标准"工具栏中的"打印"按钮🖨，或选择"菜单"→"打印"选项，弹出如图 17-6 所示的"打印－布局 1"对话框。

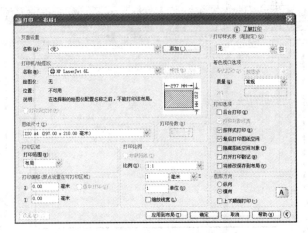

图 17-6 "打印－布局 1"对话框

（5）在该对话框只需选择要使用的打印机或绘图仪，系统已将其他选项设置好，单击"打印－布局 1"对话框中的"预览"按钮，在弹出的预览窗口内对打印效果进行初步预览，如图 17-7 所示。

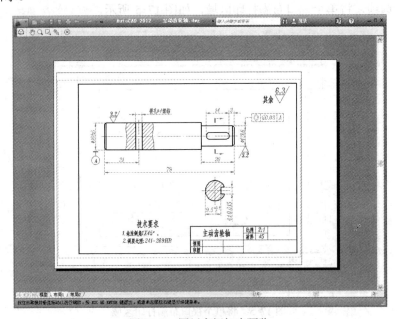

图 17-7 图纸空间初步预览

经初步预览可以看出滑动轴承座零件图在 A4 图纸上的位置偏左，需要重新设置 X 方向和 Y 方向的偏移。

（6）单击预览窗口工具栏中的"关闭预览"按钮⊗，或按"〈Esc〉"键或按回车键，或单击鼠标右键，弹出如图 17-8 所示的打印预览快捷菜单，在该快捷菜单中选择"退出"选项，退出打印预览窗口，返回"打印－布局 1"对话框。

（7）在"打印偏移"选项栏中的"X"文本框中输入"18"，"Y"文本框中输入"4"，单击"预览"按钮，预览结果如图 17-9 所示。

（8）单击"打印－布局 1"对话框"确定"按钮，即可在图纸空间打印出图。

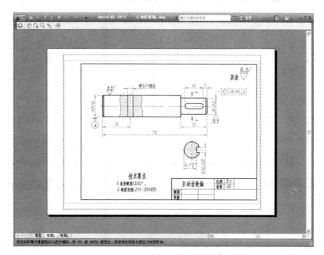

图 17-8　打印预览快捷菜单　　　　　　图 17-9　得到满意的预览效果

17.3　小结

本章主要介绍了打印出图的方法，包括在模型空间打印、在图纸空间打印以及打印渲染图。一般打印在模型空间进行即可，复杂的打印可在图纸空间进行。

17.4　习题

1．简答题

（1）如何在模型空间和图纸空间进行页面设置？

（2）在图纸空间进行打印预览时，如何将视口布满打印区域？

2．操作题

试用打印机或绘图仪打印所绘制的零件图和装配图。

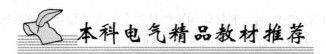

本科电气精品教材推荐

高等院校 EDA 系列教材

Altium Designer (Protel)原理图与 PCB 设计教程

书号：27743　　　　　　　定价：37.00 元

作者：江思敏　　　配套资源：电子教案

推荐简言：

　　本书从实用角度出发，全面介绍了使用 Altium Designer 8.0 进行电路设计和 PCB 制作的基本方法。全书详细讲解了电路原理图、印制电路板的设计方法以及电路仿真和 PCB 信号完整性分析。本书以讲解实例为主，将 Altium Designer 8.0 的各项功能结合起来，以便读者能尽快掌握电路设计的方法。

Multisim 10 电路仿真及应用

书号：29306　　　　　　　定价：45.00 元

作者：张新喜　　　配套资源：电子教案

推荐简言：

　　本书系统地介绍了 NI Multisim10 仿真软件的特点和使用方法，特别对新增加的单片机仿真、梯形图语言设计仿真、Lab VIEW 仪器、虚拟面包板和虚拟 ELVIS 等内容作了详细介绍，并结合实例介绍了 Multisim10 在电路分析、模拟电路、数字电路和电路故障诊断中的应用。

EDA 技术及应用教程

书号：28199　　　　　　　定价：29.00 元

作者：赵全利　　　配套资源：电子教案

推荐简言：

　　本书从教学和应用的角度出发，首先介绍了 EDA 技术的基本概念、应用特点、可编程逻辑器件、硬件描述语言（VHDL）及常用逻辑单元电路的 VHDL 编程技术；然后，以 EDA 应用为目的，通过 EDA 实例详细介绍了 EDA 技术的开发过程、开发工具软件 Quartus II 的使用、EDA 设计过程中常见工程问题的处理；最后，介绍了工程中典型的 EDA 设计实例。

Protel 99SE 基础与实例教程

书号：28829　　　　　　　定价：38.00 元

作者：赵月飞　　　配套资源：电子教案

推荐简言：

　　本书以目前应用较为广泛的 Protel 99 SE 软件为基础，全面讲述了 Protel99 SE 电路设计的基本操作方法与技巧。本书配送了多功能学习光盘，包含全书讲解实例和练习实例的源文件素材，并制作了全程实例动画同步讲解 AVI 文件。

集成电路设计 CAD/EDA 工具实用教程

书号：31819　　　　　　　定价：42.00 元

作者：韩雁　　　**配套资源：**电子教案

推荐简言：

　　本书基于 IC 设计实例，系统全面地介绍了模拟集成电路设计和数字集成电路设计所需 CAD/EDA 工具的基础知识和使用方法。模拟集成电路设计以 Cadence 工具为主，同时也介绍了业界常用的 Hspice 电路仿真工具、使用 ModelSim 和 NC-Verilog 进行仿真、使用 Xilinx ISE 进行 FPGA 硬件验证、使用 Design Compiler 进行逻辑综合直至使用 Astro 进行布局布线的完整设计过程。

控制系统的虚拟仪器仿真

书号：35881　　　　　　　定价：39.00 元

作者：郭天石　　　配套资源：电子教案

推荐简言：

　　本书采用 MATLAB 与 LabVIEW 相结合的方法设计控制系统特性虚拟仿真分析仪。在对控制系统时域、频域、稳定性及性能指标与校正的仿真分析中，突出虚拟仿真分析仪的仪器性、动态性、交互性和对系统参数选择的指导性。本书配有全书所有虚拟仿真仪程序代码，所有仿真须在 MATLAB 6.5 及以上、LabVIEW 8.2 及以上版本下运行。

本科电气精品教材推荐

高等院校精品课程系列教材

电路原理（第 2 版）

书号：34512　　　　定价：49.00 元

作者：陈晓平　　　配套资源：电子教案

获奖情况：国家精品课程、省级精品教材

推荐简言：

　　本书是根据教育部电子电气基础课程教学指导分委员会制订的高等工业学校电路课程教学的基本要求，并充分考虑各院校新的教学计划及现代科技发展趋势，为电子电气信息类各专业学生编写的教材。配有《电路原理学习指导与习题全解》《电路原理习题库与题解》。

模拟电子电路原理与设计基础

书号：34392　　　　定价：42.00 元

作者：刘祖刚　　　配套资源：电子教案

推荐简言：

　　省级精品课程配套教材。本书着重讲清讲透模拟电子电路的工作原理、分析方法；各章对一些基本电路的设计作了必要的讨论。通过本书的学习，读者不仅能较好地理解和掌握模拟电子电路的工作原理和分析方法，而且还能根据实际要求初步设计一些实用的模拟电子电路。

自动控制原理

书号：　31071　　　定价：36.00 元

作者：潘丰　　　　配套资源：电子教案

获奖情况：江苏省高等教育质量工程建设精品教材

推荐简言：

　　本书以经典控制理论为主，较系统地介绍了自动控制理论的基本内容，着重于基本概念、基本理论、基本的分析和设计方法。为适应不同专业和不同层次教学的需要，各章所述的基本分析方法尽可能做到相对独立，以便灵活选择。

单片机原理及控制技术

书号：29900　　　　定价：36.00 元

作者：王君　　　　配套资源：电子教案

推荐简言：

　　精品课程配套教材。本书着重介绍计算机控制系统的组成，单片微型计算机的结构，软硬件系统，基本控制算法及在工业控制中的应用技术。以单片机控制系统为例，介绍微机控制系统的结构、组成、算法；讲述基于 MCS-51 系列单片机的结构及工作原理、指令系统及程序设计（包括 C51 程序设计）、中断系统及定时/计数器、串行通信、系统扩展技术等内容。

单片机原理与应用——基于 Proteus 虚拟仿真技术

书号：31033　　　　定价：43.00 元

作者：徐爱钧　　　配套资源：电子教案、光盘

推荐简言：

　　省级精品课程配套教材。本书以 Proteus 虚拟仿真技术为基础阐述 8051 单片机原理与应用，对 8051 单片机基本结构、中断系统、定时器、串行口等功能部件的工作原理作了完整介绍。给出了大量在 Proteus 集成环境 ISIS 中绘制的原理电路图、汇编语言和 C 语言应用程序范例，所有范例均在 Proteus 软件平台上调试通过，可以直接运行。

信号与系统——信号分析与处理 （上册）

书号：26030　　　　定价：22.00 元

作者：程耕国　　　配套资源：电子教案

推荐简言：

　　省级精品课程配套教材。本书是根据当前信息和电子技术的发展，结合高校教学改革的形势和要求，综合近十年来的教学实践，整合原"信号与系统"和"数字信号处理"两门课程的教学内容精心编写而成的。上册讲述信号分析与处理。

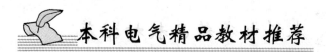

本科电气精品教材推荐

21 世纪高等院校电气信息类系列教材

FX 系列 PLC 编程及应用

书号：16219　　　　定价：29.00 元

作者：廖常初　　　配套资源：光盘

推荐简言：

　　经典畅销书，累计销量 8 万余册。本书以三菱的 FX 系列 PLC 为例，介绍了 PLC 的工作原理、硬件结构、编程元件与指令系统，还介绍了梯形图的经验设计法、继电器电路转换法和顺序控制设计法，这些编程方法易学易用，可以节约大量的设计时间。

S7-200PLC 编程及应用

书号：21650　　　　定价：32.00 元

作者：廖常初　　　配套资源：电子教案、光盘

获奖情况：普通高等教育"十一五"国家级规划教材

推荐简言：

　　本书是全国优秀畅销书《PLC 编程及应用》教材版，以西门子公司的 S7-200 为例，介绍了 PLC 的工作原理、硬件结构、指令系统、最新版编程软件和仿真软件的使用方法。各章配有习题，附有实验指导书和部分习题的答案。本书配套的光盘有 S7-200 编程软件和 OPG 服务器软件 PCAccess、与 S7-200 有关的中英文手册和应用例程等。

微型计算机原理与接口技术 第 2 版

书号：26218　　　　定价：37.00 元

作者：张荣标　　　配套资源：电子教案

推荐简言：

　　经典畅销书。本书以 Intel 系列微处理器为背景，介绍了微型计算机原理与接口技术。全书以弄懂原理、掌握应用为编写宗旨。本书分三个部分：微型计算机原理部分，汇编语言程序设计部分，接口与应用部分。

单片机原理与应用 第 2 版

书号：26506　　　　定价：36.00 元

作者：赵德安　　　配套资源：电子教案

获奖情况：普通高等教育"十一五"国家级规划教材

推荐简言：

　　本书全面系统地讲述了 MCS-51 系列单片机的基本结构和工作原理、基本系统、指令系统、汇编语言程序设计、并行和串行扩展方法、人机接口、以及单片机的开发应用等方面的内容，每章都附有习题，以供课后练习。

微型计算机控制技术

书号：28859　　　　定价：27.00 元

作者：黄勤　　　配套资源：电子教案

推荐简言：

　　本书共分 7 章，以 80X86 及 51 系列单片机为控制工具，其主要内容包括：微型计算机控制系统的一般概念；系统设计的基本内容和方法；工业控制微型计算机的过程输入输出技术、数据通信技术、控制网络技术、现场总线技术、分散型控制系统（DCS）的构成、工控组态软件的设计思想及相关包的使用方法。

集散控制与现场总线（第 2 版）

书号：34393　　　　定价：18.00 元

作者：刘国海　　　配套资源：电子教案

推荐简言：

　　本书将控制领域的两大技术热点———集散控制和现场总线有机结合起来，从集散控制系统的基本思想、硬件软件体系等方面进行了介绍。介绍了集散控制系统的通信系统、控制算法设计评价等相关技术，全面分析了 ControlNet、DeviceNet、Profibus、FF、CAN 等现场总线技术特点、通信接口的设计方法，并给出了工程应用举例。